ZBrush 游戏角色设计 第2版

张金钊 康博越 张童嫣 赵延东 编著

清華大學出版社
北京

内 容 简 介

本书通过大量的经典实例，全面介绍 ZBrush 4R8 的基本功能和高级应用，具体内容包括 ZBrush 4R8 的基础知识以及各种命令参数的功能和应用、ZBrush 建模雕刻技术以及 ZSphere 建模雕刻与设计、ZBrush 雕刻巨匠的工作流程、人体模型的拓扑及衣服的制作与雕刻，然后通过卡通、怪物、人体模型、动物模型和次世代游戏角色等制作案例分析，详细介绍 ZBrush 和其他相关软件结合制作完美模型效果的流程和方法。

本书从零开始，由浅入深，手把手教学生掌握 ZBrush 设计、雕刻以及制作的全过程，并根据 ZBrush 次世代游戏角色制作的整套流程要求，从目前业界游戏美术制作的技术发展、游戏公司的美术制作规范等实际需求出发，讲解模型与贴图的相关知识，帮助读者学习游戏角色、生物、道具、场景建模以及相关贴图的制作等高级技能，提升制作效率和作品质量。

本书适合游戏开发初学者、对 3D 游戏角色雕刻感兴趣的读者以及专业游戏设计者阅读学习，也可以作为高等院校游戏设计、数字艺术设计、多媒体、Web 设计、美术装潢设计、建筑规划设计、虚拟信息地理、虚拟医疗、军事模拟、航空航天以及仿古等专业的教材。

图书在版编目（CIP）数据

ZBrush 游戏角色设计/张金钊等编著. -- 2 版. -- 北京：清华大学出版社，2025.4.
ISBN 978-7-302-68767-2

Ⅰ. TP391.414

中国国家版本馆 CIP 数据核字第 2025AH2664 号

策划编辑：魏江江
责任编辑：王冰飞
封面设计：刘　键
责任校对：申晓焕
责任印制：沈　露

出版发行：清华大学出版社
网　　址：https://www.tup.com.cn，https://www.wqxuetang.com
地　　址：北京清华大学学研大厦 A 座　　**邮　　编**：100084
社 总 机：010-83470000　　**邮　　购**：010-62786544
投稿与读者服务：010-62776969，c-service@tup.tsinghua.edu.cn
质量反馈：010-62772015，zhiliang@tup.tsinghua.edu.cn
课件下载：https://www.tup.com.cn，010-83470236
印 装 者：三河市君旺印务有限公司
经　　销：全国新华书店
开　　本：185mm×260mm　　**印　　张**：16.25　　**字　　数**：419 千字
版　　次：2016 年 1 月第 1 版　　2025 年 5 月第 2 版　　**印　　次**：2025 年 5 月第 1 次印刷
印　　数：13901～16400
定　　价：79.80 元

产品编号：107274-01

前言

党的二十大报告指出：教育、科技、人才是全面建设社会主义现代化国家的基础性、战略性支撑。必须坚持科技是第一生产力、人才是第一资源、创新是第一动力，深入实施科教兴国战略、人才强国战略、创新驱动发展战略，开辟发展新领域新赛道，不断塑造发展新动能新优势。高等教育与经济社会发展紧密相连，对促进就业创业、助力经济社会发展、增进人民福祉具有重要意义。

ZBrush 是一款功能强大的三维雕刻软件，其对 3D 模型的强大塑造能力使其制作的 3D 模型的精细程度让人难以想象，ZBrush 被广泛应用于游戏、动画、影视等行业。

本书从零开始，由浅入深，以一个贯穿全书的大实例制作深度剖析 ZBrush 的功能与技术，并在每个制作阶段之前增加小实例作为技术铺垫，手把手地教读者掌握 ZBrush 设计、雕刻以及制作的全过程，同时，本书根据 ZBrush 次世代游戏角色制作的整套流程要求，从目前业界游戏美术制作的技术发展、游戏公司的美术制作规范等实际需求出发，讲解模型与贴图的相关知识，帮助读者学习游戏角色、生物、道具、场景建模以及相关贴图的制作等高级技能，提升制作效率和作品质量。

本书依托作者多年的 ZBrush 制作经验与技巧，在讲解 ZBrush 的功能与技术的同时，详细阐述人体头部结构、三庭五眼以及人体躯干结构的相关知识。本书不是一本 ZBrush 的百科全书，但绝对是一本紧抓重点技术并超越百科全书的极具实用性的书籍。

全书共 12 章内容，各章主要内容介绍如下。

第 1 章为走进 ZBrush 艺术殿堂，内容包括 ZBrush 简介、ZBrush 次世代雕塑专家及 ZBrush 集成开发环境等。

第 2 章为 ZBrush 4R8 数字雕刻软件介绍，内容包括 ZBrush 集成开发环境界面介绍、Preferences(参数设置)菜单、自定义 ZBrush 工作界面、ZBrush 基本操作及雕刻绘制等。

第 3 章为 ZBrush 功能菜单，内容包括 Alpha 菜单、Brush 菜单、Color 菜单、Document 菜单、Draw 菜单、Edit 菜单、File 菜单、Layer 菜单、Light 菜单、Macro 菜单、Maker 菜单、Material 菜单、Movie 菜单、Picker 菜单、Preferences 菜单、Render 菜单、Stencil 菜单、Stroke 菜单、Texture 菜单、Tool 菜单、Transform 菜单、Zoom 菜单、Zplugin 菜单及 Zscript 菜单等。

第 4 章为 ZBrush 常用工具，涵盖工具箱、2.5D 笔刷工具、笔刷控制及 3D 模型转换接口等内容。

第 5 章为 ZBrush 建模雕刻技术，内容包括 ZBrush 建模雕刻设计、阴影盒建模设计、3D 物体提取建模设计、3D 图层设计、3D 几何体设计、3D 表面纹理雕刻设计、3D 模型变形设计、3D 蒙版设计、3D 模型局部显示设计、3D 模型分组设计、顶点着色设计、投影变形设计、UVMap 设计、拓扑结构及 3D 造型投影设计等。

第 6 章为 Z 球设计，内容包括 Z 球基础知识、Z 球的设计、Z 球案例分析及 Z 球精细雕刻设计等。

第 7 章为纹理材质与色彩，内容包括纹理绘制、模型着色绘制、投射大师、Material(材质)

及聚光灯纹理绘制等。

第 8 章为灯光与渲染，内容包括背景纹理、灯光效果、渲染效果、Movie 功能设计及动画设计等。

第 9 章为模型的拓扑结构，涵盖网格的拓扑结构、重建拓扑及创建头骨案例分析等内容。

第 10 章为人体模型雕刻设计，内容包括人体头部雕刻设计、人体躯干雕刻设计等。

第 11 章为游戏道具模型雕刻设计，内容包括岩石模型雕刻设计、花瓶模型雕刻设计以及刀剑模型雕刻设计。

第 12 章为 3D 模型着色与纹理绘制设计，内容涵盖 3D 模型上色绘制和 Spotlight 绘制技术。

本书讲解深入浅出、案例翔实，从基本概念、基本原理和基本方法进行阐述，配有数量丰富的实例。通过丰富的实战案例的学习，读者可以轻松而高效地掌握 ZBrush 雕刻软件技术。

为便于教学，本书提供丰富的配套资源，包括教学课件、电子教案、教学日历、案例源码和案例素材。

资源下载提示

课件等资源：扫描封底的“图书资源”二维码，在公众号“书圈”下载。

素材(源码)等资源：扫描封底的文泉云盘防盗码，再扫描目录上方的二维码下载。

“知而获智，智达高远。”“知识改变命运，教育成就未来。”“知识是有限的，而想象力是无限的。”只有不断地探索、学习和开发未知领域，才能有所突破和创新，为人类的进步做出应有的贡献。希望广大读者在 3D 虚拟仿真游戏角色设计中充分发挥自己的想象力，实现您的全部梦想。

由于时间仓促，书中疏漏之处在所难免，敬请读者批评指正。

作　者

2025 年 3 月

扫一扫

源码+素材

目录

第1章　走进ZBrush艺术殿堂

ZBrush是一款具有划时代意义的、革命性的专业三维角色建模软件，将生成于后台的计算机图形学加以简化，完全颠覆了传统三维设计工具的工作模式，用户可以通过它轻松地对所建立的数字图像进行直观的视觉控制。ZBrush为艺术家展现创意开启了一扇新的大门，是第一个让艺术家们感到无所约束，可以自由创作的设计工具。在同一套软件中，2D、2.5D和3D工具完美地结合在一起，兼有2D软件的简易操作性和3D软件的强大功能，并且大幅降低了经济成本和使用难度的门槛。它的出现解放了艺术家们的双手和思维，告别了过去那种依靠鼠标和参数来笨拙创作的模式，完全尊重设计师的创作灵感和传统工作习惯，让用户创造出复杂而高精度的模型以及令人眩目的图像。

1.1　ZBrush简介

ZBrush的诞生代表了一场3D造型的革命，它将三维动画中间最复杂、最耗费精力的角色建模和贴图工作变成了小朋友玩泥巴那样简单有趣。设计师可以通过手写板或者鼠标来控制ZBrush的立体笔刷工具，自由自在地随意雕刻自己头脑中的形象，至于拓扑结构、网格分布一类的烦琐问题，都交由ZBrush在后台自动完成；其细腻的笔刷，可以轻易塑造出皱纹、发丝、青春痘、雀斑之类的皮肤细节，包括这些微小细节的凹凸模型和材质；更令专业设计师兴奋的是，ZBrush不但可以轻松塑造出各种数字生物的造型和肌理，还可以把这些复杂的细节导出成法线贴图和粘好UV的低分辨率模型。这些法线贴图和低模可以被所有大型三维软件（如Maya、3ds Max、Softimage|Xsi、Lightwave等）识别和应用。ZBrush是专业动画制作领域中非常重要的建模材质的辅助工具。

ZBrush是一款数字雕刻和绘画软件，以其强大的功能和直观的工作流程彻底颠覆了整个三维行业。在一个简洁的界面中，ZBrush为当代数字艺术家提供了世界上最先进的工具。依照实用的思路开发出的功能组合，在激发艺术家创作力的同时，使用户在操作时会感到非常顺畅。ZBrush能够雕刻高达10亿多边形的模型，唯一限制，仅来自艺术家自身的想象力。

ZBrush是一个强有力的数字艺术创造工具，它是按照世界领先的特效工作室和全世界范围内游戏设计者的需要，以一种精密的结合方式开发成功的，它提供了极其优秀的功能，可以极大地增强用户的创造力。在建模方面，ZBrush可以说是一个极其高效的建模器。它进行了相当大的优化编码改革，并与一套独特的建模流程相结合，可以让用户制作出令人惊讶的复杂模型。无论是从中级到高分辨率的模型，用户的任何雕刻动作都可以瞬间得到回应，还可以实时进行不断的渲染和着色。对于绘制操作，ZBrush增加了新的范围尺度，可以让用户给基于像素的作品增加深度、材质、光照以及复杂精密的渲染特效，真正实现 2D 与 3D 的结合，模糊了多边形与像素之间的界限。

ZBrush 是一款新型的 CG 软件，它采用优秀的 Z 球建模方式，不但可以做出优秀的静帧，而且也涉足了很多电影特效、游戏的制作过程（大家熟悉的《指环王 Ⅲ》《半条命 Ⅱ》都有 ZBrush 的参与）。它可以和其他软件（如 3ds Max、Maya、XSI）合作，做出奇妙的细节效果。现在，越来越多的 CGer 都想了解 ZBrush，一旦学习了 ZBrush，肯定都会一发不可收拾，因为 ZBrush 的魅力实在是难以抵挡的，ZBrush 的建模方式会是将来 CG 软件的发展方向。

1.1.1 ZBrush 概况

Pixologic 公司是 ZBrush 的制造商，其所开发、营销和提供支持的软件 ZBrush 为艺术家展现创意开启了一扇新的大门。ZBrush 是一种可以将生成于后台的电脑图形加以简化的图形应用程序，适用于广泛的用户，使用它，用户可以对所建立的数字图像进行直观的视觉控制。

Pixologic 公司成立于 1997 年，它是一个致力于为数字艺术家开发和推广创新性软件产品的公司，总部设在美国加州洛杉矶。ZBrush 是 Pixologic 公司研发制作的代表性产品，是一款专业的三维角色建模软件。

ZBrush 为艺术家提供了无与伦比的强大功能与操控能力，是名副其实的数字艺术创造软件。当雕塑家使用 ZBrush 的画笔（配合绘图板）时，会感到像用手拿捏黏土一样直观、方便。与传统工具相比，用户可以更加自由地制作模型，并且可以使用更加细腻的笔刷塑造出例如皱纹、发丝之类的细节。完成后，用户还可以配合 3D 打印机将软件制作的模型输出成实体模型，然后组装起来；如果想要批量生产，还可以对输出的模型进行翻模上色。这个流程极大地改变了传统雕塑和模玩行业，随着输出设备和费用的降低，已经逐渐为国内外雕塑家所采用。

除了上述行业，ZBrush 已经在电影和游戏等高端制作领域广泛应用，例如在《指环王》《加勒比海盗》《黄金罗盘》《暗夜传说》《纳尼亚传奇》等系列影视项目中，ZBrush 主要用于制作和加工高精度模型，之后生成高精度的置换和颜色贴图，最后使用低精度模型配合置换贴图还原为高精度模型的效果，极大地提升了制作效果，也节省了大量制作时间。

随着硬件性能的飞速提升，游戏业的发展也有了长足的进步。特别是次世代游戏，不仅在制作流程上发生了变化，而且配合新的游戏引擎让游戏画面的效果得到了极大的提升。在这个过程中，ZBrush 居功至首，通过使用它，用户能够为游戏角色制作更多的细节。例如《Doom3》《彩虹六号：维加斯》《刺客信条》和《战争机器》等游戏都在制作中大规模使用 ZBrush。

总之，目前已经有众多特效（ILM、Weta）和游戏工作室（Ubisoft）将 ZBrush 加入了自己的数字建模工作流程中，这正体现了软件开发的宗旨，既满足世界顶级特效工作室和游戏设计师的需要，还可以满足 2D 艺术家的 3D 创作梦想。未来，Pixologic 将进一步扩展和开发新的技术，为各个领域的艺术家提供更多的创作工具，并引领 CG 行业不断迈向新的台阶。

1.1.2 ZBrush 发展历程

1999 年，ZBrush 1.0 版首次亮相的瞬间受到业界一致好评，在 CG 领域赢得了权威媒体的热捧。

2004 年 4 月 10 日，ZBrush 2.0 版正式发布，使 ZBrush 软件成为专业人士的“必备软件”。

ZBrush 2.0 提供了极其优秀的功能和特性，极大地提高了设计者的创造力，是一个强有力的数字艺术创造工具。

2007 年 8 月 7 日，Pixologic 公司推出了 ZBrush 3.1 版本，新版本软件功能有了一次新的飞跃。该版本的 ZBrush 拥有领先的 3D 雕刻、绘画以及纹理等功能，设计师可以更加自由地制作自己的模型，可以使用更加细腻的笔刷塑造例如皱纹、发丝、青春痘、雀斑之类的细节，并且将这些复杂的细节导出成法线贴图或置换贴图，让几乎所有大型三维软件都可以识别和应用。

2009 年，Pixologic 公司推出了 ZBrush 3.5 版本，该版本更新了强大的 Z 球Ⅱ，更新了众多笔刷以及 Lightbox 等功能。

2010 年，Pixologic 公司推出了 ZBrush 4.0 版本。相较于以前的版本，ZBrush 4.0 取得重大突破，支持 Mac 和 Windows 操作系统平台，为用户提供了方便。

随后，Pixologic 公司又陆续推出 ZBrush 4R3、ZBrush 4R5、ZBrush 4R6、ZBrush 4R7、ZBrush 4R8 等版本，提供了功能更加强大、更细腻、更精细的雕刻和绘画功能。

1.1.3 ZBrush 应用领域

ZBrush 应用领域十分广泛，主要应用于动漫游戏角色设计、影视特效纹理、静帧作品刻画等。

1. ZBrush 角色设计在游戏中的应用

1）ZBrush 在《刺客信条》（*Assassin's Creed*）中的应用

《刺客信条》是 2007 年由育碧（Ubisoft）推出的一款动作游戏，由育碧蒙特利尔工作室（Ubisoft Montreal）开发制作。游戏讲述的是十字军东征时期，刺客阿泰尔奉命刺杀九位能够左右战争的关键人物的故事。这款游戏中利用 ZBrush 设计的游戏角色如图 1-1 所示。

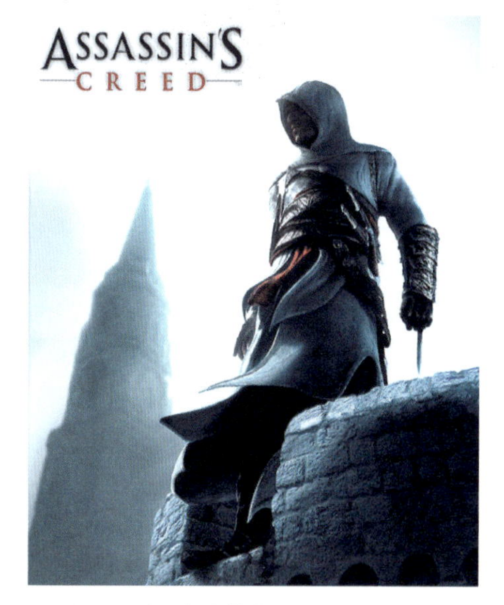

图 1-1　在《刺客信条》游戏角色阿泰尔设计效果

蒙特利尔工作室在制作《刺客信条》以前曾制作过《波斯王子》《细胞分裂》等知名游戏系列，在玩家被该游戏的美女制作人 Jade Raymond 吸引之余，从很多制作人员的 Blog 或作品帖中会发现，《刺客信条》游戏的制作中大量使用了 ZBrush 角色设计。

在《刺客信条》游戏的制作过程中，制作人员使用 ZBrush 来为游戏制作高分辨率模型，也使用 ZBrush 制作游戏模型的纹理和法线贴图，如图 1-2 所示的三张图片就是其中一位游戏制作成员使用 ZBrush 制作的骆驼的模型和纹理。

蒙特利尔工作室的角色设计师 David Giraud 也提到，为《刺客信条》游戏制作角色模型时大量使用了 ZBrush 角色设计，通常先使用 3ds Max 来为模型制作一个基本的网格，然后用 ZBrush 来制作高分辨模型和纹理，有的时候也需要和 Photoshop 配合使用绘制纹理，另外还为模型输出了法线贴图和置换贴图。如图 1-3 所

图 1-2　利用 ZBrush 设计的骆驼的模型和纹理

示的图片即 David Giraud 为游戏制作的高分辨率角色模型。在游戏中，这些角色模型都有自己的另一套低分辨率模型来适应游戏的需要，通常这些低面的游戏模型都被赋予了由高面模型烘焙的法线贴图，很多时候这些法线贴图都是通过 ZBrush 的 Zmapper 来制作的。

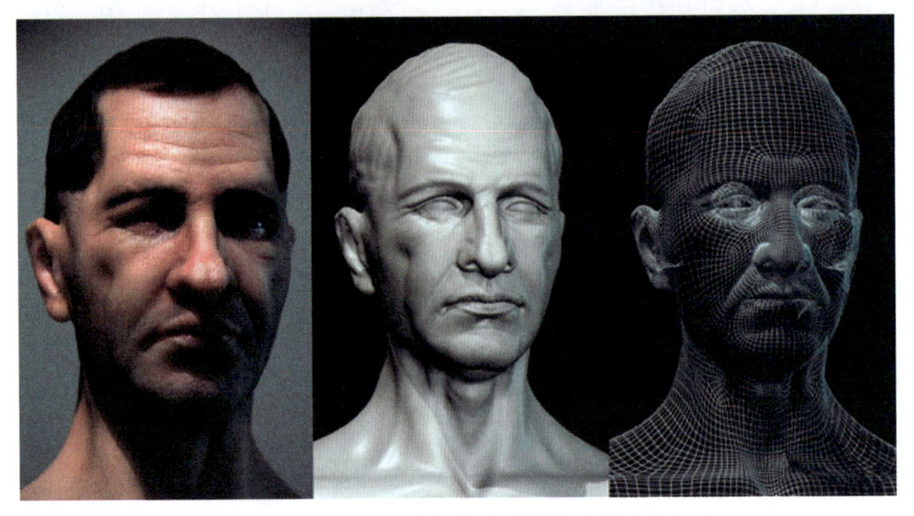

图 1-3　利用 ZBrush 制作的高分辨模型、纹理和网格

David Giraud 也透露了他在《刺客信条》游戏角色头部模型制作中用到的一些流程技巧和图片。首先在 3ds Max 中制作分辨率模型大约 4000 个多边形面，接着映射 UV，制作基本的纹理，完成后将模型导入 ZBrush 制作拥有 200 万个多边形面的高分辨率模型，然后再降低细分级别，使用 Zmapper 输出法线贴图；接着将模型重新导回 3ds Max 中设置灯光，并使用 MR 渲染皮肤的纹理；最后制作拥有 1200 个多边形面的低分辨模型，并赋予法线、颜色、高光贴图，设计效果如图 1-4 所示。

2）在 ZBrush《战争机器》（*Gears of War*）中的应用

科技推动了游戏的发展，使得游戏角色制作流程发生了变化，新的游戏引擎能够让作者在游戏角色身上创建出更多的细节和写实效果，这一点在游戏《战争机器》中得到了充分的体现。

《战争机器》是由 Microsoft Game Studios 推出的一款科幻类射击游戏，全球销量超过 400 万套，后来又推出了 PC 版本，游戏由开发出知名 3D 游戏引擎 Unreal Engine 3 的 Epic Games 所制作，使用的正是该公司最引以为傲的 Unreal Engine 3。这个 3D 游戏引擎整合了新一代 3D 图形处理芯片的高阶图形处理能力以及 AGEIA 提供的物理仿真技术，所能呈现的画面效果以及互动性可说是目前顶级的设计和表现效果。

图 1-4 《刺客信条》游戏中角色设计效果

与其他游戏不同的是，ZBrush 在游戏《战争机器》的制作过程中并没有被用来生成法线或绘制纹理，而是主要用来制作高分辨率的模型。在下述一些简单流程中可以看到具体的应用。

制作人员先使用其他软件为游戏中的角色制作了比较粗糙的模型，这些基础模型将被导入 ZBrush 中进行重定义和细化，通常也被用于低面模型，如图 1-5 所示。

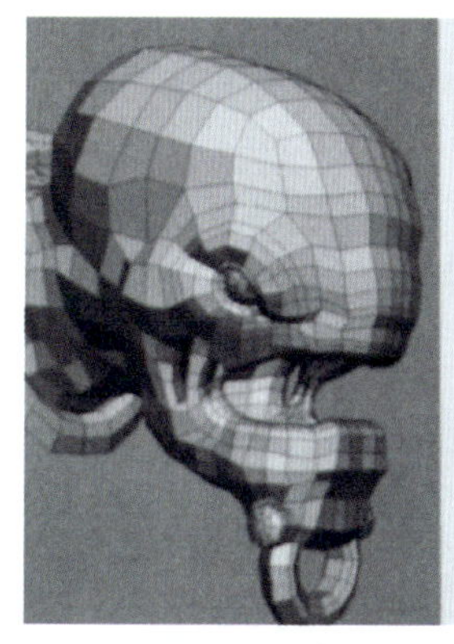
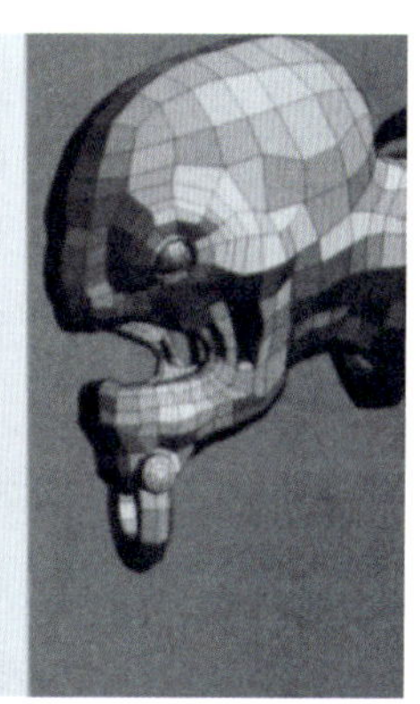

图 1-5 游戏角色低面模型设计

这些低面模型将被导入 ZBrush 数字雕刻软件，在导入之前，制作人员需要将模型中 Polygon 的分布适当细化，回避三角面和五边面，因为它们在数字雕塑时会产生扭曲。进入 ZBrush 后，需要将模型进行逐步的细分和雕刻，这是雕刻细化的一个过程，所有细节都将在 ZBrush 中完成。同时，在制作的过程还可以将模型进行分割保存，这样可以节约系统资源。如图 1-6 所示为《战争机器》游戏中的一个角色模型在 ZBrush 中的雕刻过程。

模型雕刻完成后，制作人员使用 ZBrush 的分组和隐藏功能将模型分解，然后分别导出，导出的头部模型为 50 万面，把这样级别的模型导回到 3ds Max 是很困难的，但是它一旦被作为 Normal mapping 应用到模型上，将得到很震撼的效果。这个级别的模型导回 3ds Max 中后有助于进行低面模型的制作。因此，用一个准确的最终产品模型作为模板是非常理想的。所以制作人员使用了一些必要的网格优化手段，包括使用了一些优化的插件，最后将模型导入

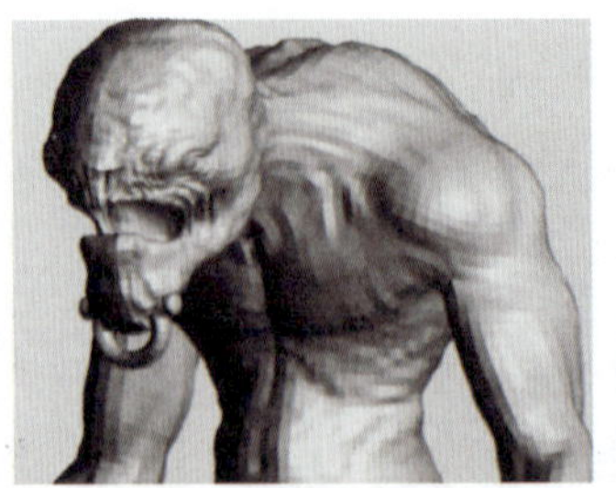

图 1-6　ZBrush 游戏角色雕刻细化过程

3ds Max 中，为下一步的制作做好准备，如图 1-7 所示。

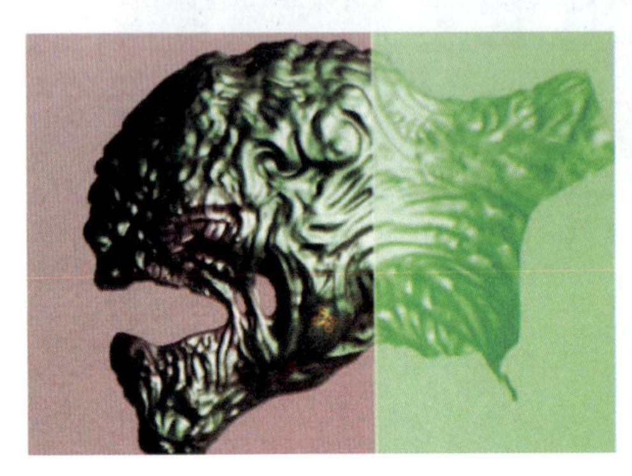
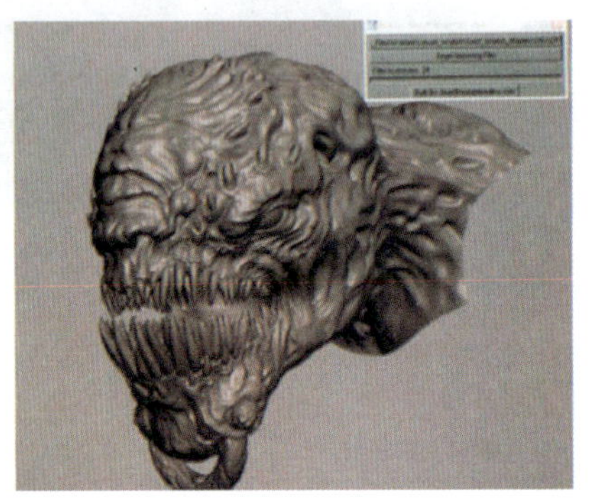

图 1-7　ZBrush 游戏角色网格优化技术

模型经过细化、优化等操作后，这个角色主要的几部分从 2400 万面减到 600 万面，对于 3ds Max 来说要容易操作得多了。这个模型将作为制作低面模型的模板，能够确保 Normal mapping 的准确性。通过创建和应用 Normal mapping，可以尽可能将高面模型的效果在低面模型上表现出来，《战争机器》游戏角色从 ZBrush 高模到 3ds Max 模型低模转换和贴图的效果如图 1-8 所示。

图 1-8　《战争机器》游戏角色建模和纹理效果

3）ZBrush 在《彩虹六号：维加斯》（*Tom Clancys Rainbow Six Vegas*）中的应用

《彩虹六号：维加斯》是育碧（Ubisoft）推出的一款 FPS 大作，游戏很大程度上给玩家带来了最新潮、最前卫的射击快感，大量刺激的反恐任务剧情在维加斯这个美丽的城市里慢慢展开。同前作相比，该游戏在画面和音效等方面都有很大的进步。

《彩虹六号》系列在硬加速时代一直采用虚幻引擎，本作也不例外，《彩虹六号：维加斯》采用了最为先进的虚幻 3 引擎。借助虚幻 3 引擎的强大威力，游戏的画面效果大幅提高。特别是 Xbox 360 版的画面，可以说是异常华丽；虽然 PC 版略逊一筹，但也达到了相当高的水平。游戏的主要角色设计师 Sébastien Legrain 展示了两个主要角色的模型图片，如图 1-9 所示。

图 1-9 《彩虹六号》游戏中两个主要角色设计

根据设计师的描述，游戏中的角色模型都是使用 ZBrush 制作完成的。低面模型是在 3ds Max 中制作的，在制作的过程中还使用了 Zmapper 和 Zaplink，另外还使用了置换贴图来模拟一些金属物件。同时，设计师还展示了制作的法线贴图和使用 ZBrush 制作的服装和枪支，如图 1-10 所示。

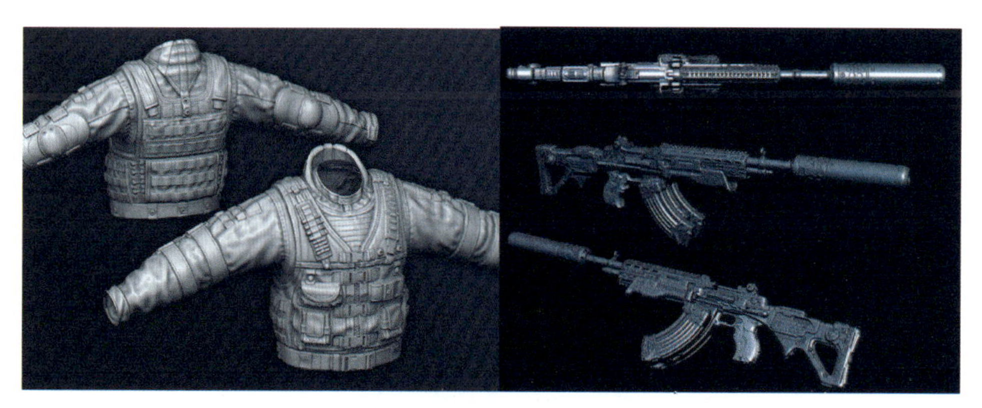

图 1-10 使用 ZBrush 来制作的服装和枪支

与很多制作流程不同的是，《彩虹六号：维加斯》中也使用 ZBrush 制作了一些场景。设计师 Sébastien Legrain 发布出了一些使用 ZBrush 设计的哥特式建筑，如图 1-11 所示。

最后是使用 ZBrush 为游戏制作的道具，这些非生物的模型通常很少使用 ZBrush 直接制作。如图 1-12 所示的模型都是使用 ZBrush 来完成的。

4）ZBrush 在《使命召唤 4：现代战争》（*Call of Duty 4：Modern Warfare*）中的应用

《使命召唤 4：现代战争》是一款由 Infinity Ward 开发、由 Activision 发行的跨平台第一人

图 1-11　在游戏中使用 ZBrush 设计的哥特式建筑

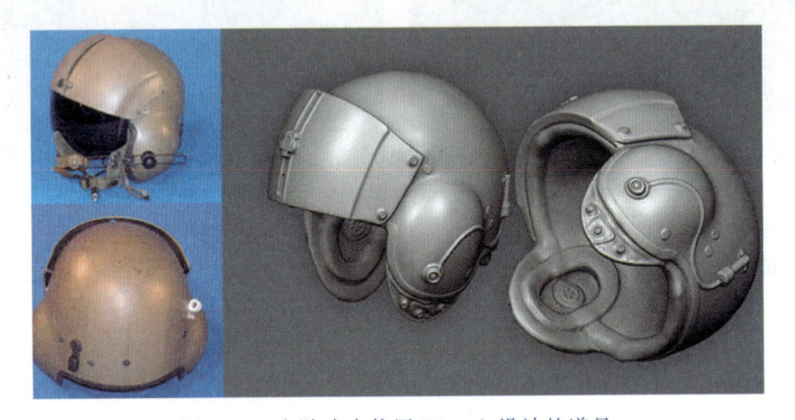

图 1-12　在游戏中使用 ZBrush 设计的道具

称射击游戏。游戏彻底抛弃了系列前作延续的二战背景，从剧情到世界观设定，再到战斗方式，全面运用了虚拟的现代战场。

Infinity Ward 的艺术家 Oscar Lopez 参与了《使命召唤 4：现代战争》游戏角色与车辆的设计制作，对游戏整体有相当程度的把握。在游戏创作过程中，制作团队收集了很多参考照片，所有模型都使用真实照片作纹理，包括 Color、Specular、Cosine 以及 Normal map；用到的软件包括 Photoshop、Deep Paint 3D 和 ZBrush，效果如图 1-13 所示。

图 1-13　使用真实照片作纹理设计的模型

Infinity Ward 的艺术家们主要使用 Maya 进行建模，并根据习惯使用 Maya 或 Unfold3D 展开 UVs，使用 Photoshop、Deep Paint 3D 或 ZBrush 制作纹理；法线贴图的制作方式也有很多种，比如 ZBrush、Mudbox 或者 Crazy Bump，而像纽扣这样的小物件，则使用了 Photoshop 的 NVIDIA 插件。

如今，ZBrush 在游戏行业中的应用与日俱增，用到 ZBrush 的游戏也远远不止于上文所提到的那些，而且相信这仅仅只是开始而已。次世代游戏中越来越多地使用 ZBrush 进行角色建模设计，在不久的将来，必定会在更多的游戏制作流程中看见 ZBrush 的身影。

2. ZBrush 角色设计在影视中的应用

ZBrush 解放了艺术家们的双手和思维，完全尊重设计师的创作灵感和传统工作习惯。ZBrush 3.1 版本功能有了一次新的飞跃，设计师可以更加自由地制作自己需要的模型；之后陆续推出的 ZBrush 4.0、ZBrush 4R4、ZBrush 4R5、ZBrush 4R6、ZBrush 4R7、ZBrush 4R8 版本适应 32 位和 64 位计算机和 Windows 7、Windows 8、Windows 10、Windows 11 操作系统，几乎所有大型三维软件都可以识别和应用，并可以直接输出 X3D 模型。

1）ZBrush 正成为越来越多影视数字特效制作的辅助工具

1977 年，乔治·卢卡斯将数字特效运用到《星球大战》中，开创了大量使用计算机技术合成电影画面的先河，在电影史上具有跨时代的意义。随着时代的发展，这种被称为“魔术”的电影数字特效已经变得更加炫目和逼真。从《星球大战》到《指环王》，再到现在的《纳尼亚》《黄金罗盘》，数字特效已经被广泛地应用在电影制作的各个方面，ZBrush 这款独特的角色设计软件在一些电影的数字特效中也发挥着重要作用。

2）ZBrush 在《奇幻精灵事件簿》中的使用

派拉蒙影业公司出品的这部结合了真人和特效的电影《奇幻精灵事件簿》改编自畅销幻想小说，故事由双胞胎兄弟杰瑞德（Jared）、西蒙（Simon）和他们的妹妹玛罗琳（Mallory）开启了一扇不可思议的魔幻世界之门展开。这部由工业光魔负责特效的影片中大规模使用了 ZBrush，模型师 Frank Gravatt 使用 ZBrush 为影片制作了角色的置换贴图和模型，并将模型分组导入 ZBrush，然后使用“树皮”照片作为参考图片导入 Alpha，调整后用于制作怪物的皮肤细节，过程中不断修改 ZBrush 笔刷的形式，并使用不同的 Alpha，达到了最好的结果，如图 1-14 所示。

图 1-14　影片中的角色皮肤雕刻纹理细节效果

3）ZBrush 在《黑夜传说 2：进化》中的使用

《黑夜传说 2》《黑夜传说 4》是由索尼电影(Sony Pictures)发行的一部现代化传奇故事，延续前作讲述了吸血鬼族与狼人之间的战争。影片中融入了厚重的奇幻色彩和大量的现代元素，大量特效让影片炫目精彩，如图 1-15 所示。

图 1-15 《黑夜传说 2》电影特效

该影片的特效制作主要由 Luma Pictures 负责完成，Luma Pictures 是美国著名的一家视觉特效工作室，他们参与制作过大量的影片，其中包括《老无所依》《加勒比海盗 4》《天空上尉与明日世界》《魔窟》等。在电影《黑夜传说 2》中，Luma Pictures 大量使用 ZBrush 制作生物高精度模型，如图 1-16 所示。按 Luma Pictures 团队负责人 Payam Shohadai 的原话来说："我们经常会从其他大型工作室的朋友那里得到更新软件的消息，同时还有插件升级等。一个很好的例子就是 ZBrush，当其他人还在怀疑它的时候，我们差不多已使用了两年。正因为我们较早使用了 ZBrush，所以现在在高精度建模方面有着很大的优势。"Luma Pictures 无疑有着使用 ZBrush 的丰富经验，同时也是较早将 ZBrush 应用于影视制作的公司。

图 1-16 在影片中利用 ZBrush 创建的狼模型

Luma Pictures 的 CG 主管 Vincent Cirelli 提到，他们使用 Maya 制作基本的生物模型，用 ZBrush 制作表面的细节，模型的纹理贴图也是在 ZBrush 里手绘完成的。据技术总监 Pavel Pranevsky 透露，ZBrush 在 Luma Pictures 的制作流程中占有重要的地位，几乎所有流程都涉及 ZBrush。纹理、贴图、显示和一般的图片也都是由 ZBrush 生成的，他们不但用 ZBrush 制作了电影中的所有生物，甚至还用 ZBrush 创建了场景。

电影中的一个重要角色 Marcus 的所有纹理贴图都是使用 ZBrush 的纹理绘画工具制作的，所有贴图大小控制在 8KB，并且 100% 都是手绘的贴图。Luma Pictures 的员工使用了 ZBrush 的 Alpha 库和绘画工具，在没有扫描数据的情况下创建了真实的照片级效果的角色。

4）ZBrush 为 CG 电影《贝奥武夫》制作了令人折服的细节

电影《贝奥武夫》改编自英国撒克逊人长篇史诗《贝奥武夫》中的部分情节，主人公贝奥武夫是一个拥有强健体魄和惊人战斗力的武士，为了拯救一个被巨人 Grendel 掠劫的村庄，贝奥武夫带领一群武士渡过海洋，向巨人发起了正面的挑战，电影特效如图 1-17 所示。

索尼图形图像运作公司在 Robert Zemeckis 的指引下投入了 7000 万美元来制作这部影片，这部传奇电影在打斗场面上的赤裸及血腥丝毫不逊色于《斯巴达 300 勇士》。Zemeckis 在《贝奥武夫》里还使用了一个截然不同的模式流程来制作数字化的角色，在这个流程中同样也看到了 ZBrush 的身影。

Grendel 在影片中是一个非常丑陋甚至恶心的巨人怪物，在这个怪物身上可以看到暴露在外面的器官及在他腹部的肠子、他右侧塌陷的脸以及肌肉上挤压的痕迹，还可以看到他皮肤下伤口里的肌肉和脂肪。为了制作这个恶心的怪物，Imageworks 使用 Maya 来制作怪物的完整模型，最后使用 ZBrush 增加了大量的细节，包括皮肤、伤疤、肌肉、脂肪等。这些细节最后大部分都被制作成纹理贴图，而小部分则被制作在模型上或者生成了置换贴图。在整个建模与纹理的结合过程中，ZBrush 都起到了不小的作用。

5）使用 ZBrush 制作《博物馆之夜》中的霸王龙骨骼

《博物馆之夜》是一部由 20 世纪福克斯发行的小成本影片，讲述的是博物馆里的法老金牌拥有神奇的魔法，当夜晚来临的时候，馆中的所有标本都会复活，包括追逐骨头的霸王龙、爱捣乱的猴子、暴虐的匈奴王、钻木取火的穴居人等，电影特效如图 1-18 所示。

图 1-17 《贝奥武夫》电影特效

图 1-18 使用 ZBrush 设计《博物馆之夜》电影特效

1.1.4 数字雕塑软件比较

数字雕塑软件的真正发展是从近几年才开始的，但发展的速度却非常迅猛，不但在软件的数量和功能上有突飞猛进的增加和增强，在行业的应用上也有很大的拓展，从游戏行业到影视动画，再到玩具手工制作，都越来越多地看到了数字雕塑软件的身影。并且，数字雕塑软件的出现也改变了很多设计师的工作流程，强大的雕塑建模功能和颜色绘制功能解放了艺术家的灵感，可以让设计师把更多的精力放在设计和创作上，将软件的操作难度降到了最低。从目前网络上公布的多个游戏或电影的项目流程中都可以看到，数字雕塑软件正在让以往的流程变得更加合理、高效和方便。

目前，数字雕塑软件主要有3个类别，一是以ZBrush为代表的数字雕塑软件，这类软件的主要功能是雕塑模型，它制作模型的功能强大，并且对多边形面数的支持高；二是带有数字雕塑功能的三维软件，如Modo、Silo等，这类软件的功能更多，由于雕塑模型并不是它的主要功能，所以在雕塑功能和面数支持上都比不上前一类软件，但使用这类软件可以避免在不同的软件中频繁切换，不过现在也有越来越多的软件集成了数字雕塑功能，如3ds Max和Maya；第三类是一些工业设计方面的软件，比较著名的有FreeForm等，一些浮雕软件也可以归在这个类别里，这些软件相对于前两类软件应用的范围更专业，使用的用户也少很多。

以雕塑模型为主要功能的数字软件代表是ZBrush、Mudbox、3D-Coat。这里需要做一点说明，对这些数字雕塑软件进行比较，并不是为了说明哪些软件更好或者哪些软件不好，因为笔者坚信：没有最好的软件，只有最合适的软件，根据项目和自己的能力选择最合适的软件是最明智的行为。通过介绍这几个软件的优点和功能，比较它们的不同和缺陷，希望能够帮助读者选择更为适合自己的数字雕塑软件。

目前主流的数字雕塑软件是ZBrush和Mudbox，而3D-Coat相对于前两款软件而言还略显稚嫩，之所以会将它也加到这里，主要原因是看好它的发展前景。3D-Coat目前正在持续不断地快速更新，而且在某些功能上也显示了开发者不俗的能力，更重要的是，它是一款唯一有中文界面的数字雕塑软件，对广大的中文用户来说是个不错的选择。下面对三款软件进行一些简单的介绍。

1. 数字雕塑软件

1）ZBrush

ZBrush在数字雕塑软件里可谓“泰山北斗”，它出现的时间最早，最为广大用户所熟悉，目前在各种项目中应用也最为广泛。ZBrush由开发推出至今已经有了十年的历史，它开创了数字雕塑软件的一个先河。

ZBrush的发展过程中比较重要的版本有1.55、2.0、3.1、4.0、4R4等，这些版本的每一次更新都让软件功能有了很大的发展，尤其是2007年Pixologic推出的ZBrush 3.1版本，ZBrush目前是很多游戏和影视数字特效中的重要辅助开发工具。

2）Mudbox

Mudbox最初是由新西兰Skymatter公司开发的一款独立运行且易于使用的数字雕刻软件，推出时被网友冠以ZBrush杀手的称号，并作为ZBrush的直接竞争对手出现。不过，虽然当时的Mudbox 1.0经过了多位CG艺术家及程序员的开发和测试，并盛传软件应用到了著名电影《金刚》的生产线上，但在实际使用中，大部分用户还是觉得ZBrush在雕刻的流畅性和多边形面数的支持上做得更好。当然 Mudbox 也以它更接近传统三维软件的界面和操作方式吸引到了不少的用户，以至于在 2006 年 8 月被美国龙头老大 Autodesk 公司收购，成为 Autodesk 公司的产品。

有了 Autodesk 公司的庞大技术和资金的支持，Mudbox 的发展的确更加快速，先后推出了 Mudbox 2 和 Mudbox 2009、Mudbox 2009 SP1、Mudbox 2009 SP2，不但更新的速度越来越快，在功能上也有很大进步。在足够的硬件支撑下，Mudbox 2009 SP2 能支撑数千万的多边形数量，并且支持更多的实时渲染效果。毫无疑问，Mudbox 靠着 Autodesk 公司正在成为 ZBrush 越来越强劲的竞争对手。

3）3D-Coat

有中文标记的明日之星 3D-Coat 相对于前两个软件来说名气要小很多，这是由乌克兰开发的数字雕塑软件，是专为游戏美工设计的软件，它专注于游戏模型的细节设计，集三维模型实时纹理绘制和细节雕刻功能于一身，可以加速细节设计流程，在更短的时间内创造出更多的内容。只需导入一个低精度模型，3D-Coat 便可为其自动创建 UV，一次性绘制法线贴图、置换贴图、颜色贴图、透明贴图、高光贴图。最大材质输出支持 4096×4096 像素，可以做到真正的无缝输出。

实际上，3D-Coat 这款软件正在不断更新，目前最新的 3D-Coat 3.0 Alpha 系列版本不但可以进行前文说的细节雕刻和各种贴图绘制，还增加了拓扑功能、体积雕塑功能、硬件渲染功能等，由于软件的更新速度实在太快，以至于目前还不能确定 3D-Coat 最后会发展成为一款什么样的数字雕塑软件。

2. 核心雕塑功能的比较

软件最重要的还是功能，各种功能直接关系到用户对软件的评价，功能强大、使用简单的软件始终是软件开发者和用户的追求。下面将对上述三款数字雕塑软件的各种主要功能做一些比较，让读者从软件的功能上更加了解它们。

数字雕塑软件最核心的功能当然是模型的雕塑功能，首先来看看这三款软件给提供了一些什么样的雕塑工具。

ZBrush 3.1 在软件中默认提供了三十余种笔刷作为主要的雕塑工具，用户可以很方便地选择它们来制作各种模型；除此之外，ZBrush 还提供了强大的自定义笔刷功能，只要用户愿意，完全可以制作出自己想要的各种独特笔刷。

另外，ZBrush 3.1 还提供了多种笔画形式来控制笔刷的散布以及各种 Alpha 图片来控制笔刷的形状。同样，Alpha 图片是可以由用户自己制作的。在雕塑工具的提供上，ZBrush 基本已经做到尽善尽全。

Mudbox 2009 同样也提供了各种笔刷来作为雕刻工具，不过数量上比 ZBrush 要少一些，只有二十余种。其中，Freeze、Mask 和 Earse 严格来说不能算是雕塑笔刷，所以实际上 Mudbox 提供的雕塑笔刷主要有 16 种，大概是 ZBrush 的一半。另外在笔刷的自定义上，Mudbox 没有提供更多的笔刷自定义功能，所以在定制笔刷方面功能略显薄弱。

Mudbox 同样也提供了 Stamp 图片来定义笔刷的形状，用户也可以通过自己制作 Stamp 图片来扩充默认的内容。但是 Mudbox 没有提供笔画功能来控制笔刷的散布，例如在绘制一些重复的细致纹理时，做不到像 ZBrush 那样方便。Mudbox 在这个方面是通过笔刷来实现的，也就是将拥有不同笔画的笔刷定义为一个单独的笔刷，这样无疑限制了用户组合笔刷、笔画、笔头（Alpha 或 Stmap）的自由。而且 Mudbox 提供的笔刷本来就少，所以总体来看，Mudbox 提供的雕塑笔刷在自定义、组合及数量上都不是太多。

再来看看 3D-Coat，3D-Coat 的雕塑功能一直在更新，3.0 以前的雕塑功能显得比较粗糙，到了 3.0 之后开发出了体积雕塑功能，才让情况有所改观，雕塑的模型在细致程度上有较大进步。所以这里直接比较 3D-Coat 的体积雕塑功能，不再提以前的普通雕刻功能（在 3D-Coat 3.0 中仍然存在）。与前两种软件不同的是，它没有以图片的形式提供雕塑笔刷来给用户选择雕塑工具，只提供了一些雕塑工具的按钮来选择，在工具的直观性上远远低于前面的软件。另外，这些雕塑工具的易用性也比较值得考究，有的工具在发展上明显还不成熟，只属于实验性的工具。体积雕塑对于 3D-Coat 同样也是刚开发出来的新功能，有很多部分仍需要花时间进一步去修正和提升。

3. 模型绘制功能的比较

ZBrush 的模型绘制功能分为两个部分，一个是多边形绘制功能，也可以说是顶点颜色绘制功能。在 ZBrush 中可以直接将颜色绘制在模型上，不需要考虑模型 UV，绘制的时候可以使用大部分雕塑笔刷作为颜色绘制的笔刷，绘制的颜色可以方便地转换为模型的贴图。ZBrush 也可以同时绘制模型的贴图，只要给模型指定了 UV，就可以使用 ZBrush 专用的投影大师来绘制贴图；使用的绘制工具也不少，可以使用数十个 2.5D 的笔刷。绘制的贴图不但可以输出到其他软件使用，也可以方便地转换为模型颜色。

Mudbox 没有模型颜色绘制功能，但是可以使用系统自带的铅笔、毛笔、喷笔等工具来绘制模型的贴图。同时，绘制贴图时还可以进行分层绘制，这个功能可以方便用户优化自己的工作流程和修改已经绘制好的贴图。与 ZBrush 不同的是，Mudbox 不但可以绘制颜色贴图，还可以绘制高光、凹凸、反射等多种贴图。从贴图绘制这个功能上来讲，Mudbox 比 ZBrush 要完善很多。

3D-Coat 同样没有模型颜色绘制功能，但是在贴图绘制功能上却有自己的独到之处，除了可以绘制模型的颜色和高光贴图以外，还可以直接绘制模型的法线贴图，这是 3D-Coat 相当方便的一个功能。3D-Coat 中的模型实际上有两个细分的级别，一个是高面，一个是中面。用户在视图中看到的模型是贴上了高面模型生成的法线贴图的中面模型。用户在这个中面模型上进行普通的雕刻时（非体积雕塑功能），实际上是在绘制模型的法线贴图，在模型绘制完成后，用户可以直接在菜单里将绘制的这个法线贴图导出，同时也可以将其保存为置换贴图。这个功能与 ZBrush 和 Mudbox 根据模型本身来烘焙法线贴图而言，无疑是多了很大的自主性和方便性。

另外，3D-Coat 的绘制同样可以设置图层，而且图层的功能还相当强大，有多个图层的混合参数以及图层的效果参数。从图层功能上来讲，三个软件中 3D-Coat 做得最好，提供了更多、更方便的调节方法。

4. 各种拓展功能简单介绍

三款软件除了共有的一些功能外，还有一些各自比较独特的功能，这些功能当然是无法比较的，这里稍做简单介绍，让读者能有更多的了解。

首先看 ZBrush 的一些功能，比较突出的有 2.5D 的绘画功能，这个功能可以让 ZBrush 从一个三维的雕塑软件转变成为一个二维的绘画软件。只要愿意，用户完全可以使用 ZBrush

来绘制自己喜欢的平面插画，不仅仅是平面的插画，还可以是2.5D的插画，绘制出来的效果也不会比著名的Painter差多少。只是由于ZBrush的雕塑功能实在是太强了，所以对于这部分功能，大多数用户都自动忽略了。

除了出色的绘画功能，ZBrush还有自己独特的建模功能，即使用Z球建模，这是一个完全不同于其他任何软件的建模功能，掌握之后再制作角色的粗模是相当方便的。上述三个软件中也只有ZBrush有这个独立的建模功能，其他两款软件都需要使用现有的模型进行修改或雕塑。

ZBrush还拥有自己的拓扑、绑定功能，拓扑功能可以直接为现有的模型进行拓扑布线或者新的模型；绑定功能可以为模型绑定骨骼并设置姿态，虽然无法制作动画，但是修改现有模型的姿态是很方便的。

ZBrush拥有的各种扩展功能是相当多的，除前文提到的这些功能以外，还有脚本输出输入、录制视频、HD雕刻等各种功能，它的功能相当完整，使用ZBrush可以同时应付三维和二维两方面的工作。

再看看Mudbox，与ZBrush相比，Mudbox的软件功能要少很多，主要功能完全是围绕着数字雕塑的。Mudbox比较独特的拓展功能主要集中在显示特效上，在灯光上可以支持图像灯光(HDRI)，还可以设置几种不同的特效如景深、AO等。可以说三个软件中功能最单纯的就是Mudbox。

3D-Coat的拓展功能中最有特色的是拓扑功能，它的拓扑非常的方便，与ZBrush那种老老实实四个点一个面的拓扑不同。3D-Coat的拓扑支持多种方式。另外，3D-Coat的UV展开功能也很不错，虽然比不上专门的UV软件那么方便，但是和ZBrush相比那已经是很大的区别了。至于Mudbox，其只有一个查看UV的窗口而无法进行UV的编辑。

综合分析三个软件，功能最多最完整的还是ZBrush，近二十年的开发积累让它拥有了自己的一套完整的流程；其次是3D-Coat，在参照了众多软件的长处之后，它不断推出自己独特的功能，而且这个趋势并没有放缓，以后必定会推出更多的拓展功能，以方便用户使用；而Mudbox则走了和前述两个软件不同的路，更专注于数字雕塑方面，排除了其他功能，这点也是可以理解的，毕竟Autodesk旗下软件众多，其他功能可以交给别的软件来完成，Mudbox的更新信息里也提到Mudbox、3ds Max和Maya的接口，软件之间的转换更加流畅。

5. 目前三款数字雕塑软件的应用情况

ZBrush的应用主要集中在游戏和影视方面，尤其是游戏方面，大多数次世代游戏制作流程里都能看到ZBrush的身影，如《战争机器》《刺客信条》《使命召唤》《彩虹六号》等；在影视方面也不弱，参与过多部大片的制作，如《加勒比海盗》《指环王》《我的传奇》《黑夜传说》等。

Mudbox的应用目前暂时比不上ZBrush，但是也参与了不少著名的项目，游戏方面有《天剑》《火影忍者》《星际争霸2》等，电影方面有《黑暗物质：黄金罗盘》《北极的圣诞老人兄弟》《墨水心》等。

作为新兴数字雕塑软件，3D-Coat目前还没有更多应用，暂时只知道游戏Pilgrim's Progress在使用3D-Coat进行开发。

数字雕塑软件发展随着时间的推移也许会产生新的变化，但是目前主要的雕塑软件还集中在所介绍的这些软件中，再次重申本文的目的不是为了比较软件的好坏，只是希望能通过本文让更多的朋友了解这些软件，知道它们的长处和不足，进而选择适合自己的软件。

1.2 ZBrush次世代雕塑专家

目前对角色精细程度要求特别高的次世代游戏和影视行业已大量应用ZBrush雕刻和绘画软件，应用这款高端模型雕刻软件制作逼真的细节雕刻设计。ZBrush软件兴起的时间较晚，但发展势头迅猛，尤其对艺术创作和设计人员来说是最好的开发利器。随着越来越多的3D艺术家对其3D雕刻工具的追捧，ZBrush已经成业内公认的次世代游戏雕塑专家。

1.2.1 ZBrush次世代游戏雕塑专家

次世代游戏指的是与同类游戏相比更加先进的游戏，即下一代游戏。次世代游戏就是以微软公司的Xbox 360、索尼公司的PS 3以及任天堂公司的Wii等游戏机为代表的，相对于上一代FC、SFC、MD家用游戏机而言的新一代游戏形式。网络上许多使用高端游戏引擎制作的PC游戏都称为次世代游戏。

和传统网游相比，次世代网游是把次世代游戏开发技术融入网络游戏中，通过增加模型和贴图的数据量并使用次世代游戏引擎改善网络游戏的画面效果，使网络游戏可以达到主机平台游戏的画面效果。

次世代网游凭借精美绝伦的画面效果与丝丝入扣的画面细节，赢得了越来越多玩家的青睐，已然成为下一代网络游戏的开发主流。从一款网络游戏的开发周期来看，可以想象有多少家网络游戏公司正在从事次世代网游的开发工作，可以预见，不久以后的网络游戏市场，次世代网游必将引领新的潮流。

次世代游戏具备如下所述五大基本要点。

（1）全面支持光影、动态、蒙皮、映射和自然表象。

（2）次世代天气标准：丰富的天气变化系统。

（3）次世代画面标准：支持DX11。

（4）次世代玩法标准：动态感官改变现有3D网游玩法。

（5）次世代音效标准：全面支持DTS杜比双解码。

目前次世代游戏最大的特点就是在3D技术方面得到了大幅度提升，更加接近于真实的画面效果和完美的音效都是次世代游戏追求的目标。随着微软Xbox 360、索尼PS3和任天堂三家游戏机巨头竞争的白热化，《生化危机》《最终幻想》《合金装备》《马里奥银河》等一大批优秀的次世代游戏应运而生。每一款次世代游戏的产生都能引发游戏爱好者的热烈追捧。当然次世代不完全表现在画面音效上，还包括与玩家的交互方式等。

次世代游戏技术可以满足如下需求。

（1）游戏需求：游戏场景制作，游戏角色制作，游戏角色装备及道具制作。

（2）影视需求：影视角色制作和影视场景制作。

（3）美宣需求：游戏及电影公司美宣部CG宣传海报的制作，个人静帧CG艺术展示作品。

从2D到2.5D到3D再到次世代，游戏开发技术的进步不仅给玩家带来了更好的产品，也对游戏行业的人才提出了更高的要求，一方面，次世代网游对于画面的质量和细节的表现对游戏美术设计师提出了更为苛刻的技术要求；另一方面，使得整个游戏开发的工作量呈几何级数上升，从而需要更多的游戏美术设计师。

从《指环王》和《加勒比海盗》开始，影视制作开始使用ZBrush数字雕刻软件，通过鼠标或压感笔直接在电脑里雕塑角色形象，ZBrush的精细程度可以达到毛孔级别，眼角的一条皱纹都能够实现得很清晰。传统的三维建模软件达不到这个高度。ZBrush雕刻巨匠大师完成了《指环王》里魔族半兽人狰狞的脸及《加勒比海盗》中章鱼船长蠕动着的恐怖面容，不要以为这些惊世骇俗的扮相是化妆师的功劳，数字雕刻软件ZBrush才是真正的幕后操盘手，这款软件目前已成为次世代游戏和科幻、魔幻影片制作不可或缺的开发利器。

次世代游戏设计的首选开发工具就是ZBrush次世代游戏雕塑专家，如今国内很多培训机构把次世代游戏技术定义为用ZBrush实现的高端模型雕刻和绘画技术，真正引用外国游戏制作行业的次世代技术和专家进行次世代技术培训。

1.2.2 ZBrush 3.x 特性及新功能

1. ZBrush 3.0 的核心特性

(1) transpose(转置)：ZBrush 3.0可以通过移动动作线来整体或局部调节模型的姿势，整个操作过程比用手调整黏土模型的姿势简单得多。

(2) MAT CAP(材质捕获)：可以让用户将真实世界的纹理和照明应用给模型。通过对纹理贴图进行采样，就可以快速得到带有质感和照明效果的材质。

(3) 透视摄像机：使用透视摄像机可以为模型应用透视效果，用户能够随意调节焦距。

(4) 速度提升：多线程功能最多可以支持256个处理器来帮助ZBrush大幅提升计算速度。

(5) 海量多边形：最高可以操作十亿个多边形，从而让用户可以创造出无限逼真的物体。

(6) HD Geometry(高精度几何形)：HD Geometry功能可以让用户将模型细分至十亿个多边形，而系统将只处理屏幕上可见的多边形。

(7) topology(拓扑)：该功能让创建新的拓扑变为一个简单而快速的工作，并且投影功能可以将拓扑网格收缩包裹到源模型上，即改变网格布线而不丢失雕刻细节。

(8) 脚本化界面：ZBrush整合的脚本功能可以让用户创建适合自己工作流程的软件界面，将现有的界面项目改为用户需要的，或为界面加入全新的按钮和面板。

(9) 用户可以定义启动时加载的灰度、Alpha和纹理：自定义用户环境包括Alpha、纹理、材质及最常用的插件。

(10) Movie(电影)面板改良：可以让用户创建、观看或输出模型转盘影片，或雕刻过程的视频录像(可作为教学)。

(11) 支持64位系统：ZBrush 3.0可以充分利用64位系统的优势。

2. ZBrush 3.1 的新增功能

(1) 允许在新笔刷面板(New Brush Palette)中保存或载入自定义笔刷。

(2) 增加了新的笔刷功能，例如颜色遮罩(Color Masking)。

(3) 用户可以自定义热键。

(4) 集成了ZMapper。

(5) 集成了Displacement Exporter。

(6) 增加了姿态对称(Poseable Symmetry)，这是一种新的智能的对称功能。

(7) 一个新的松弛网格工具——Reproject Higher Subdiv'。

(8) 支持对方形的阿尔法用于雕刻。

(9) 支持 Zadd 和 Zsub 同时用于雕刻。

(10) 网格投影(Mesh Projection)，现在可以投影多边形绘制。

3. ZBrush 3.5R3 的新增特性

ZBrush 3.5 的目标就是结束各种技术的限制，进入自由创作。通过使用诸如 ZSpheres Ⅱ、ZSketch、Quick Sketch、Surface Noise、Planar Brush 以及许多其他新方法，艺术创作将达到一个全新的境界。这个新版本对 ZBrush 中现有的独特工具进行了改进，提高了 ZBrush 一直以来就闻名的对传统媒介雕刻模拟的自然感觉，创建生物组织角色、环境或产品设计变得更加容易。ZBrush 就是为插画师、视觉特效师、视频游戏艺术家、产品设计师或者仅仅对 3D 感兴趣的用户准备的。

(1) 使用 ZBrush 3.5，可使用新的 ZSketch 特性以光的速度创建模型。

(2) 使用新的表面噪波功能，通过调节一些简单参数和控制曲线，可以为模型增加由程序生成的自定义噪波效果。

(3) 随着 HD Geometry 功能的增强，ZBrush 3.5 不仅支持 PolyPainting 功能，而且它的多边形数量提高到了 10 亿，雕刻效果具有更多的精致细节。

(4) ZBrush 素来以雕刻组织模型而广受欢迎，现在它又打开了雕刻机械模型世界的大门，包括可以创建武器与盔甲、各种交通工具或机器人、首饰、产品设计等。只要用户能够想到，ZBrush 就会有各种工具帮助用户创建它。

(5) ZBrush 3.5 当中又增加了一些新的雕刻笔刷和相关的控制参数。

(6) 不仅自动适应蒙皮被引入 ZSphere Ⅱ 当中，统一蒙皮功能同样被引入这种建模方式当中，而且统一蒙皮方法是 ZSketch 几何体创建技术的新核心技术。无论是组织模型还是机械模型，单击一下就可以预览经过优化的、非常适于雕刻而且具有非常利落拓扑结构的模型。

(7) ZBrush 3.5 当中又增加了 Remesh 功能以及镜像对称合并的功能。

(8) ZBrush 当中也有了布尔操作，现在 ZBrush 当中的次级工具可以以不同的方式结合，这样每一个次级工具对于产生的网格体的效果都是可控的。

(9) Polygroups 创建方法的提高意味着有更多的雕刻模型的不同部分可以分别创建，可以手动绘制多边形组，也可以使用 Polypaint 创建多边形组，这样就可以快速细分模型进行雕刻或绘制。

1.2.3 ZBrush 4.x 特性和新功能

1. ZBrush 4.0 最新功能

(1) 内置图像浏览器，该工具可看成 texture load 插件的升级版，表现为可以在画布上方排列很多图像，用户不但能从中选择，还能向前或向后浏览图像或选择在画布上排列图像的方式。

(2) 图像编辑器，这个工具环是一组图像工具的集合，鼠标移动到哪一个图标，就会对当前的 Image Plane(图像平面)上的图像实时产生效果，相当于把某些 2D 和 2.5D 绘画工具进行了升级。当然也可以选中该工具，然后手动对图像调整。

(3) 此工具的主要内容包括纹理贴图雕刻、交互式图像平铺、无缝颜色匹配、应用纹理颜色和表面细节、在上亿的多边形上绘制顶点颜色等功能。

(4) ZBrush 4.0 新功能还包括保存和载入、资源浏览器、自动画布尺寸、快捷键变化、布尔扩展、投影建模、笔刷形状、剪切笔刷、线笔刷、旋转笔刷、弹性笔刷及新的笔刷等。

2. ZBrush 4R3 新特性介绍

Pixologic 公司发布了新的强大的 ZBrush 4R3。在这个新版本中除了加强了 ZBrush 的 BPR 滤镜调整渲染效果，还添加了像 FiberMesh 和 MicroMesh 等新颖且令人兴奋的功能。此更新包括新的功能和前版本功能增强。

1) Fiber Mesh

纤维网格(FiberMesh)设定为用户提供了更大的控制和灵活性。ZBrush 4R3 版本中，曲线修饰现在已经被添加到一个 FiberMesh 中，设置包括长度、覆盖、重力对曲提供 Curve Editor，具有更弹性的调整。围绕纤维网格还增加了一个新的设置，纹理应用 FiberMesh 微孔网眼对象可以是透明的(真正的黑色像素将被隐藏)，允许其使用更大的多样性，也可储存 FiberMesh 的设定资讯。此外，4R3 版本还加入几种 FiberMesh 的预设集，这些预设可以在 Lightbox 中预览，并且可被 ZBrush artists 来修改和分享。一旦将你的 FiberMesh 调整到需要的状态，即可将 fiber 输出到其他的应用程式使用。更进一步，fiber 现在可输出成一种特别的 vector displacement maps，用来在其他软体中进行算图，如图 1-19 所示。

图 1-19　纤维网格 FiberMesh

2) 矢量位移贴图

矢量位移贴图(Vector Displacement Maps)功能：ZBrush 4R3 可输出 16 位和 32 位的矢量位移的地图置换贴图，提供了一个强大且简单的方法来输出雕塑出的细节到其他软件中进行实现，充分利用这些高质量的置换贴图(矢量位移贴图)来让模型带有更真实的细节，如图 1-20 所示。

图 1-20　矢量位移贴图

3）BPR to Geo

BPR 滤镜调整渲染到几何体效果（BPR to Geo）功能：ZBrush 4.0 可将 MicroMesh 和 FiberMesh 转换成真正的几何物体，如图 1-21 所示。只要轻松一点便可转换成几何物体，并可以进行进一步的编辑。除了额外的 dot preview 和 Spin Edge 功能，还可在彩显前控制 MicroMesh 的方向或对几何物体进行进一步编辑。

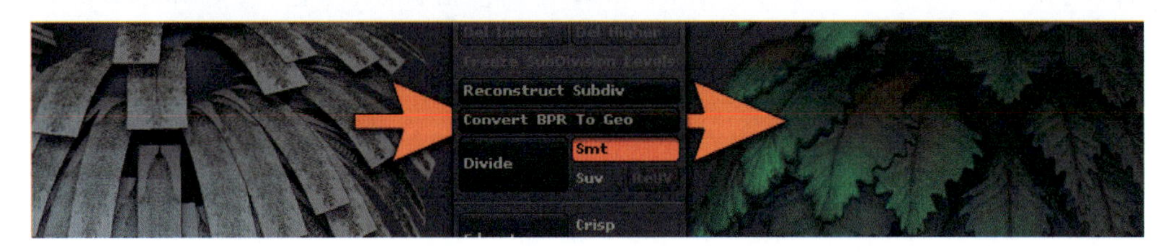

图 1-21　BPR 滤镜调整渲染到几何体效果（BPR to Geo）

4）NoiseMarker

增强 ZBrush 4R3 版本的 NoiseMarker 外挂功能允许用户建立各种 Noise 和图样。4R3 版本的 NoiseMarker 外挂插件可以增加更广更丰富的 Noise 和图样，超过 25 种参数控制可同时在 3D Viewport 和 UV 模式下同时有无限制的组合，NoiseMarker 现在在较低的 Polygon meshes 上还可精确显示遮罩的图样。此外，NoiseMarker 的功能 ZBrush 导览样式有了一个更大的预览视窗和新的遮罩功能，提供了多种 Noise 的堆叠选项，如图 1-22 所示。

图 1-22　NoiseMarker 插件

（1）界面增强（Interface Enhancements）：Sub-palette sections 让用户通过 collapsing 或 un-collapsing sub sections 来控制每个 Sub-palette 的长度。只显示用户需要的部分；更强的是，新的 Magnify（扩展）选项让用户可放大画布或界面的放大比例，在录制制作影片或

turntables 时非常有用，如图 1-23 所示。

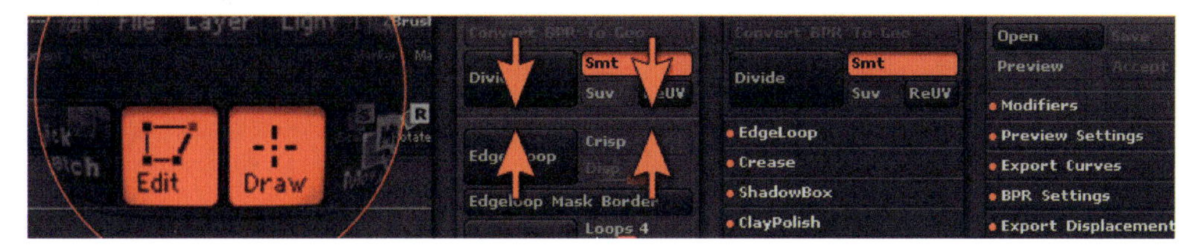

图 1-23　界面增强

（2）渲染增强（Render Enhancements）：ZBrush 4R3 版本的 BPR Render 可以计算 MicroMesh 和 FiberMesh 物体产生的阴影，甚至包含半透明的贴图也可以支持。ZBrush 4R3 的 BPR（最佳预览算图）让用户的最后成像品质更高了，如图 1-24 所示。

图 1-24　渲染增强

（3）自动更新（Auto Updating）功能：ZBrush 4R3 加入了一个新的网络更新功能，只要按一键，就可以立即更新为最新版本的 ZBrush 或 Pixologic 提供的最新外挂插件，让用户不会错过任何 ZBrush 新增功能，如图 1-25 所示。

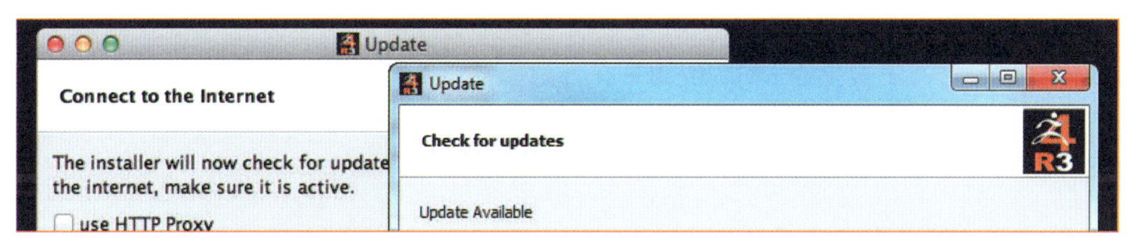

图 1-25　自动更新

3. ZBrush 4R6 新特性介绍

新版的 ZBrush 4R6 继续增强和发展了其特色功能，力求给用户一个具有丰富新特性的工具集，用以提高用户的创造力和生产力。例如新增的 ZRemesher 提供了更好的自动化拓扑和用户自行引导拓扑的完全重建拓扑系统，还有针对有机体和硬表面雕刻的几项新的笔刷功能，都可以提升用户的工作流程。

ZRemesher 是 ZBrush 在自动重建拓扑工具技术上的一大进化，它使该过程达到一个新的整体水平。它通过对网格体曲率进行分析产生一个非常自然的多边形布线，并且实现这种更好的结果只要很少的时间。当然，如果用户想要更多的控制，也会找到有关的特性，如局部密度管理和曲线流动方向。此外，一个新的具有创新性的功能是 ZRemesher 能够为一个特定部分的网格完成局部重建拓扑，同时保持所有边界顶点与现有的模型实现顶点焊接。

（1）修剪曲线笔刷：这种新的笔刷工作起来就像剪切笔刷，但在几何体上绘制笔触的作用是相反的，ZBrush 会删除几何体上修剪曲线以外的所有部分，并且封闭所产生的孔。

(2) 桥接笔刷：在表面孔洞之间以桥接方式创建出多边形、多边形组边界，甚至生成折边，所有操作只需 2 次单击。用户可以用封闭或开放的曲线操控这个笔刷。

(3) 折线笔刷：使用这种笔刷，将不再需要依赖拓扑或多边形组来定义一个折线的边缘。该笔刷允许在需要添加折边的地方以自由绘制曲线的方式来定义。

(4) 笔刷半径选项扩展：对于修剪和切割笔刷有效，这个选项可以创建一个薄的拓扑甚至表面厚度路径。

(5) 可见度扩展：各种切割和补洞笔刷，现在可以通过部分隐藏几何体来创建独特的片，或控制哪些孔洞进行关闭，哪些孔洞保持开放。DynaMesh 现在也有能力操作部分几何体。

(6) 新的曲线框架：所有开启了曲线模式的笔刷将自动检测在任何表面上的开口、折边和多边形组。这将为使用像曲线桥接、三角形填充曲线、多重管线等以及更多笔刷打开一系列快捷途径。

(7) DynaMesh 保留多边形组(PolyGroups)：来自原始模型上的或插入网格体上的所有已有的多边形组，在模型应用 DynaMesh 时将继续得以保持，甚至在任何重新更新 DynaMesh 的时候，结合现有的功能，比如板块环边、分组环边和抛光特性，可以在 ZBrush 内以数量惊人的新方法创建硬表面。

(8) 前向分组：这种新的多边形组作用在于从相机的视点建一个新的多边形组。它为面向相机的可见多边形分配一个独立的多边形组。

(9) 孤立显示的新增动态模式：仅保留当前激活的子物体在操作中可见于 ZBrush 相机的面前。这提高了 3D 导航性能，使它很容易操作复杂的模型。

(10) UV 平滑：当对模型的 UV 进行平滑时，ZBrush 现在可以冻结他们的边界。这将为外部渲染程序处理并创建一个无缝的贴图。平滑的 UV 不受细分级别在高低之间切换的影响。

(11) 板块环边：该特性的两个新选项提供了确保用户可以迅速采用一键式的解决方案，要么重新分配板块的多边形组，要么使用拓扑环边。

(12) 新的遮罩方式：现在用户可以通过单击网格体功能，例如几何体边缘、多边形组边缘和折边边缘以及任何结合了这一功能的对象，对其进行遮罩或撤销遮罩。

4. ZBrush 4R8 新特性简介

新版 ZBrush 4R8 是一款知名的数字刻画和建模软件。ZBrush 拥有世界上最为先进的雕刻和绘画工具，同时也能雕刻出高达 10 亿多边形的模型，可以满足所有用户对于雕刻设计的需求。ZBrush 与其他同类型的软件最大的不同在于，ZBrush 是世界上第一款完全无约束自由创作的 3D 建模雕刻设计工具，ZBrush 4R8 的出现完全颠覆了过去传统三维设计工具的工作模式，解放了用户们的双手和思维，告别过去那种依靠鼠标和参数笨拙创作的模式，完全尊重用户的创作灵感和传统工作习惯，在它这里一切都由用户自己决定。

用户可通过手写板或者鼠标来控制 ZBrush 的立体笔刷工具，并可自由自在地随意雕刻自己头脑中的形象，当然一些复杂的拓扑结构、网格分布等问题都可交由软件在后台自动完成。此外，ZBrush 4R8 细腻的笔刷可以轻易塑造出皱纹、发丝、青春痘、雀斑之类的皮肤细节，包括这些微小细节的凹凸模型和材质，同时它可以轻松塑造出各种数字生物的造型和肌理，还可以把这些复杂的细节导出成法线贴图和展好 UV 的低分辨率模型。ZBrush 4R8 改进了 LazyMouse 功能，并扩展了多边形建模的特性，特别是低模点线面的编辑和轴镜像的关联。

下面介绍一下 ZBrush 4R8 新增加的功能。

(1) Live Boolean 系统。

Boolean 系统在经过了反复试验和错误纠正之后，最终获得了令人满意的结果。通过 Live Boolean，艺术家们可以将多个雕塑结合到一起，实时查看最终模型的样子。任何模型都可以从其他模型中删除，不管它们的多边形数量是多少。甚至还可以结合 ZBrush 中现有的实例系统（如 NanoMesh 和 ArrayMesh）来使用 Live Boolean。激活 Live Boolean 时，还可以一边雕刻模型一边预览 Boolean 结果，所有这些选项都可以结合在一起，展现 ZBrush 独一无二的全新雕刻工作流程。

(2) 多语言支持。

ZBrush 4R8 现在支持多种语言：英语、简体中文、法语、德语、日语、韩语和西班牙语，也可以随时切换语言，除了官方支持的语言，还可以创建自己的自定义语言，与他人一起共享。

(3) Lazy Mouse 2.0。

Lazy Mouse 系统设计用来结合平稳、精确控制的笔触来进行雕刻，艺术家现在可以在将效果应用到模型表面之前操纵任一笔触的角度和长度，甚至还可以将笔触保持在始终如一的高度水平，当笔触轨道穿越在自身上面时无须再构建笔触。

(4) 矢量置换模型。

和 IMM 笔刷类似，新增的 Multi Vector Displacement Mesh 系统允许艺术家通过各种各样的矢量置换模型构建自定义笔刷，并实时切换这些笔刷，创建更加复杂的 3D 模型。

(5) Gizmo 3D。

Gizmo 3D 为艺术家提供了新的、简单的 UI 元素，让艺术家能够通过精确的控制来操纵和转换雕塑。Gizmo 3D 可以轻松地放在任何位置或任何方向以执行精确的转换，可以立即修改枢轴点以便移动、缩放或旋转。

(6) 3D 文字和矢量形状创造器。

ZBrush 4R8 自带一套完整的生成器，用于实时创建 3D 文字，这为创建个别 3D 单词或短语提供了可能，还可以使用 SVG 文件创建自定义 logo，放到模型的表面。结合新的 Live Boolean 系统，这种 3D 文字创造器已然是用文字雕刻或装饰模型表面的简单有效的方法，再加上新增的变形器，甚至还可以调整文字，或者改变 logo 的轮廓。

(7) Alpha 3D。

单击 Alpha 3D 即可将任何雕塑或形状转变为 2D Alpha，捕捉到形状或雕塑之后，可以重新定位、调整甚至将 Alpha 旋转到任意轴，这是创建独特又不同的 Alpha 用于表面雕刻的一种快速交互式的方法。

(8) 插件更新。

3D 打印导出器已经被 3D 打印 Hub 插件取代了，这种插件给 3D 打印爱好者提供了保存和共享好的导出设置的能力，或者甚至一键导出到 FormLabs PreForm 软件的能力。更新导出大小时，要确保其与新的 Dimension Check（尺寸检查）窗口刚好匹配。ZBrush 还新增了 Scale Master，让使用现实中的厘米、毫米、英寸或英尺测量变得简单，它还可以通过简单的点击重置整个雕塑大小，包括所有 SubTools。此外，还用新增的 ZBrush to Photoshop CC 插件增强了 BPR 渲染通道，通过该插件可以自由选择各种各样的渲染通道和材质选项，这些将会导出到 Photoshop CC 中作为单个图层。

(9) Gizmo 3D。

Gizmo 3D 为艺术家提供了一个新的、简单的 UI 元素，可以通过精确控制来操纵和转换雕塑。Gizmo 3D 可以轻松放置在任何位置或方向以执行准确的转换，可以立即更改移动、缩放或旋转的轴心点，有相对于表面法线或世界轴旋转的选项等。

新的 Gizmo 3D 转换工具允许对 SubTools 进行多选和操作，选择尽可能多的子工具，然后将它们作为一个单元移动、缩放和/或旋转。这一功能使构建硬表面模型变得更加容易。

（10）交互式原始几何体。

艺术家可以自由调整定义形状的几何体，即使形状已经应用到了模型表面。将平滑的圆柱体转变成八边形，调整球体，使其拥有平坦的极点，或者将圆锥体变成金字塔，所有这些都可以实时实现。

（11）变形。

ZBrush 4R8 通过新的变形修改器轻松对雕塑进行大范围调整。利用 Curve 修改器上的经典 Bend 弯曲曲面周围的文字，扭转雕塑，使用 FFD 完全调整模型的轮廓，还有功能强大的变形工具，如 Extender 和 Multi-Slice。

（12）ZBrush 常规功能。

此外，GoZ 已经更新了，支持 Modo 和 Maya 最新版本。登录到自己的 Foundry 账户，下载 GoZ for Modo 最近更新。以下 Maya 版本会通过更新获得支持：Maya 2015、Maya 2016、Maya 2016.5 和 Maya 2017 或更高版本。GoZ for Maya 还新增了很多功能。

- ZBrush 多边形着色现在可以发送到 Maya。
- 所有多边形分组将维持为 Maya 选择集，在 Maya 中创建的任何选择集会在 ZBrush 中转换为多边形分组。
- 不仅仅纹理文件可以从 ZBrush 发送，Maya 中的纹理文件也可以发送回至 ZBrush。
- 大模型的处理速度提高 10 倍之多。
- GoZ Maya 将不再是默认的 Mental Ray 渲染器。

5. ZBrush 常见的版本

ZBrush 常见的版本包括 ZBrush4R6、ZBrush 4R7、ZBrush 4R8、ZBrushcore 简体中文、ZBrush2019、ZBrush2020、ZBrush2021、ZBrush2022、ZBrush2023、ZBrush2024 等。

ZBrush 的哪个版本比较好？

1）ZBrush 2023 中文版

ZBrush 2023 提供了许多新的功能和特性，新版本集成了 Redshift，玩家可以直接在 ZBrush 中渲染模型，还支持 Standard、MatCap 和 Redshift 材质，增加真实感。如果想体验最新特性并且有一定的学习和使用经验，那么 ZBrush 2023 是个不错的选择。

2）ZBrush 4R8

这是目前最稳定的版本，拥有许多成熟的工具和特性，并且支持许多流行的导出格式。如果需要一个稳定而有成熟功能的版本，并且不需要最新的功能，那么 ZBrush 4R8 是一个不错的选择。

1.3 ZBrush 开发环境

ZBrush 开发环境涵盖硬件环境、软件环境以及集成开发平台。硬件环境包括英特尔公司（4 核/8 核）、AMD Athlon 64 x2 处理器等；软件环境包括 Windows 操作系统平台和苹果操作系统平台；最后是 ZBrush 集成开发环境。

1.3.1 ZBrush 硬件配置环境

1. ZBrush 系统硬件较高 Windows 系统建议配置

（1）操作系统：Windows XP SP3/Windows 7/Windows 8/Windows 10/Windows 11。

（2）CPU：Intel Core i7 或更高版本（或同等的 AMD 处理器或更高版本）的多线程或超线程处理器。

（3）内存：4GB，推荐 16GB 及以上。

（4）显示器：1280×1024 或更高分辨率显示器（32 位色）。

2. 最低配置

（1）操作系统：Windows 2000/XP SP2/Windows 7。

（2）CPU：P4 或者 AMD Opteron（皓龙）Athlon 64 处理器（必须集成数据流单指令多数据扩展指令集 2，即 SSE2）。

（3）内存：1GB。

（4）显示器：1024×768 monitor resolution（32 位色）。

3. ZBrush 苹果操作系统建议配置

（1）操作系统：Mac OSX 版 10.7 或更新的版本。

（2）CPU：英特尔公司（必须集成有 SSE2）。

（3）内存：4GB 可以运算上亿个多边形，推荐 16GB 及以上。

（4）显示器：1024×768 显示器分辨率设置为百万颜色（建议 1280×1024 或更高）。

1.3.2 ZBrush 集成开发环境

集成开发环境（Integrated Development Environment，IDE）是用于提供程序开发环境的应用程序，一般包括代码编辑器、编译器、调试器和图形用户界面工具，是集成了代码编写功能、分析功能、编译功能、调试功能等于一体的开发软件服务套。

ZBrush 集成开发环境为当代数字艺术家提供了世界上最先进的雕刻和绘画工具，以实用的思路开发出的功能组合，在激发艺术家创造力的同时，使用户在操作时会感到非常舒缓、自然、流畅，极大提升了艺术家自身的想象力和创造力。

ZBrush 中的菜单以非线性和自由模式的方法进行工作，这有利于三维模型、二维图像和 2.5 维 Pixols 以新的和独特的方式进行互动。ZBrush 提供了强大的细腻雕刻和绘画工具，可以让用户快速勾画出一个二维或三维的概念图，然后采用这一想法直至完成整个作品。用户可以使用 ZBrush 的光照和大气功能效果直接创建真实的渲染效果，再另使用许多强大的输出选项轻松配置模型，然后进行三维打印或者在其他数字应用程序中使用。

ZBrush 能够通过软件强大的处理性能，在包含数以百万计多边形的模型上雕刻和绘画，而无须担心购买外部设备和昂贵的显卡。ZBrush 就像是艺术家熟悉的雕刻和绘画工具，真正了解一个艺术家首选的电脑艺术创作工具是怎么样的，用户覆盖了从艺术爱好者到电影和游戏工作室等各个领域的制作人员。

ZBrush 集成开发环境包含标题栏、菜单栏、提示栏、调控板、常用工具栏、常用调控板拾取、视图导航、Zscript 区域及快捷菜单等，如图 1-26 所示。

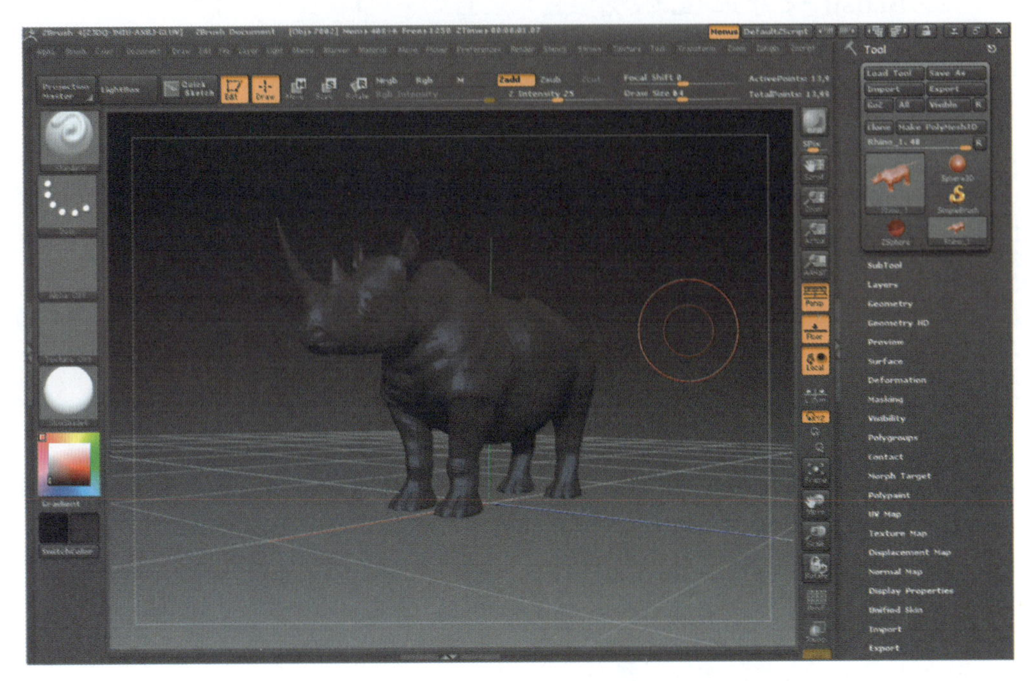

图 1-26　ZBrush 艺术雕刻和绘画集成开发环境

ZBrush 官方网站的网址为 http://www.zbrushchina.com/，界面如图 1-27 所示。

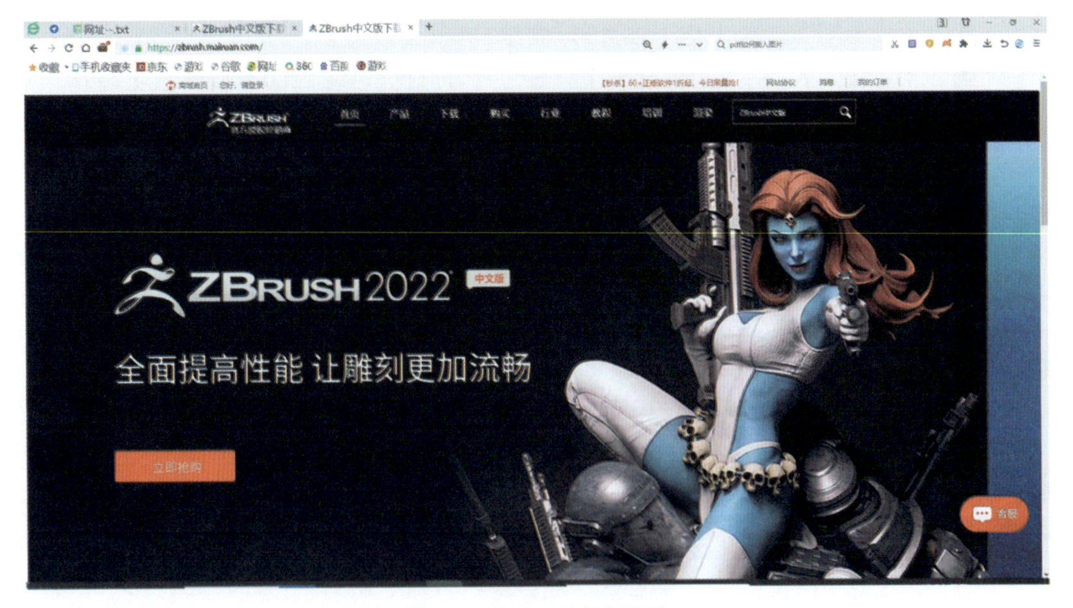

图 1-27　ZBrush 中文网站

第 2 章　ZBrush 4R8数字雕刻软件介绍

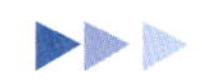

ZBrush 是一款数字雕刻和绘画软件，它以强大的功能和直观的工作流程彻底改变了整个三维行业。在一个简洁的界面中，ZBrush 为当代数字艺术家提供了世界上最先进的工具。ZBrush 4R8 于 2017 年年初发布，升级的内容包括矢量置换模型功能、实时 Boolean 系统、改进 LazyMouse 功能、支持多国语言等，可以支持 ZBrush 和 Maya、Modo、C4D、3ds Max、ZBrush 4R4、ZBrush 4R5、ZBrush 4R6，ZBrush 4R7、ZBrush 4R8、ZBrush 2018、ZBrush 2019、ZBrush 2020、ZBrush 2021、ZBrush 2022、ZBrush 2023、ZBrush 2024，可以适应 32 位和 64 位计算机的 Windows 7、Windows 8、Windows 10、Windows 11 操作系统。

2.1　ZBrush 集成开发环境界面

ZBrush 的界面和平常的三维软件有很大的不同，所以很多用户在第一次接触 ZBrush 的时候会有所困惑，其实 ZBrush 的界面是非常智能化和人性化的。ZBrush 4.0 和 ZBrush 4R8 的主界面如图 2-1 所示。

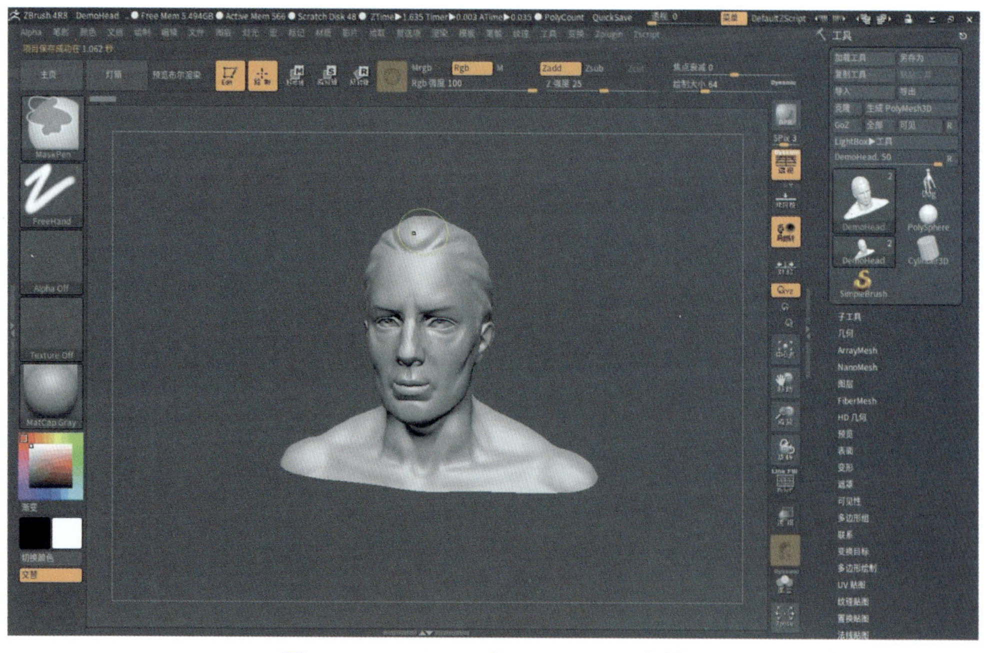

图 2-1　ZBrush 4.0 和 ZBrush 4R8 主界面

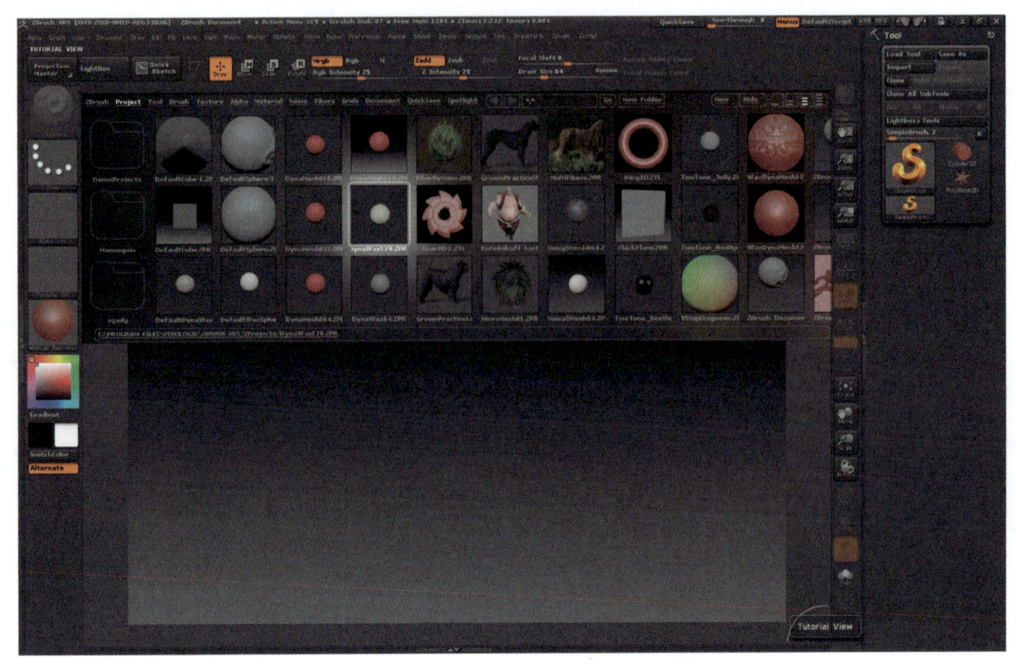

图 2-1 （续）

ZBrush 集成开发环境主界面包括标题栏、菜单栏、提示栏、常用工具栏、常用面板拾取、工具箱、视图导航与编辑模式、LightBox 以及 Zscript 功能等。

2.1.1 标题栏

标题栏在主界面的最上方，左侧显示 ZBrush 版本信息，右侧包括显示隐藏菜单、导入默认脚本、更改颜色、更改界面布局、锁定界面布局、缩小、放大以及关闭功能按钮，如图 2-2 所示。

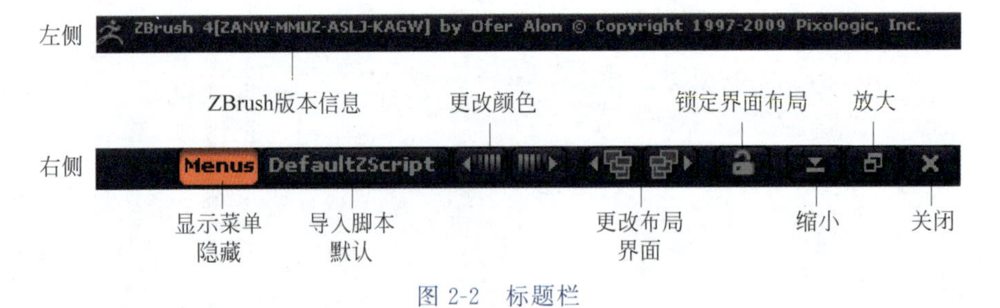

图 2-2 标题栏

2.1.2 菜单栏及提示栏

菜单栏位于主界面的第二行，包括 ZBrush 的所有工具和命令，所有菜单按照第一个字母顺序排列，常用菜单有 Alpha（通道）、Brush（笔刷）、Color（颜色）、Document（文档）、Draw（绘制）、Edit（编辑）、File（文件）、Stroke（笔锋）、Texture（贴图）、Tool（工具）等，如图 2-3 所示。

提示栏位于菜单栏的下面，显示当前操作的反馈信息或位于光标下的选项提示信息。

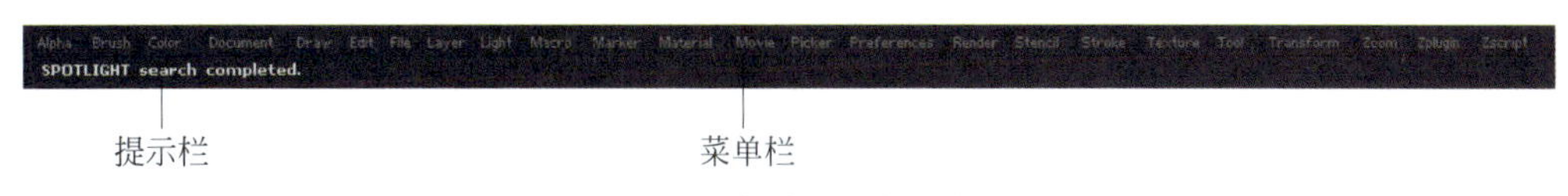

图 2-3　菜单栏与提示栏

2.1.3　常用工具栏

常用工具栏中放置了经常用到的设计工具，也称为工具架，位于主界面的第三行。常用工具栏包括投影大师、LightBox 切换、速写、选择、移动、旋转、缩放及色彩性质调节区域(可调整三种色彩绘制方式与 RGB 强度)、绘制选项区域(对绘制方式、强度、尺寸等属性进行调节)，这些工具也可以通过快捷方式来选择，如图 2-4 所示。

图 2-4　常用工具栏

2.1.4　常用调控板拾取

常用调控板拾取位于主界面画布的左侧，该部分汇聚了雕刻时常用的“笔刷”、“笔触”、“纹理”、“材质”、“颜色”以及 Alpha 调控板等快捷方式，可以方便用户创作作品，避免到每一个菜单中查找这些命令的麻烦，可以提高工作效率，如图 2-5 所示。

2.1.5　工具箱

工具箱是 ZBrush 中使用频率最高的一个部分，位于界面右侧，包括导入工具、保存工具、导入、导出、GoZ、可见、转可编辑 3D、克隆以及工具预览等功能按钮，如图 2-6 所示。

图 2-5　常用调控板拾取

图 2-6　工具箱

2.1.6　视图导航与编辑模式

视图导航与编辑模式在画布的右侧，单击视图导航按钮可以针对画布进行操作，也可以使用快捷键进行操作，包括桌布窗口渲染、画布平移、画布缩放、画布返回实际窗口、编辑物体充满画布、对视图内窗口进行平移、缩放、旋转等操作。

（1）Best Preview Render：ZBrush 最好的预览渲染。

（2）Scroll：ZBrush 滚动功能按钮。

（3）Zoom：变焦缩放功能按钮，针对画布进行操作。

（4）Actual：目前画布是原始状态，可以使画布在正中央显示，针对画布进行操作。

（5）AAHalf：在原始状态画布的二分之一处显示，针对画布进行操作。

（6）Persp：在 Edit 编辑按钮（菜单栏中）被激活的情况下，选择透视功能。

（7）Floor：在 Edit 编辑按钮被激活的情况下，选择显示地面功能。

（8）Local：在 Edit 编辑按钮被激活的情况下，选择 Local 调节对象的中心点，以改变对象的旋转中心（提示：旋转中心并非坐标轴中心，且只能在物体上单击，点到哪，旋转中心就在哪，再单击一下它，则中心点恢复到原来的位置；调节中心点的时候，为避免修改到对象，ZADD 和 Zsub 要处于关闭状态）。

（9）L Sym：在 Edit 编辑按钮被激活的情况下，实现局部对称功能。

（10）：在 Edit 编辑按钮被激活的情况下，分别选择 XYZ、Y、Z 键约束视图，将只能分别沿着 XYZ 轴、Y 轴或 Z 轴方向上旋转。

（11）Frame：在 Edit 编辑按钮未被激活的情况下，控制显示或隐藏线框功能。

（12）Move：在 Edit 编辑按钮未被激活的情况下，控制移动对象模型。

（13）Scale：在 Edit 编辑按钮未被激活的情况下，控制缩放对象模型。

（14）Rotate：在 Edit 编辑按钮未被激活的情况下，控制旋转对象模型。

（15）PolyF：绘制网格功能按钮。在模型设计过程中，如果没有 auto groups，应该开启 PolyF，在原来的颜色上加网格；如果已经 group 过模型，那么可以尝试一下 Polygroups 下的 Group as dynamesh sub 命令。

2.1.7 LightBox

ZBrush 4R8 主界面视图窗口下方多了一个栏，称为 LightBox（热盒），该栏目为用户指定了 ZBrush 根目录的调用文件。用户可以通过单击常用工具栏中的 LightBox 按钮来显示或隐藏该功能，其中包含 12 个功能选项，分别为 ZBrush、Project、Document、Tool 、Brush、Material、Texture 、Alpha、Script、Other、Spotlight 及 WWW，对应 ZBrush 常用磁盘目录。该功能类似于后期制作软件的素材管理器，可以方便用户快速选取和调用，对文件操作也很有用，拖着滑动操作很人性化。

ZBrush 允许用户添加文件进入库中，只需要将文件复制到磁盘的对应目录即可，在 LightBox 中选中一个文件后，左下角即会出现该文件的目录位置，如图 2-7 所示。

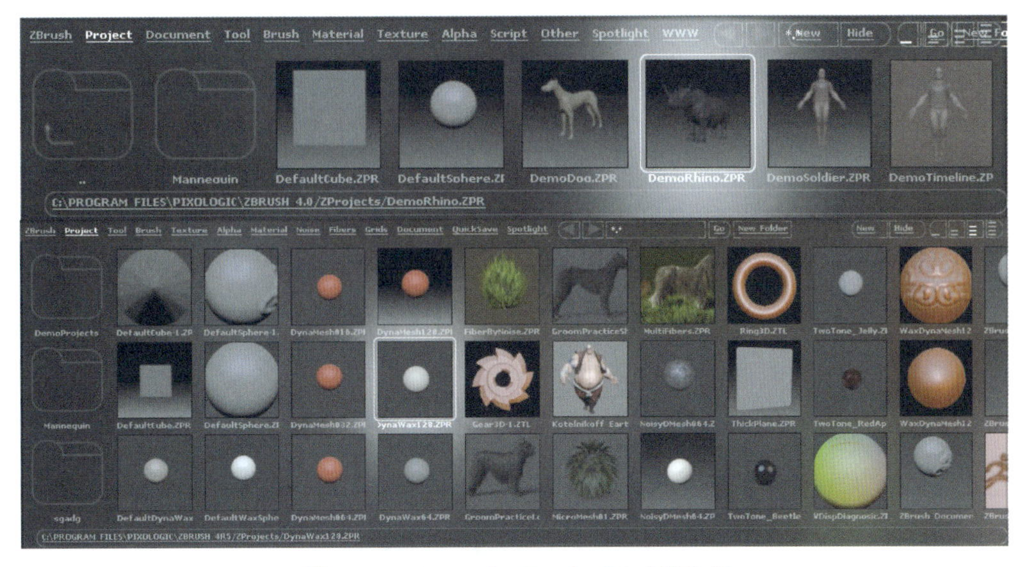

图 2-7　LightBox 和 ZBrush 4R8 功能选项

2.1.8　Zscript 功能

Zscript 是记录保存和载入的 Zscript 的菜单，如图 2-8 所示。

图 2-8　Zscript 菜单

Zscript 技术涵盖了更多的指令和功能，指令集的内容更加丰富。Zscripts 可以在 ZBrush 的接口上任何地方置入按钮，而且可以播放 *.wav 文件。ZMovies 可以插入 Zscript 的按钮，而 mem block 指令可以控制 ZBrush，并做出更复杂的计算。Zscripts 还可以读取动态链接库(DLL)，可以利用 C/C# 写出更好的外挂接口程序。另一个值得注意的是 Zscript 录放功能，如果启动 Show Actions，ZBrush 的光标位置和接口动作都会被精确记录下来，有助于教学录制。

2.2 Preferences 菜单

ZBrush 参数设置菜单包含了集成开发环境中所有程序所用到的全部控制的基本配置信息，全部用户定义的配置都可以存储为配置文件。Preferences（参数设置）菜单如图 2-9 所示。

图 2-9　Preferences 菜单

Preferences 菜单中包含 ZBrush 初始化、参数配置、快速信息、热键、界面、自定义 UI、颜色、拾取、Z 球、标记、导入导出、热盒、绘制、手写板、性能、编辑、变换、变换单元、其他、公用以及 GoZ 等参数设置及调整命令。

1. Init ZBrush

Init ZBrush(ZBrush 初始化)表示将所有调控板和文档数据恢复为默认值，将消除所有文档数据，包括正在编辑的和未保存的工程文件。

2. Config(配置)卷展栏

选择 Preferences 菜单中的 Config 命令，打开 Config 卷展栏，如图 2-10 所示。

图 2-10 Config 卷展栏

(1) Restore Custom UI(返回自定义界面)：如果用户保存了一个自定义界面，可以单击此按钮或 Restore Standard UI 按钮来切换至自定义界面与标准界面。

(2) Restore Standard UI(返回标准界面)：单击此按钮和 Restore Custom UI 按钮可以切换标准界面与自定义界面。

(3) Store Config(存储配置)：保存用户的所有参数配置为默认情况下的 ZBrush 主配置文件。

(4) Load Ui(载入界面)：允许用户从一个保存的文件中载入界面的参数设置，包括面板的位置、大小以及快捷菜单布局。按住 Shift 键单击此按钮，可以从保存的配置文件中载入界面颜色。

(5) Save Ui(保存界面)：保存用户配置的信息并存储为磁盘文件，可以方便用户自定义创建各种样式的工作界面布局。

3. Quick Info(快速信息)卷展栏

选择 Preferences 菜单中的 Quick Info 命令，打开 Quick Info 卷展栏，如图 2-11 所示。

图 2-11 Quick Info 卷展栏

(1) Quick Info(快速信息)：激活此功能，鼠标指针移动到缩略图图标上时将弹出更大尺寸的缩略图，并且激活此按钮能弹出帮助信息。

(2) Delay(延迟)：延迟，默认值为 0.14，取值范围 0.05～2。

(3) Tolerance(公差)：公差，默认值为 8，取值范围 1～25。

(4) Preview Icon Size(预视图标尺寸)：调整滑块将增加或减少图标的尺寸，默认值为 10，取值范围 4～20。

(5) Large Quick Info Text(大尺寸显示信息文本)：单击此按钮，将以大尺寸文字显示帮助文本。

(6) Preview Material On Mesh(以模型的样式预览材料)：单击此按钮，用户在材质面板中将鼠标指针移动到材质球上方时，将弹出赋予该材质的模型效果缩略图。

4. Hotkeys(热键)卷展栏

选择 Preferences 菜单中的 Hotkeys(热键)命令，打开 Hotkeys 卷展栏，如图 2-12 所示。

(1) Restore(恢复)：恢复快捷键到默认设置。

图 2-12　Hotkeys 卷展栏

（2）Store（存储）：单击此按钮，可以存储临时使用的快捷键，在退出 ZBrush 时，软件将提示用户保存快捷键。

（3）Load（载入）：载入之前保存的快捷键。

（4）Save（保存）：单击此按钮，可以将快捷键文件保存，方便以后使用或共享给其他用户。

5. Interface（界面）卷展栏

选择 Preferences 菜单中的 Interface 命令，打开 Interface 卷展栏，如图 2-13 所示。

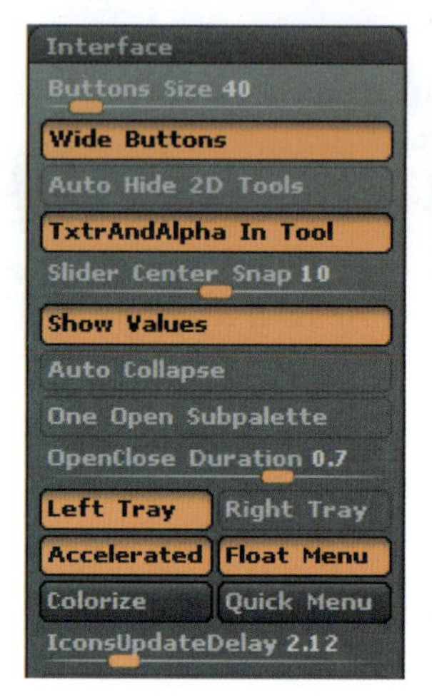

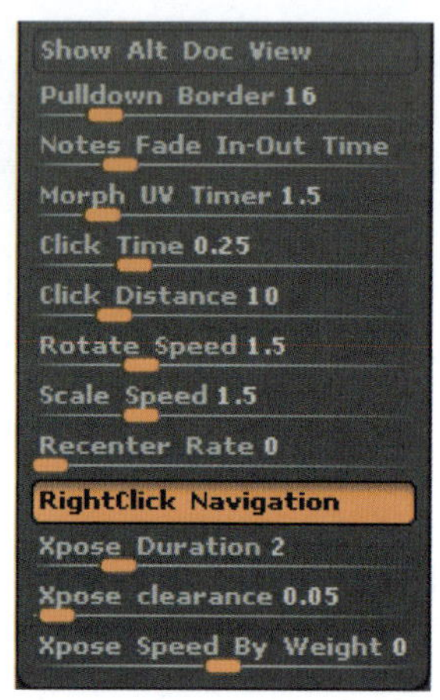

图 2-13　Interface 卷展栏

（1）Buttons Size（按钮尺寸）：调节该滑块可以调节 ZBrush 按钮的大小。设置此参数后，必须重新启动 ZBrush 软件才能生效。

（2）Wide Buttons（宽按钮）：激活此按钮，能使 ZBrush 的界面项目（如 Alpha、Brush、Tool 按钮）显示为两倍宽度，关闭此按钮将显示为正方形。

（3）Auto Hide 2D Tools（自动隐藏 2D 工具）：单击此按钮，再选择 3D 工具时，工具面板中的 2D 和 2.5D 工具将被自动隐藏。

（4）TxtrAndAlpha In Tool（存储贴图和 Alpha 到工具）：激活此按钮，保存模型时默认保存贴图和 Alpha 图形。

（5）Slider Center Snap（滑块中心捕捉）：定义了滑块捕捉到 0 的容差。

（6）Show Values（显示值）：让所有滑块总是显示它们的值，为节省空间，滑块名称将移到右侧并被缩短，默认为打开状态。

（7）Auto Collapse（自动折叠）：单击此按钮，ZBrush 会在左侧和右侧可见的垂直空间中保存所有调控板。如果空间需要容纳新的展开调控板，ZBrush 会自动折叠起其他调控板。默认为关闭状态，单击此按钮，所有调控板会保持在它们的当前状态，直到用户改变它们。要访问已经推向屏幕顶端或底部的调控板，在调控板上的空白区域单击并拖动，上下活动面板即可。

（8）One Open Subpalette（一个开放的面板）：单击此按钮，表示激活一个开放的面板。

（9）OpenClose Duration（打开关闭时间）：单击此按钮，表示打开持续时间，再次单击将关闭持续时间。

(10) Left(Right)Tray(左或右托盘)：单击此按钮，在对应的托盘上每次只允许放置一个菜单。如果打开了其他菜单，当前打开的菜单将自动折叠起来。默认为关闭状态。

(11) Accelerated(加速)：影响左右面板上下卷动的速度，激活此按钮，卷动速度将随着卷动距离的增大而变得更快，默认为打开状态。

(12) Float Menu(浮动菜单)：单击此按钮，ZBrush将显示视图窗口旁边的浮动项目，默认为打开状态。

(13) Colorize(色彩化)：改变已固定的浮动菜单项的标签颜色。单击其标签后再单击此按钮，标签的颜色将改变为激活的主颜色。

(14) Quick Menu(快捷菜单)：临时显示一个快捷菜单，这个特殊菜单中包含了大多数常用的界面项目，一旦选择了一个项目或鼠标指针离开了在快捷菜单区域，这个快捷菜单将消失。(提示：按空格键，用户可以在屏幕的任何位置激活快捷菜单，菜单将出现在鼠标指针的位置上，这样用户就不必到面板中，即可使用界面的大多数项目；另外，当激活Stencil(模板)时，按空格键将弹出Coin Controller(硬币控制器)代替快捷菜单)。

(15) IconsUpdateDelay(图标更新延迟)：控制其更新的时间。ZBrush中的各种图标将持续更新显示它们所代表的物体的变化，如3D工具在缩略图中的雕刻效果等。

(16) Show Alt Doc View(显示交互文档视图)：单击此按钮，将显示交互文档视图，当前视图一分为二。画布顶部会出现一个分栏，单击它将展开第2个画布视图，再次单击它将折叠，拖动它可以改变两个视图的比例。

(17) Pulldown Border(下拉菜单边界)：当菜单调控板下拉时，下拉调色板将保持可见。直至鼠标指针移出菜单区域。

(18) Notes Fade In-Out Time(帮助淡入淡出的时间)：设置帮助提示和其他类型提示的淡入淡出的时间。

6. Custom UI(自定义界面)卷展栏

选择Preferences菜单中的Custom UI定义界面命令，展开Custom UI卷展栏，如图2-14所示。

(1) Enable Customize(启用自定义功能)：单击此按钮激活该功能，用户可以按住Ctrl键用鼠标拖动界面元素来改变其位置，还可以创建调控板和卷展栏，从而实现自定义的用户界面。

(2) Create New Menu(创建新菜单)：单击此按钮，将弹出一个对话框，在对话框中输入名称后单击“确定”按钮，可以创建一个新的ZBrush调控板。

(3) Custom SubPalette(创建自定义面板)：按住Ctrl键把该按钮拖动到任意区域，将创建一个新的ZBrush卷展栏。

图2-14　Custom UI卷展栏

7. Icolors(界面颜色)卷属栏

Preferences菜单中的Icolors命令，展开Icolors卷展栏，如图2-15所示。

根据设计需要调节颜色区域的参数，可以控制和改变界面的颜色，包括界面每个元素的颜色，可以帮助用户定制一个自己喜欢的界面颜色。在ZBrush主菜单中选择Color调控板中的颜色，并在 Icolors 卷展栏中单击要设置的项目的颜色块，与之相关联的界面选项会立即变成相应修改的颜色。

图 2-15　Icolors 卷展栏

（1）Highlight（高亮）：用高亮的凸起边缘效果来定义界面按钮的边缘，拖动该滑块可控制效果的强度，取值范围 0～100，默认值为 50。

（2）UI Gradient Merge（渐变）：让界面按钮从顶部到底部应用一个微小的亮度渐变。该滑块控制着渐变的强度，取值范围 －100～100，负值产生从亮到暗的效果，默认值为 25。

（3）Color Related Sliders（颜色相关滑块）：全局颜色调整滑块，可以整体调整界面颜色，该功能将影响所有界面元素。

（4）Apply Adjustments（应用调整）：单击此按钮，界面将应用调整好的颜色方案。完成应用调整后，将滑块数值设置为 0，用户可以以该数值为基础继续调整。

（5）Save Ui Colors（保存用户界面颜色）：单击此按钮，将保存用户界面颜色设置为一个颜色文件，通过单击 Load Ui Colors 按钮载入该文件。

8. Pick（拾取）卷展栏

选择 Preferences 菜单中的 Pick 命令，展开 Pick 卷展栏，如图 2-16 所示。

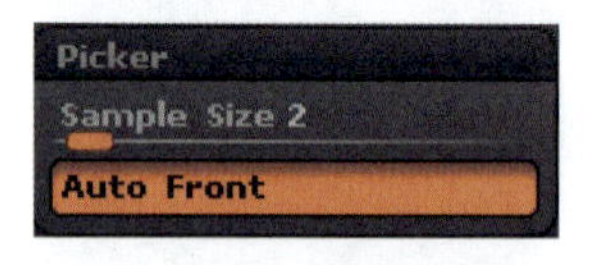

图 2-16　Pick 卷展栏

（1）Sample Size（采样尺寸）：设置所有拾取调控板属性的采样区域，如颜色、深度等，取值范围是 1～25，默认值为 8。

（2）Auto Front（自动前置）：激活该功能，当画布上新绘制的物体层次为 0 时，物体将不会从裁剪面后的视图中滑出，更方便用户操纵；如果再次单击它，物体将改为在裁剪面上绘制出来。默认为开启状态（提示：裁剪面是根据画布的高度和宽度计算的，它位于画布工作空间的中央）。

9. Mem（内存）卷展栏

选择 Preferences 菜单中的 Mem 命令，展开 Mem 卷展栏，如图 2-17 所示。

（1）Compact Mem（压缩内存）：ZBrush 利用自身的内存管理系统，从操作系统中独立出虚拟内存，当超过压缩内存滑块显示的数值时，ZBrush 会把额外的数据写到硬盘中。当发生这种情况时，ZBrush 会暂停操作，提示栏会显示 Compacting Memory（压缩内存）字样。只有当 ZBrush 完成写入硬盘数据处理后，才能继续工作。通常该数值最好设置为接近系统内存的数量。

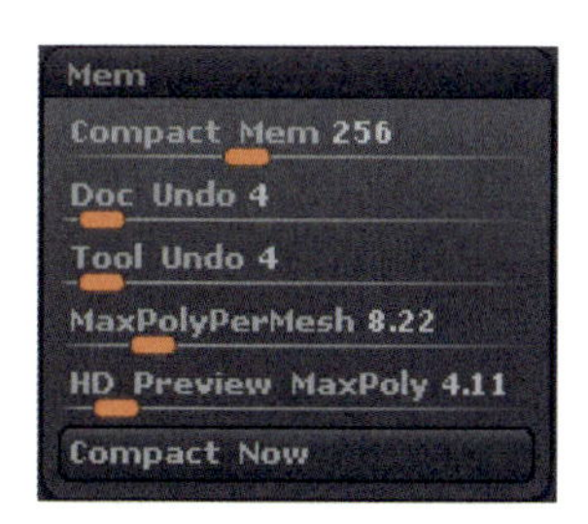

图 2-17　Mem 卷展栏

（2）Doc Undo（撤销文档）：调整文档回退次数。

（3）Tool Undo（撤销工具）：调整工具回退次数。

（4）MaxPolyPerMesh（最大细分）：最大细分值，在 Preferences 菜单中，可以预先给一些按钮设置最大强度或按钮每单击一次的强度。

（5）HD Preview MaxPoly（高清预览）：高清预览最大细分。

（6）Compact Now（暂存盘）：ZBrush 压缩文件值大小调整，如果打开的 ZBrush 文件超过 110MB 的 *.obj 文件，需要设置暂存盘的大小，Compact Now 数值调大即可。

2.3　自定义 ZBrush 工作界面

自定义 ZBrush 工作界面，即在 Custom UI（自定义界面）卷展栏中进行相关设置，卷展栏见图 2-14。

在自定义 ZBrush 工作界面时，如果 Create New Menu 选项是暗灰色无法自定义界面，需要先选择 Preferences→Custom UI→Enable Customize→Create New Menu 命令，然后创建新的用户自定义工作界面，如图 2-18 所示。

图 2-18　自定义 ZBrush 工作界面

2.4　ZBrush 基本操作

ZBrush 基本操作主要是对文件进行相应的处理，如文件的打开、保存、导入、导出格式转换等。

2.4.1 文件处理

在 ZBrush 中，文件的输入和输出是通过 Document（文档）菜单和 File（文件）菜单实现的。Document 菜单主要负责界面上的定义工作，如将视图窗口以图片的静帧方式输出、调整视图窗口的颜色等。File 菜单是针对整个 ZBrush 的一个工程文档进行保存。

1. Document 菜单

通过 Document 调控板可以加载或保存 ZBrush 文档、导入背景图像、导出背景图像、调整画布大小和设置背景颜色，可以实现文档处理、视图操作以及界面保存操作。在 ZBrush 主界面的菜单栏中选择 Document 即打开 Document 调控板，如图 2-19 所示。

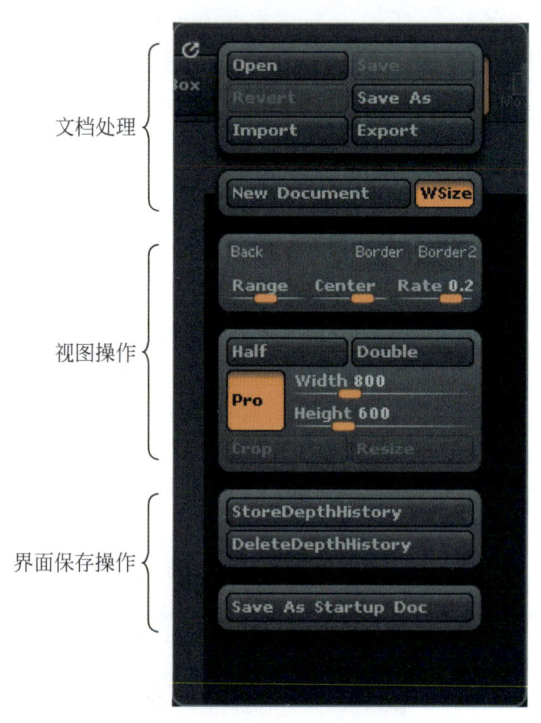

图 2-19 Document 调控板

（1）Open（打开）：打开以前保存的 ZBrush 文档，其快捷键为 Ctrl+O。

（2）Save（保存）：指定一个名称保存一个 ZBrush 文档文件，如果没有指定文档名称，默认使用 ZBrush Document. ZBR 作为文档名称（ZBrush 文档保存的默认格式的后缀名为 *.ZBR，.ZBR 是一个 2D 属性文件）。其快捷键为 Ctrl+S。

（3）Revert（还原）：重新加载最后一次保存的 ZBrush 文档文件。

（4）Save As（另存为）：将当前文档另存或重新命名保存。

（5）Import（导入）：导入格式为 *.bmp、*.psd、*.pict 的图像文件。

（6）Export（输出）：输出格式为 *.bmp、*.psd、*.pict、*.jpg、*.tiff 的图像文件作为 RGB 位图输出到打印设备或其他程序端口。

（7）New Document（新建文档）：打开一个默认设置的新建文档，如果当前文档没有保存，将会出现提示。

(8) Back(背景)：显示文档背景(画布)颜色，在 Color 菜单调控面板中设置颜色后，再单击 Back 按钮就可以替换成为设置的颜色；单击 Back 按钮后拖拉到 ZBrush 界面任何地方，都可以选取当前鼠标指针位置的颜色作为背景(画布)的颜色。最好在绘画或添加物体之前选择背景颜色，因为物体颜色可能会混合在背景颜色的边缘里。

(9) Border(边)：设置画布周边的颜色，与背景颜色设置操作方法一样。

(10) Half(一半)：调整文档画布到当前的一半大小。

(11) Double(双倍)：调整文档画布到当前的双倍大小。

(12) Pro(比例)：锁定宽度和高度的比例，当单独调整一项目时，另一项将自动根据比例变动。

(13) Width(宽度)：显示和调整当前画布的宽度。

(14) Height(高度)：显示和调整当前画布的高度。

(15) Crop(裁剪)：调整新的尺寸到扩展元素。如果工作溢出了空间，使用它可增加画布；有多余的空间时可使用它修整边缘。单击 Crop 按钮可从画布的底部和右边添加和删除空间。

(16) Resize(调整大小)：调整画布到新设置的大小。如果已经有元素在画布里，它将伸展或压缩适配新的尺寸。

(17) StoreDepthHistory：保存强度。

(18) DeleteDepthHistory：删除强度。

2. File 菜单

在 ZBrush 中，用户还可以利用 File 菜单命令对 * . zpr 文件进行处理，针对 ZBrush 工程文档进行相应处理。在 ZBrush 主界面的菜单栏中选择 File 命令，进入 File 调控板，如图 2-20 所示。

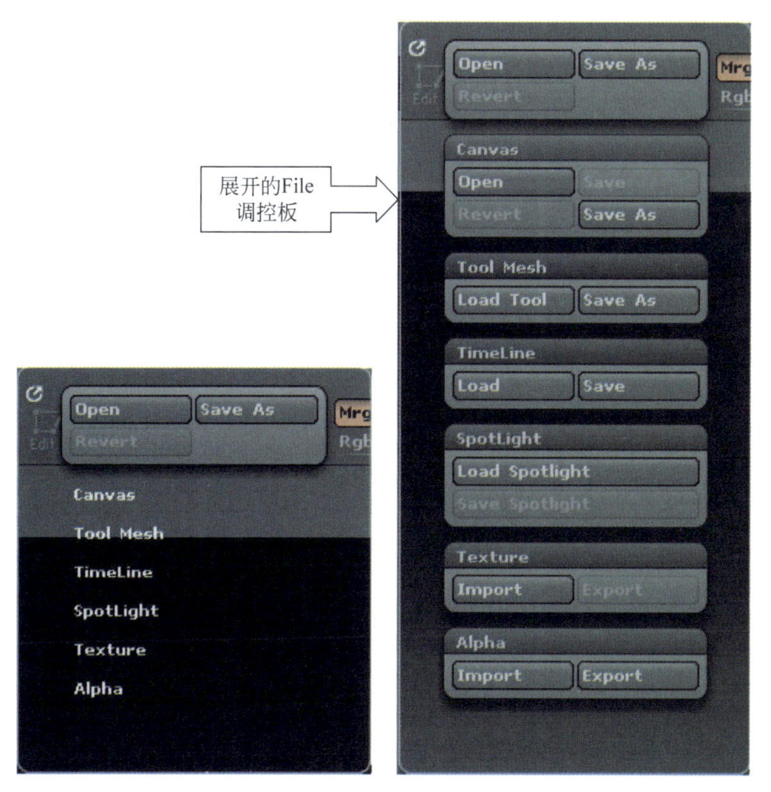

图 2-20　File 调控板

File 调控板中集成了 ZBrush 所有工程文档的操作命令，如 Open、Save As、Revert、Canvas、Tool Mesh、TimeLine、Spotlight、Texture 及 Alpha。

(1) Open(打开)：打开所有 *.zpr 格式的文件，该格式是 ZBrush 中最常用的工程文档格式。

(2) Save As(另存为)：将当前文档另存或重新命名保存。

(3) Revert(还原)：重新加载最后一次保存的 ZBrush 文档文件。

(4) Canvas(画布)：对画布进行操作，包括 Open(打开)、Save(保存)、Revert(还原)、Save As(另存为)，保存的文件格式为 *.zbr。

(5) Tool Mesh(网格工具)：加载 ZBrush 中的模型对象，功能有 Load Tool(加载工具)、Save As(另存为)，文件格式为 *.ztl。

(6) TimeLine(时间轴)：加载 ZBrush 中设置好的动画属性，文件格式为 *.zmo。

(7) Spotlight：加载和保存 Spotlight 中编辑的图像。

(8) Texture(纹理)：在 ZBrush 中使用纹理贴图时，可以导入、导出可以支持的其他图像。

(9) Alpha：在 ZBrush 中使用 Alpha 贴图时，可以导入、导出可以支持的其他图像。当图像作为 Alpha 使用时，ZBrush 默认会把颜色删除，转换为灰度图像。

2.4.2 模型导入

ZBrush 雕刻软件支持 3 种模型的导入，一种是通用的 *.obj 格式；另一种是 *.ma 格式文件，该文件格式由 Maya 提供；另一种是 *.goz 格式，该格式是 ZBrush 4R8 新功能格式。在 ZBrush 4R8 中，通过 GoZ 格式和 C4d、3ds Max、Maya、Modo 进行三维数据交换，可以及时得到反馈的设计效果。

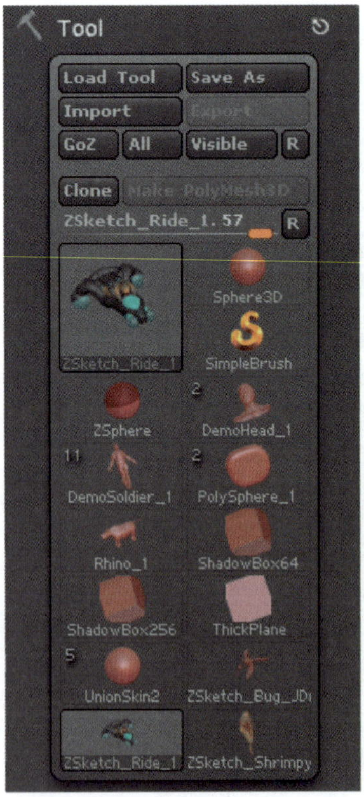

图 2-21 模型导入工具箱中

ZBrush 集成开发环境有别于其他三维建模软件，要了解各种功能菜单和工具的使用，才能更好地学习和驾驭 ZBrush 集成开发环境软件。

要进行 ZBrush 模型导入，首先要启动 ZBrush 软件，可以通过 File 菜单命令选择需要的模型，也可以在主画面中右侧的 Tool(工具箱)中选择 Load 加载命令读取需要的文件，然后将模型文件导入视图窗口工作区(画布)。初次使用 Load Tool 工具时，默认指定的是 ZBrush 安装目录下的 Ztools 文件夹，其中有多个自带的样本。模型文件的后缀名为 *.ztl，选中某个模型文件，单击 Open 按钮，即可将其加载到 ZBrush 的工具箱中。导入后的模型并不会出现在视图窗口工作区(画布)中，在 ZBrush 中模型都被称为 Tool，用户可以加载很多个 Tool。这些被载入的模型都被放置在工具箱中，如图 2-21 所示。

在视图工作区窗口中单击拖动即可创建出一个模型。每次拖曳鼠标都会创建出一个模型，合成窗口如图 2-22 所示，每一个模型无法编辑或旋转，因为此时模型都是以 2D

的方式出现在视窗工作区(画布)中。如果想清除这些模型,可以按快捷键 Ctrl+N 清空画布。

图 2-22　多个模型合成窗口

要控制和操作 3D 模型,首先要清空画布,重新拖曳一个模型到视窗工作区中;然后单击工具栏中的 Edit 按钮或按 T 键,此时按住鼠标右键拖动,即可 360°旋转视图工作窗口中的造型,如图 2-23 所示。

图 2-23　控制和操作 3D 模型

如果想保存修改的 3D 模型,选择 Tool→Save As 命令即可。如果需要清空画布,可以先按 T 键退出 Edit(编辑)模式,然后按快捷键 Ctrl+N 清空画布。

2.4.3　基本视图处理

在其他三维建模软件中,视窗可以有四个,分别是前视图、侧视图、俯视图以及透视图。ZBrush 雕刻软件不同于其他三维建模软件,视图工作窗口只有一个,要完成其他视图的预览,可以通过快捷键旋转视图来实现。

导入 ZBrush 模型后,可以使用视图工作窗口右侧的按钮来控制视图旋转,也可以使用快捷键对视图进行操作,基本操作包括移动、旋转、缩放等。

（1）Move：移动模型，按住 Alt 键，在画布空白处按住鼠标左键或右键并拖动。

（2）Scale：缩放模型，按住 Alt 键，在画布空白处按住鼠标左键或右键，然后释放 Alt 键并拖动鼠标。按住 Alt 键在画布空白处单击或者按 F 键，可以将模型最大化到视图中心。

（3）Rotate：旋转模型，在画布空白处按住鼠标左键或右键拖动。

导入模型后，单击旋转、移动、缩放按钮可以产生不同的视觉效果。先在画布空白处按下鼠标左键，按住 Shift 键拖动鼠标，可以得到前视图、侧视图、俯视图、透视图等，如图 2-24 所示。

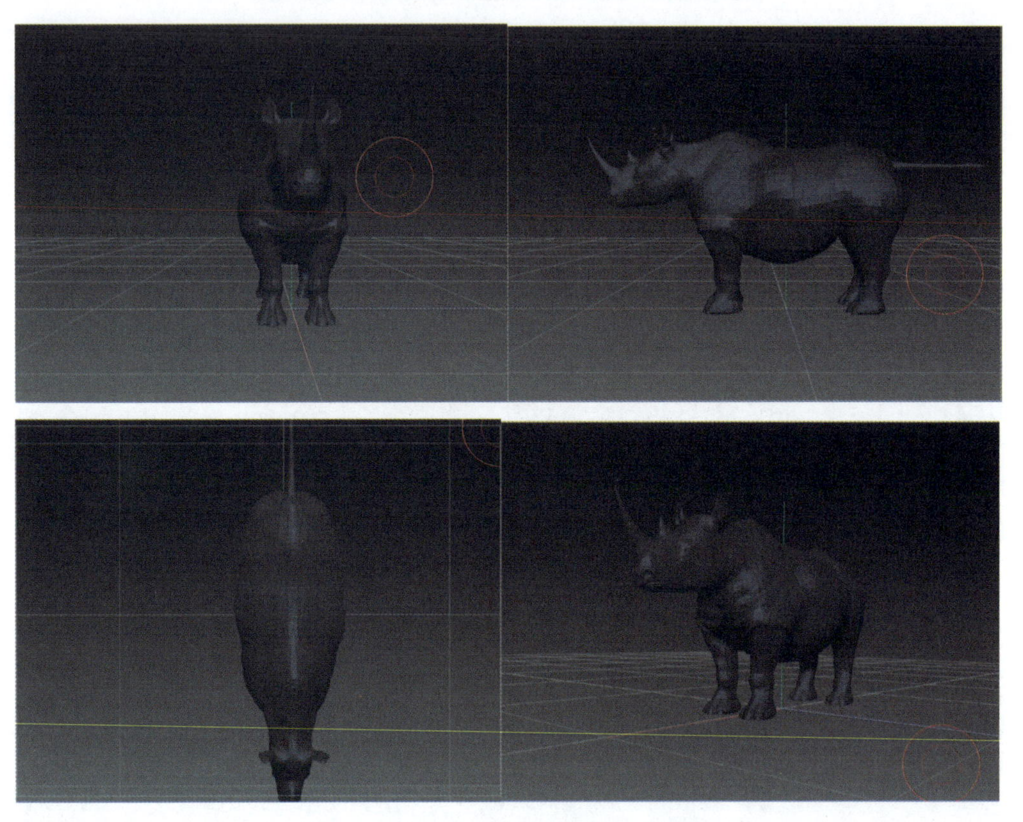

图 2-24　前视图、侧视图、俯视图、透视图

先按住 Shift 键，在画布空白处按住鼠标左键后释放 Shift 键并拖动鼠标，可以让物体沿着视图平面深度轴向进行旋转。

2.5　雕刻绘制

ZBrush 最常用的雕刻绘制工具位于 Transform（坐标变换）、Draw（绘画）、Color（颜色）以及 Macro（宏）等功能菜单中。

2.5.1 Draw 功能

ZBrush 中的所有雕刻工作和绘制工作都要使用 Draw(绘画)功能,Draw 调控板中包括了当前绘制工作的修改和控制工具,能改变工具的大小、形状、强度、不透明度以及其他一些功能。在菜单栏中选择 Draw 命令,调控板中显示绘画笔刷常用属性(包含基本笔刷属性)、视图预览以及视图设置属性如图 2-25 所示。

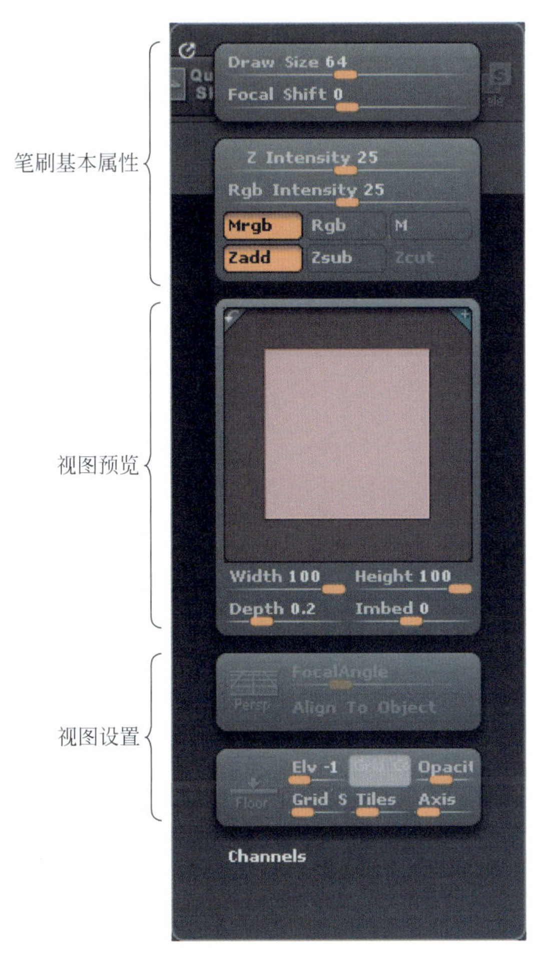

图 2-25 Draw 调控板

1. 笔刷设置

(1) Draw Size(笔刷大小):控制笔刷的大小,设置画笔的外形尺寸,调节 ZBrush 绘制指针圆环的大小。默认为 64,范围为 0～128。

(2) Focal Shift(笔触大小):设置画笔的笔触大小,即控制笔刷的硬度。

(3) Z Intensity(Z 强度):控制笔触雕刻时的 Z 强度,通过拖动滑块和键入参数值来设置应用的画笔或当前物体的强度,默认值为 25%,范围为 0～100%。

(4) RGB Intensity(RGB 强度):调整笔刷 RGB 强度,通过拖动滑块和键入参数值来设置画笔和当前物体应用的颜色不透明度,使用低设置可混合当前颜色,使用高设置可遮盖当前颜色。默认值为 100%,范围为 0～100%。

在 ZBrush 中笔刷有 6 种编辑方式，其中，MRGB、RGB、M 模式是绘制方式，还有 3 种可以改变模型形状，分别是 Zadd、Zsub、Zcut，Zadd、Zsub 经常被使用。

(5) MRGB(材质颜色)：表示笔刷可以改变模型的材质和颜色。

(6) RGB(颜色)：指笔刷只能改变模型的颜色。

(7) M(Material，材质)：表示笔刷可以改变模型的材质。

(8) Zadd：笔刷将对模型进行凸显处理，对于 3D 物体添加绘图元素。

(9) Zsub：笔刷将对模型进行凹陷处理，从绘图里减去元素。

(10) Zcut：笔刷将对模型做剔除运算处理，对于 3D 物体从绘图里减去元素。

提示：在进行物体雕刻编辑时，按 Alt 键，可进行 Zadd 和 Zsub 之间编辑的切换。

2. 视图预览

在预览窗口中可以对视图窗口中的模型进行预览，按住鼠标左键在预览视图中拖动，可以拖动预览视图。改变预览视图的角度不会改变试图窗口的摄像机角度。

(1) Width(宽度)：设置画笔宽度，减少或还原画笔产生的宽度，默认设定为 100%。

(2) Height(高度)：设置画笔高度，减少或还原画笔产生的高度，默认设定的高度为 100%。

(3) Depth(深度)：设置画笔在坐标轴内外的大小，减小它可给予一个浅薄的画笔，增大它可产生相对高或深的画笔，默认设置为 1.00。

(4) Imbed(嵌入)：设置画笔或物体绘制在当前表面上的相对位置，减小 Imbed 设置可移动画笔远离表面上绘制，增大它可移动画笔相对于在表面下部绘制，在预览窗口里，画笔位置交切平面表示画笔将在表面上交切绘制。

提示：

(1) 要最好地看见改变 Imbed 的设置结果，可一边短距离地拖曳鼠标，一边在预览窗口观察。在预览窗口里的平面务必可见，如果不可见，可在窗口右上角单击＋图标。平面表示要绘制在表面上的位置，如果想绘制一个圆柱体在另一个物体的表面，需要设置 Imbed 为－1.00，使它的端面在平面上面。

(2) 3D 物体默认的轴心在它的中心，而 Imbed 设置能添加从中心的偏移，可以使用 Tool→Modifiers→物体预览窗口(移动红色十字形)命令定位 3D 物体轴心点，利用从 Imbed 选项中定义偏移即可更改位置。

3. 视图设置

Persp(透视变形)：根据每个物体应用透视变形。ZBrush 屏幕呈现的虽然是正交视图，但能为活动的 3D 物体添加透视变形程度(靠近的表面比远离的大)，紧接绘制一个物体或当编辑它的时候，单击 Persp 按钮，然后拖拉扭曲滑块即可改变透视。

提示：透视变形只有在变换模式下才能操作，只有当鼠标指针在滑块上释放后才能看到改变的结果。

(1) FocalAngle(焦距角度)：控制摄像机的透视强度，该值越大，透视强度越大。该值范围为 5～180，默认值为 50。

(2) Align To object(对齐物体)：表示摄像机的位置将置于物体上并对齐。

(3) Floor(网格)：在透视图中，显示基础网格，默认状态网格会出现在与 Y 轴垂直的平面上，单击该按钮上的小按钮，可以将与另外两个坐标轴垂直的平面显示出来。

(4) Elv(垂直距离)：控制坐标平面在 Y 轴上的位置，该属性值取值范围为－1～1。

(5) Grid Color(网格颜色)：控制网格线的颜色。

(6) Opacity(不透明度)：控制网格整体显示的清晰度，该属性值取值范围为 0.05～1。

(7) Grid Size(网格尺寸)：控制网格的整体大小。

(8) Tiles(重复数量)：控制网格单元格的数量。

(9) Axis(坐标轴)：控制在世界坐标轴上线的坐标轴尺寸。默认状态红色代表 X 轴，绿色代表 Y 轴，G 代表 Z 轴。

2.5.2 Color 菜单

ZBrush 提供了一套完整的颜色管理体系，Color(颜色)菜单在进行 3D 图形贴图绘制或顶点着色时经常会被用到。在菜单栏中选择 Color 命令，打开 Color 调控板，如图 2-26 所示。

图 2-26 Color 调控板

Color 调控板中显示了当前颜色，并可通过设置数值的方法选择颜色，而且可以选择辅助色，使用描绘工具可以产生混合的色彩效果。选择颜色的方法有如下三种。

- 在颜色窗口里单击和移动色块到需要的颜色。
- 从颜色窗口中单击并拖动鼠标，显示 Pick 拾取图标，松开鼠标时将自动选择图标下面的颜色到 Color 颜色调控板里(如不松开鼠标，按 C 键也可以拾取颜色)。默认状态下，从画布上拾取颜色时不拾取灯光和材质，如要拾取灯光和材质，可按住 Alt 键拖曳鼠标。
- 调节使用 RGB 滑块或者直接输入数值。

SwitchColor(颜色开关)：主色和辅助色的切换开关，黑色块是辅助色，黄色块是主色，在主色或辅助色样本上单击激活颜色选择，然后在调控面板中选择颜色即可。利用 Sphere、Alpha、Simple、Fiber 笔刷绘制能使用主色和辅助色。

(1) Fill Object(填充物体)：单击此按钮，物体会被选中的颜色进行着色处理，前提条件是物体的 Colorize(变色)属性处于激活状态。只有在 3D 物体是编辑模式时这个按钮才是激活状态，作用是用选择的颜色填充所有 3D 物体，同时也可以再次选择其他颜色在物体上绘制。

(2) Fill Layer(填充层)：单击这个按钮可使用当前颜色和材质填充层，同时删除层原有的物体及信息。如果当前选择了纹理，就会以纹理填充层，并且扩展尺寸适合画布。在 Layer 调控板中可以使用 Create 命令创建多个层，然后进行单独绘制和控制。使用 Fill 命令同样可以填充层。

(3) Sys Palette(系统调色板)：单击打开系统调色板，可以用系统颜色选配器来选择颜色。

(4) Clear(清除)：单击此按钮可以清空当前模型填充过的颜色和材质信息。可以恢复层的所有物体及信息到默认状态。在 Layer 调控板中也可以对层信息进行清除。

（5）Modifiers（颜色选择器）：单击展开 Modifiers 卷展栏，可以显示为用户准备的各种样式的调色板，可以设置颜色。

2.5.3 Transform 功能

Transform（坐标变换）功能控制了 ZBrush 的所有基本操作，Transform 调控板中提供了位移、旋转、缩放、物体显示方式以及对称编辑一类的针对 3D 物体属性的强大编辑功能。在 Transform 调控板中可以设置基本编辑属性、界面操作属性、界面显示属性、对称编辑属性，如图 2-27 所示。

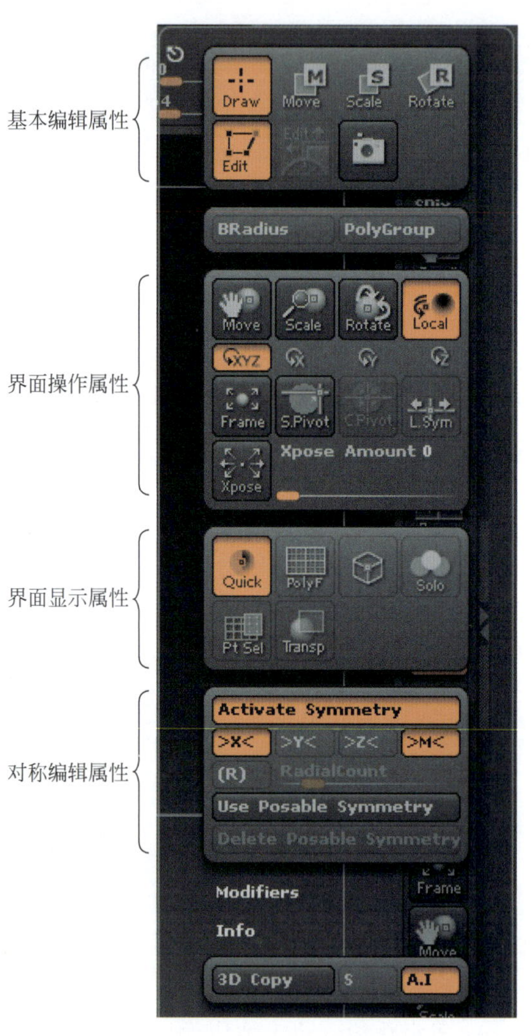

图 2-27 Transform 调控板

在绘制 3D 物体时，可以使用 Transform 菜单命令在工作区里对其进行移动，根据物体的轴心点来旋转或者缩放。在激活模式下，在文档窗口最明显出现的是陀螺工具附在物体上，陀螺工具是一个三维空间变换辅助器，由三个多色的圆环组成，加上第四个灰色圆环和物体一起移动和旋转，但总是与视图平面平行，多色圆环可以操作有关物体任何局部轴向或平面的变换，灰色圆环可以操作平面进行移动和旋转变换。

1. 界面基本编辑属性及操作

(1) Draw(绘制)：首次打开 Transform 调控板时，上部默认仅激活左上角 Draw 按钮，可以直接在画布上进行绘制。绘制前 Transform 调控板里的其他控制器不可操作，在添加 3D 物体后，大多数控制器才可以进行有效编辑。

(2) Move(移动)：绘制或添加 3D 物体之后，要进入 Move 模式，单击 Move 按钮或按 W 键即可。如果添加的物体在空白背景或在平行于屏幕的表面上，它使用的则是默认的方位。物体移动的属性取决于单击拖曳的位置。

(3) Scale(缩放)：在 ZBrush 里缩放物体相当直接，直接单击 Scale(缩放)按钮或按快捷键 E 即可进入缩放模式。对物体进行缩放时，使用圆环调整物体尺寸是在两个轴向上；使用圆环交叉点调整物体尺寸是在一个轴向上；如果在圆环和交叉点外拖曳，就可以对三个轴向同时进行缩放。在缩放时，打开 Info 卷展栏就可以看到轴向的尺寸变化。

(4) Rotate(旋转)：在绘制或添加一个 3D 物体后，单击 Rotate(旋转)按钮或按 R 键将进入旋转模式。通过单击并拖拉三个圆环进行旋转，此时灰色圆环和蓝色圆环相交，可以拖拉灰色圆进行调整 Z 轴向旋转物体；在陀螺里面，即圆环之间任何位置拖拉可以多方位自由旋转；在陀螺外面进行垂直拖拉可以内外移动物体。

(5) Edit(编辑)：在 Transform 调控板第二行第一个图标为 Edit Object 工具，激活 Edit 工具后，可以使用专用的自定义画笔来雕刻物体，或使用颜色和材质进行绘制；还可以在元素以外的文档区域使用编辑功能旋转、移动和缩放物体。

(6) 图片编辑：激活此按钮，可以进入 Spotlight 图片编辑状态。

(7) Snapshot(快照)：单击此按钮，可对当前编辑的物体做一个快照进行复制，将当前视图窗口效果保存为图片，并保存到磁盘上。快捷方式为按 Ctrl+S 键。

2. 界面显示属性

(1) Quick(快速显示)：该按钮默认为激活状态，能快速预览模型的表面材质效果。

(2) PolyF(网格显示)：单击此按钮，可以在模型材质预览的基础上，在物体表面显示模型的基础拓扑结构线框。

(3) (线框显示)：激活此按钮，在旋转摄像机视图时，ZBrush 默认将模型进行线框显示。

(4) Solo(隔离选择)：激活此按钮，当前选中的 SubTool 会被单独隔离选择出来，其他 SubTool 都被隐藏显示。

3. 对称编辑属性

ZBrush 在对称编辑上和其他软件相比，功能也无比强大。一般其他三维软件在对称上只能做到 3 个单一轴向的对称编辑，而 ZBrush 允许用户进行多轴向全方位立体编辑，可以沿着对称中心自定义的环形笔触对称编辑，ZBrush 对称编辑功能在很大程度上提高了用户的编辑效率。

（1）Activate Symmetry（激活对称系统）：单击此按钮，可以激活模型对称编辑。

（2）＞X＜、＞Y＜、＞Z＜、（X 轴、Y 轴、Z 轴）：表示哪个轴向被激活，代表激活了那个轴向上的对称。

（3）＞M＜（镜像）：在对称编辑时，如果不激活此按钮，在对模型进行向外拉升编辑时，模型的另一侧将会是凹陷操作。

（4）R（环状）：激活此按钮，才能进行环状编辑。

（5）RadialCount（环状数量）：设置环状的重复个数。

（6）Use Posable Symmetry（拓扑对称系统）：单击此按钮，进入拓扑对称编辑系统。ZBrush 能自动识别模型拓扑结构对称。正常的对称要求模型基于 X、Y、Z 轴向必须有相同的形状，但是当用户为模型调整姿态时，模型在轴向上就不会是对称的形状，此时通过激活 Use Posable Symmetry 按钮，通过拓扑对称的办法可以很好地解决该问题。此种对称被激活后，笔刷会显示为一个绿色的圆圈；未被激活时，笔刷依然是红色的圆圈。这种对称方式对模型的拓扑结构有一定的要求，模型的拓扑只能是在一个轴向上有对称关系，并且模型拓扑对称的两侧要有完全相同的拓扑结构，否则此种对称方式无效。

（7）Delete Posable Symmetry（删除拓扑对称系统）：单击此按钮，退出模型拓扑对称编辑。

（8）Modifiers（修改器）：提供坐标轴的编辑和转换，可在 EditObject（编辑物体）模式中控制修改画笔的外形。

4. 轴向信息设置

（1）Info（轴向信息）：子调控板显示当前 X 轴、Y 轴、Z 轴变换的信息，在 Transform 调控板里单击 Info 信息标题，可以在卷展栏输入数值准确控制变换。

当 Draw Pointer 绘制指针激活时，Info 子调控板显示在画布里当前指针位置，Z 轴向值变高说明指针离得较远，也就是说负值表示近距离，正值表示远距离。

当仅在工作区域里背景上四周移动指针时，Z 轴向显示的是默认指针位置，但是当指针在绘图表面上时，Z 轴向显示的是表面的位置。当用许多工具绘图后，默认的 Z 轴位置是在剪切平面后面，在背景上的笔画绘图被放置在远离工作区域靠“前”的适当距离。当绘制 3D 物体时，默认 Z 轴向位置是 0，绘制的物体放置在中心工作区域背景上。通过如下模式可以改变信息设置。

（2）Move 模式：Info 子调控板显示激活物体轴心点的位置，要设置精确的物体位置，水平拖曳滑块，或输入新的数据后按 Enter 键确认。

（3）Scale 模式：Info 子调控板显示激活物体缩放元素倍增器（百分比的实际尺寸），例如，如果绘制一个中度大小的球体，通过缩放 X 轴、Y 轴、Z 轴，使它变为蛋型球体，单击轴向水平拖曳滑块，或输入新的数据后按 Enter 键确认。

（4）Rotate 模式：Info 子调控板显示激活物体在旋转角度上的方位，要设置精确的物体方位，水平拖曳滑块，或输入新的数据后按 Enter 键确认。旋转范围是−180°～180°。

5. 其他设置

（1）3D Copy（3D 复制）：ZBrush 包括一个给予纹理处理进行有效控制的创新工具，如果操作纹理，掌握 3D Copy 功能是必要的。

(2) S(着色)：默认状态是关闭的，当抓取纹理时，ZBrush 只使用基本颜色区域抓取(基本颜色查看要打开 Render→Flat 普通渲染)，当打开着色后，ZBrush 抓取的颜色是在场景里照明着色。

(3) A. I(自动强度)：如果按下选择，在直接正对的表面上，颜色强度完整转移；在远离表面的角落上，颜色强度减少转移，这会导致在弯曲的物体上有软边，而且混合在相同物体上，从不同角度多重 3D Copy 的使用；如果不选择，颜色转移到所有同样的表面上，不管方位。

2.5.4 Macro 操作

1. Macro 菜单

ZBrush 中的 Macro(宏)菜单，可以将经常使用的笔触和 Alpha 组合创建“宏”，以后启动 ZBrush 时可以轻松自定义和重复使用“宏”，而且将自动加载用户的“宏”。选择 Macro 命令，打开 Macro 菜单，如图 2-28 所示。

(1) New Macro(新建一个宏)：单击此按钮，ZBrush 将开始记录一个宏，一旦记录开始，所有动作被记录，直至用户单击 End Macro(结束宏)按钮，而且此时将提示用户保存该宏为一个文件。

图 2-28 Macro 调控板

(2) End Macro(结束宏)：单击此按钮，可以终止记录宏，并可以将宏记录保存。用户可以将宏文件保存在根目录下的 Macros 文件中，这样每当用户启动 ZBrush 后，宏将自动加载到 Macro 调控板中。

Reload All Macros(重新载入所有宏)单击此按钮，将文本文件保存的宏重新读取，保存的宏可以通过外部文本编辑并进行保存。

2. Macro(宏)案例分析

通过案例进一步理解 Macro(宏)的使用。

① 选择 Macro→New Macro 命令，在弹出的对话框中单击“是”按钮，ZBrush 将重置所有界面。

② 在 Tool(工具)菜单中选择“Sphere 球体”命令，在视图窗口下进行拖曳，并且执行 Make PolyMesh3D(转换为 3D 模型)命令。

③ 设置笔刷，在视图窗口中的球体上绘制。

④ 单击 End Macro 按钮结束标记，将记录的宏保存到默认的 ZBrush 路径中。

⑤ 单击 Reload All Macro 按钮，刷新加载的宏，此时会发现刚刚保存的“宏”脚本已经被加载到当前的 ZBrush 中；单击保存宏脚本，会发现刚刚的一系列操作被执行了一遍。提示：该功能和 Maya 中的 Mel 编辑器功能类似，都是将用户的操作记录并保存为后台的文本文件。

2.5.5 ZBrush 雕刻案例分析

对 ZBrush 有了初步的了解和认识后，本小节通过简单的实际案例介绍如何制作 2.5D 物体。

① 启动 ZBrush，在 Tool 工具箱中选择 Plan3D 工具，在视图窗口拖曳；然后单击工具栏

中的 Scale 按钮，调整 Plan3D 大小到合适的尺寸。

② 单击视图窗口左侧的 Texture 按钮，选择一个纹理贴图。

③ 再次选择已经选定好的纹理贴图，单击 MakeAlpha 按钮，将当前所选中的纹理贴图转换为 Alpha 图像。

④ 选择 Alpha 命令，单击 Invert 按钮将当前选中的 Alpha 图像进行反转。

⑤ 在工具箱中选择设置笔刷形态，在左侧的托盘中找到 Alpha 中相应图标，在工作区中适当位置单击即可添加绘制。

⑥ 重复上述步骤，切换并设置笔刷和绘制工具，完成其他纹理图的绘制工作，如图 2-29 所示。

⑦ 保存图 2-29 所示的模型文档，在主菜单中选择 File→Save As 命令，保存为 *.zpr 格式。

⑧ 再次调用创建的雕刻模型，在主菜单中选择 File→Open 命令可以打开已经保存的雕刻模型。

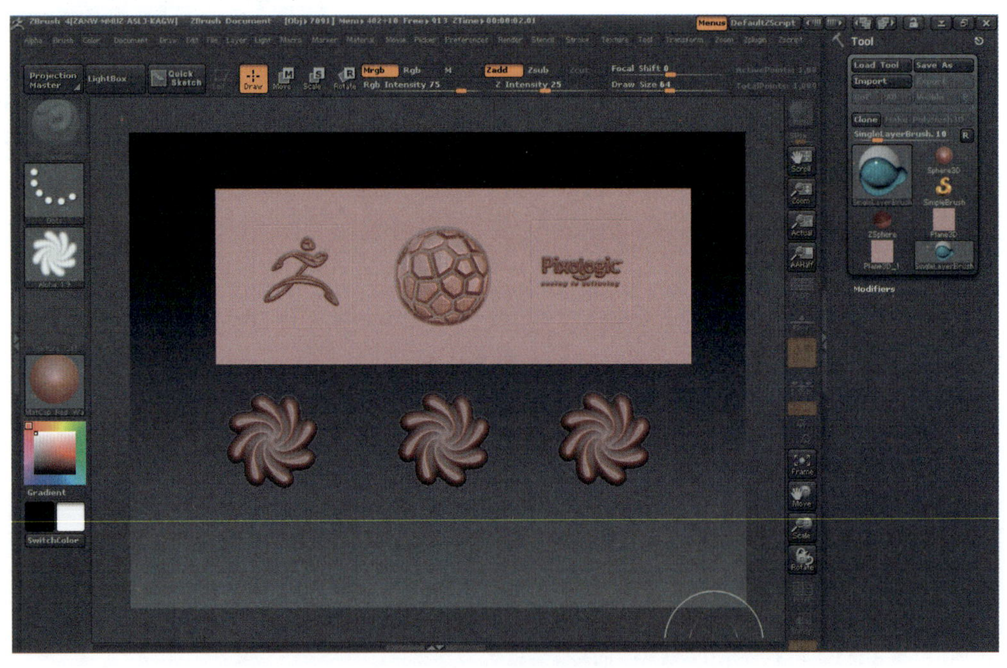

图 2-29　绘制雕刻效果

提示：*在启动 ZBrush 集成开发环境后，如果显示上次的残留 3D 雕刻造型，可以在主菜单中选择 Layer→clear 命令进行删除，清除画布的所有内容，然后在主菜单中选择 Document→save as startup doc 命令保存设置。另外，也可以按快捷键 Ctrl+N 清除画布。*

保存雕刻模型的方式如下所述。

- 菜单栏中有一个 Tool 工具栏，其中有一个按钮是 Save As，可以保存为 ZBrush 的笔刷文件(Ztool) *.ztl；有一个 Export 按钮，用于保存为通用的模型文件 *.obj。
- 菜单栏中还有一个 Document 工具栏，其中有一个 Save 按钮与一个 Save As 按钮，可以保存为 ZBrush 文档(ZDoc) *.zbr；有一个 Export 按钮，可以保存为平面图像格式，如 *.psd、*.bmp、*.tif 文件。

第 3 章　ZBrush功能菜单

ZBrush 功能菜单涵盖了 Alpha、Brush、Color、Document、Draw、Edit、Layer、Light 和 Render 菜单，还包括 Marker、Material、Movie、Picker、Preferences、Stencil、Stroke、Texture、Tool、Transform、Zplugin 以及 Zscript 菜单等。

3.1　Alpha 菜单

在 ZBrush 中作为遮蔽的 8-bit 灰度图像称为 Alpha，用来控制画笔形状和绘制。Alpha 唯一使用的是 MRGZB 抓取器，当抓取物体时，ZBrush 计算 16-bit Alpha 代表层次并添加进 Alpha 调控板，较大 bit 层次必须用 Alpha 表示 3D 物体，可以用抓取器在画布上创建任何物体的 Alpha。Alpha 调控板如图 3-1 所示。

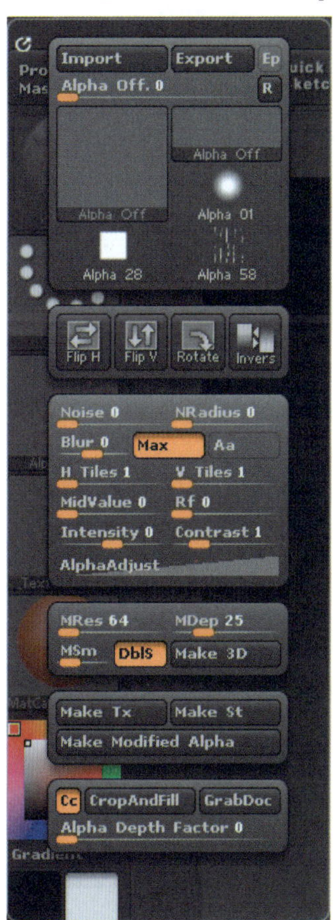

图 3-1　Alpha 调控板

（1）Import（导入）：导入 Alpha 图像，可以导入 *.bmp、*.psd、*.jpg、*.tif、*.png、*.gif 格式的图像文件等，可以选择多重 Alpha 图像并且同时载入它们。如果导入的是有颜色的图像，它们将自动转换为灰度图像。

（2）Export（输出）：导出 Alpha 图像，输出 8-bit *.bmp、*.psd 或 *.tif 格式图像文件。

（3）[Flip H Flip V Rotate Invers]：分别表示 Alpha 水平、垂直镜像以及 Alpha 旋转和反相功能。与 Photoshop 中图像的镜像、旋转和反相类似。其中，Flip H（水平反转）表示左右反转 Alpha 图像；Flip V（垂直翻转）表示上下翻转 Alpha 图像；Rotate（旋转）表示每单击一次旋转 90°。Invers（反相）产生反相 Alpha 图像。

（4）Noise（噪波）：可以对 Alpha 增加杂点，添加 Noise 到 Alpha 图像。

（5）NRadius（噪波半径）：表示 Noise 半径大小设置。

（6）Blur（模糊）：表示 Alpha 贴图的模糊程度，正值使 Alpha 图像变得光滑，负值使其锐化，范围值为－15～＋15，默认值为 0。

(7) Max(最大)：表示当前 Alpha 最大色调范围，像自动级别设置，它调整当前 Alpha 灯光部分纯白和黑色部分的纯黑。

(8) MidValue(中间值)：同时绘制凸凹效果，该属性控制 Alpha 凹陷时的最低值。

(9) Rf(光线衰减)：表示衰减，设置 Alpha 贴图边缘的衰减区域，高的设置导致 Alpha 当从中心到边缘时迅速渐淡。

(10) Intensity(强度)：设置 Alpha 黑白区域的对比强度。

(11) Contrast(对比/反差)：设置 Alpha 图片的对比度。

(12) Alpha Adjust(Alpha 曲线控制)：通过 Alpha 调节曲线控制 Alpha 屏蔽的 gamma 值，也就是说通过调节灰阶的值让 Alpha 屏蔽变亮或变暗，调整变化出新的 Alpha 屏蔽，结合其他画笔和笔触可以绘制出各种特别的效果。另外，调整的新 Alpha 参数值可以存储下来，以备后用，如图 3-2 所示。

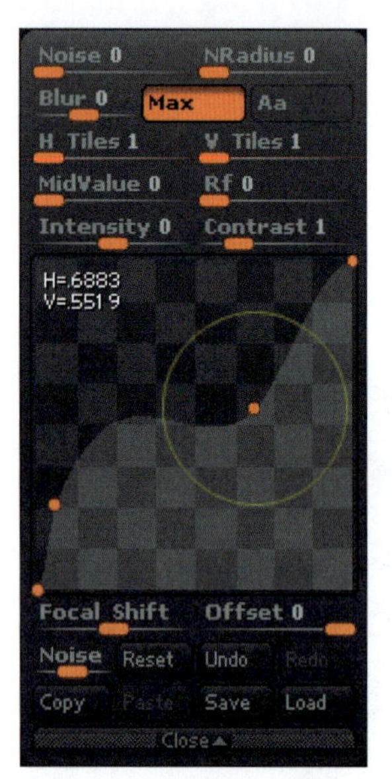

图 3-2　Alpha Adjust (Alpha 曲线控制)

(13) MRes(产生分辨率)：单击 Make 3D (产生 3D)按钮设置创建当前网格分辨率，高值导致大级别细节、大的多边形和大的文件尺寸(范围为 8～256，默认值为 64)。

(14) MDep(产生层次)：单击 Make 3D 按钮设置创建当前网格光滑度，如果滑块设置到 0，当前网格使用 Cubical Skinning(立方体蒙皮)，无论是物体的何处，都由许多极小的立方体组成。

(15) Make 3D(产生 3D)：用当前选择的 Alpha 创建一个 3D 网格蒙皮，这个蒙皮沿 Z 轴对称，并自动指定 AUVTiles(AUV 平铺)坐标。

(16) Make Tx(产生纹理)：用当前选择的 Alpha 创建一个纹理，并且作为激活的纹理添加到 Texture 调控板。

(17) Make St(产生模板)：用当前选择的 Alpha 创建一个模板，并且激活这个模板。

(18) Make Modified Alpha：产生被改进的 Alpha 图像。

(19) Cc(Clear Color，清除颜色)：通常此项是激活状态，如果单击取消激活，就不能填充当前的颜色。

(20) CropAndFill(填充颜色)：按当前的 Alpha 大小裁剪画布，Alpha 的灰度产生高度的变化，并且通过调节 Alpha Depth Factor 来控制高度值，快捷键为 Ctrl+F。

(21) GrabDoc(创建新的 Alpha)：单击将当前画布图案创建为一个新的 Alpha，也可以在画布中制作自己的 Alpha 来使用。

(22) Alpha Depth Factor(Alpha 深度)：通过拖动滑条或键入数值来设置 Alpha 的深度值。

3.2　Brush 菜单

ZBrush 拥有超级强大的笔刷功能，所有创作都基于笔刷，为艺术家提供了极大的便利。ZBrush 允许用户自定义笔刷，并将笔刷以文件的方式存储，使工作效率大幅度提升。

Brush（笔刷）菜单可以控制笔刷的大小、强度以及各种样式，如图 3-3 所示。在进行雕刻绘制时按住 Alt 键，强度变为负值，可实现反相雕刻；按住 Shift 键，则会切换到 Smooth 平滑笔刷。

图 3-3　Brush 调控板

在 ZBrush 里，笔刷的显示模式是红色的两个圆圈，外面的圆圈表示笔刷在进行的绘制和雕刻实际影响的范围，而内圆圈表示笔刷强度到外圆圈衰减的起始位置。用户可以用 Focal Shift 功能调整内圆圈的大小，进而控制衰减的范围，当内圆圈与外圆圈重合，即相同大小时，将没有衰减效果。

ZBrush 常用笔刷包括 Standard（标准笔刷）、Inflat（膨胀笔刷）、Layer（层笔刷）、Pinch（收缩笔刷）、Nudge（推挤笔刷）、Smooth（平滑化笔刷）以及 Morph（变形笔刷）等。ZBrush 4.0 新增了很多笔刷，笔刷效果通常可在 Brush 调控板中修改，可使雕刻产生更加丰富的变化。如在 Brush 调控板中选择 Standard，将显示全部 3D 雕刻笔刷，如图 3-4 所示。

性

栏

控制笔刷力度和压感笔的一些属性，如

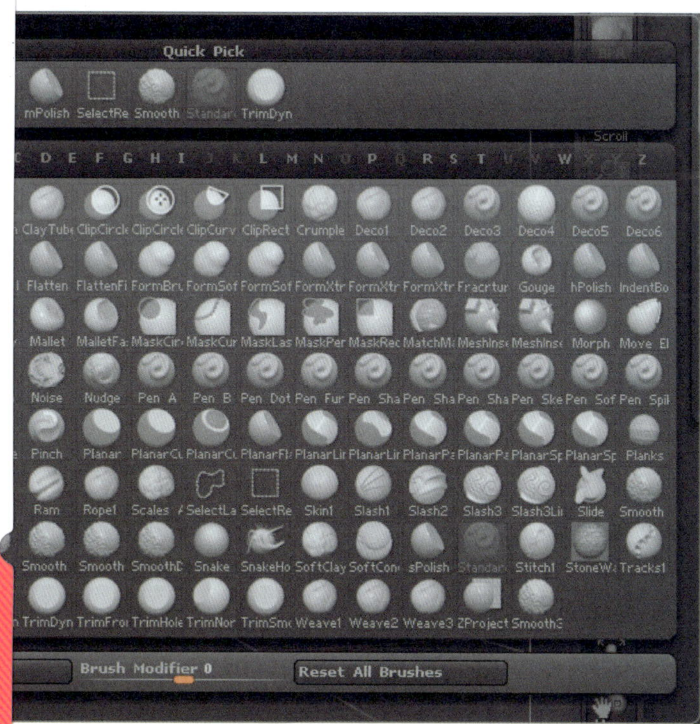

图 3-4　3D 雕刻笔刷

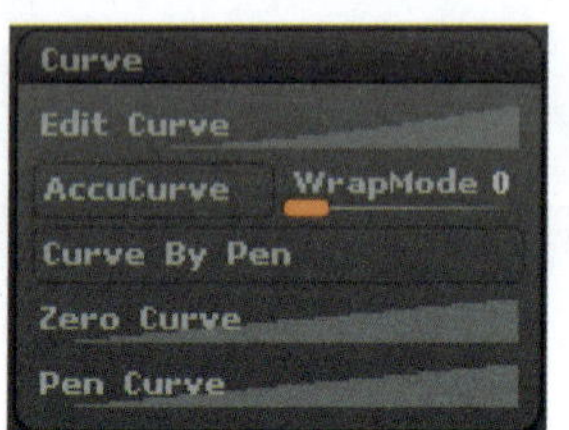

图 3-5　笔刷曲线控制

（1）Edit Curve（笔刷曲线控制）：笔刷的曲线图，可以以复制/粘贴的方式实现共享，也可以把常用的曲线控制效果存储为一个.zcv 文件，在下次使用时可直接调用。

（2）Focal Shift（曲线图控制表的焦点偏移功能）：所有曲线图现在都有一个独特的滑竿 Focal Shift，它可以使曲线控制点偏移，这样就不用一个点一个点做调整。Focal Shift 滑竿有双重作用，画 2.5D 时，它控制的是 AlphaAdjust 的曲线；编辑 3D 模型时，它调整的是编辑时的强度曲线，ZBrush 的光标显示为两个圆圈，标示着目前强度的设定。通常笔刷的曲线控制是折叠起来的，直接单击将自动打开曲线控制图，它在操作中支持 Undo、Redo、Reset 功能，在不用时可单击 Close 按钮将其关闭。

（3）Noise（噪波）：通过改变 Noise 设置，能绘制出粗糙、逼真的 3D 纹理，默认值为 0，范围为 0～1。

（4）Curve By Pen（笔尖压感）：控制雕刻笔是否开启压感功能，当使用绘画板或触控板进行编辑时激活该功能。

（5）Zero Curve（0 度曲线）：当 Curve By Pen 在激活状态时，控制压感笔压力的减弱。

（6）Pen Curve（压感曲线）：当 Curve By Pen 在激活状态时，控制压感笔的压感强度曲线。

2. Depth（深度控制）卷展栏

Depth 卷展栏选项控制雕刻笔作用的深度，如图 3-6 所示。

（1）Imbed（距离）：控制作用点的距离，在左侧的窗口中可以看到示意图。

（2）Depth Mask（深度蒙版）：激活此按钮，可以对笔触的最高点或最低点进行设置。

（3）Gravity Strength（重力强度）：控制笔触有重力下落感。

3. Samples（采样）卷展栏

Samples 卷展栏用于开启笔触在表面不同形式下的采样功能，如图 3-7 所示。

（1）Buildup（创建）：激活此按钮，将开启采样功能。

（2）Fast Samples（快速采样）：此按钮默认为激活状态，对笔触的精度进行采样。

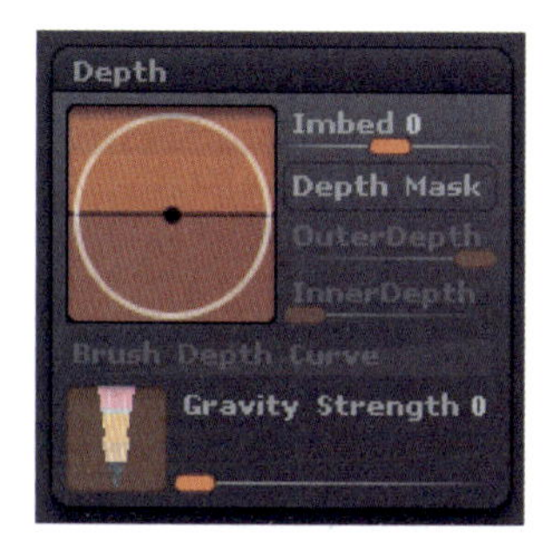

图 3-6　Depth 卷展栏

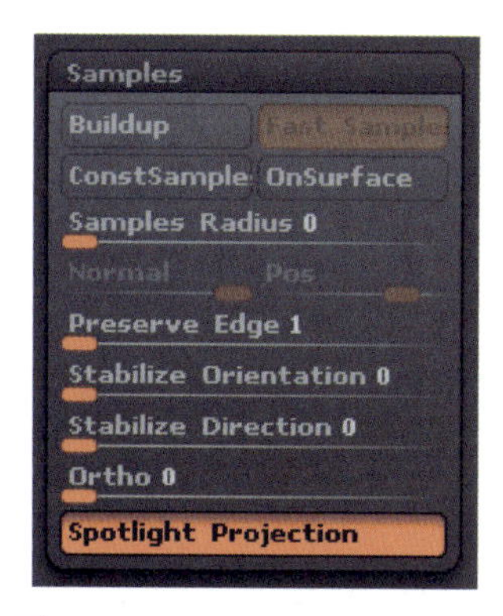

图 3-7　Samples(采样)卷展栏

(3) Samples Radius(采样半径)：控制笔刷采样半径。

(4) Const Sample(对比采样)：激活此按钮，可得到较好的环形对比采样效果。

(5) Preserve Edge(压力线)：在使用一些对模型形体或拓扑改变作用较强的笔刷时，会影响到笔刷作用力度。

4. Elasticity(弹力)卷展栏

Elasticity 卷展栏用于控制雕刻笔刷在表面绘制时，被其他网格分解的效果，如图 3-8 所示。

(1) Elasticity Strength(弹力强度)：为非 0 时，弹力系统被激活，此时当笔刷在模型表面绘制时会影响周围的网格，周围网格会对笔刷作用的效果进行抵消。

(2) Elasticity Auto Adjust(弹力自动调节)：控制弹力范围，最大值为 1，最小值为 0。

(3) Elasticity Auto Off(弹力自动控制)：控制每个笔触中多少网格受到弹力行为的影响。

5. Orientation(旋转)卷展栏

Orientation 卷展栏用于控制一个笔触效果到下个笔触效果时的旋转，如图 3-9 所示。

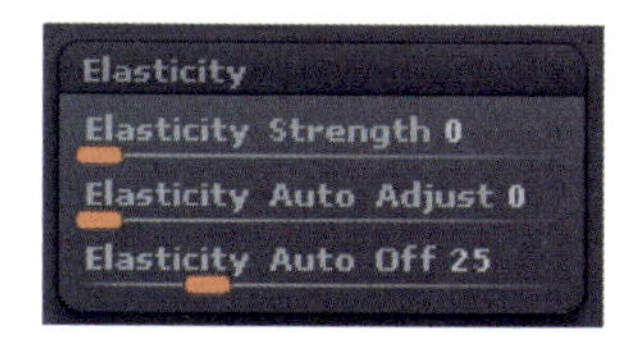

图 3-8　Elasticity 卷展栏

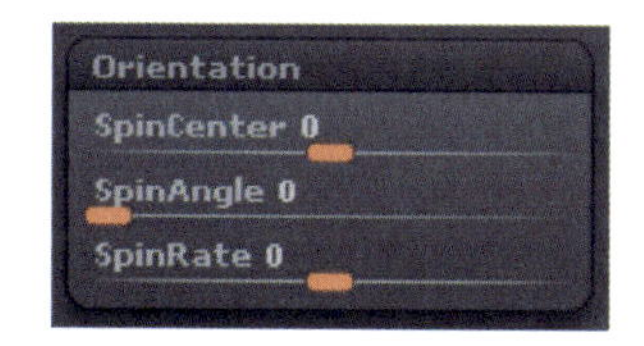

图 3-9　Orientation 卷展栏

(1) SpinCenter(发散中心)：控制笔触离笔触中心的偏移距离。

(2) SpinAngle(旋转角度)：笔触在初始状态时的旋转角度。

(3) SpinRate(旋转速率)：控制笔触在拖动时旋转的速率。

6. Surface(曲面)卷展栏

(1) Surface 卷展栏中的属性控制每个笔触所带的噪波，展开卷展栏会发现该卷展栏和 Tool(工具)菜单中的 Surface 调控板是相同的，用于控制笔触表面的噪波纹理，如图 3-10 所示。

(2) Noise(噪波)：激活此按钮，笔刷将带有噪波纹理效果。

(3) Scale(缩放)：控制噪波的整体缩放。

（4）Strength(强度)：控制噪波的强度系数，取值范围为－1～1，默认值为0.1。

（5）Noise Curve(噪波曲线)：控制噪波分布效果。

7. Modifiers(修改)卷展栏

Modifiers卷展栏用于控制笔刷的基本修改属性，也是常用的修改属性，如图3-11所示。

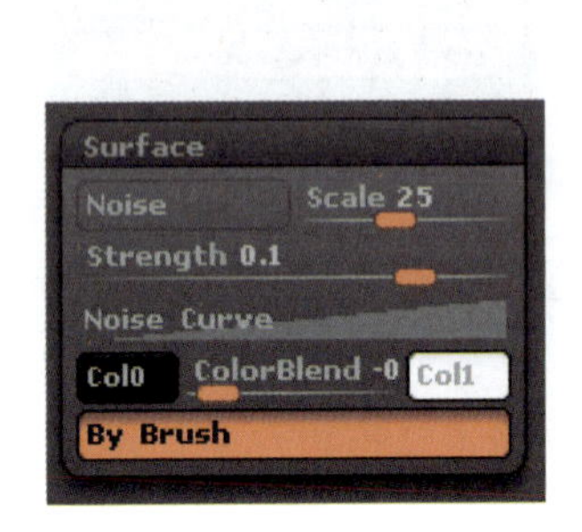

图3-10　Surface(曲面)卷展栏

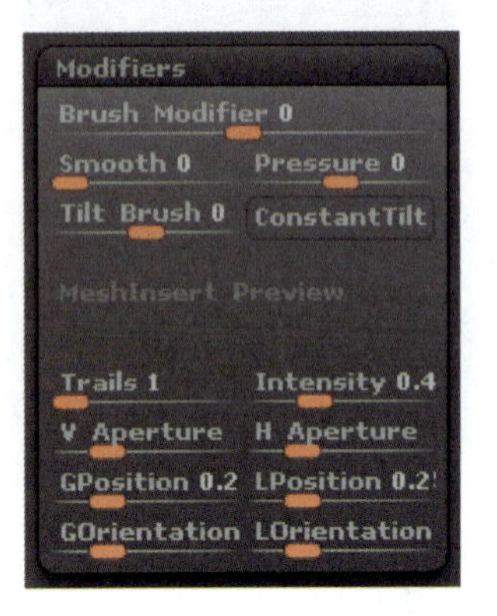

图3-11　Modifiers卷展栏

（1）Brush Modifier(笔刷修改)：控制笔刷作用的拓扑面的数量。

（2）Smooth(光滑)：控制笔刷的光滑程度，此参数主要对笔刷带Alpha绘制时影响较大。

（3）Intensity(强度)：控制拖尾强度。

（4）Pressure(压力)：控制笔刷的压力状况，该属性与强度数值类似。

（5）V Aperture(V向缝隙)：控制拖尾时V向的缝隙。

（6）H Aperture(H向缝隙)：控制拖尾时H向的缝隙。

另外，Brush菜单中还有Auto Masking(自动遮蔽)、Tablet Pressure(压力控制尺度)、Alpha and Texture(Alpha纹理)、Smooth Brush Modifiers(光滑笔刷修改)以及Reset All Brushes(重置所有刷)等功能命令。

3.2.2　常用Brush功能

在工具栏中，每种笔刷都有它的ZIntensity强度值可以调节控制，在进行雕刻绘制时，默认状态下绘制模式为Zadd，可以让模型的顶点向外凸起，当按住Alt键时，强度变为负值，可实现反相雕刻，产生凹陷效果；按住Shift键，则会切换到Smooth平滑笔刷。任何笔刷都有各自的通用属性，利用Brush Modifier(笔刷修改器)参数可以控制笔刷对模型表面网格的吸附和收缩效果。

（1）Standard(标准笔刷)：ZBrush的默认笔刷，笔刷影响范围内的点朝同一个方向移动，这个方向是透过笔刷中心和模型表面计算出来的，是最常使用的一种笔刷。

（2）Move(移动笔刷)：用于移动模型顶点，调整模型效果。在工具箱中选择“球体”并拖曳至工作区，单击Edit按钮，选择笔刷中的Move，再在工具栏中单击Make PolyMesh3D按钮，就可以对模型进行雕刻绘制，如图3-12所示。

（3）Inflat(膨胀笔刷)：跟标准笔刷很像，但是移动的方向是每个点各自的法向。在大片的面积上绘制时，它跟标准笔刷所产生的效果是一样的；但是在曲度高而且面积小的情况下，就可以很清楚地发现它和标准笔刷之间的差异，如图3-13所示。

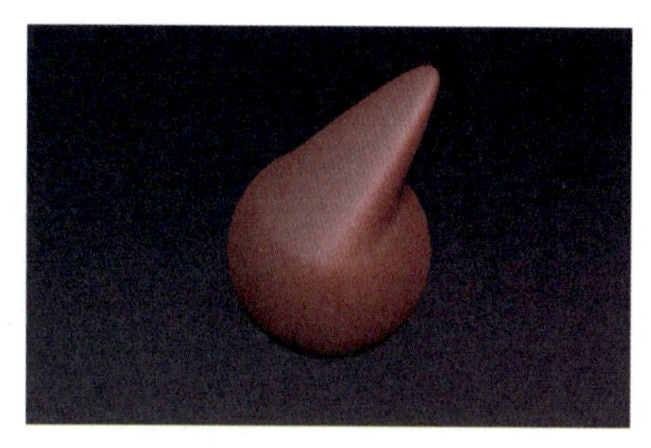
图 3-12　Move 笔刷效果

图 3-13　Inflat 笔刷效果

（4）Layer（层笔刷）：笔刷经过的地方都会朝法向移动相同的高度，类似于 SingleLayer 2.5D 笔刷，不过是作用在 3D 模型上，感觉像是在模型上铺上一层相同厚度的东西，如图 3-14 所示。如果用的是感压笔，压的力量跟厚度有关系。

（5）Pinch（收缩笔刷）：将范围内的点朝笔刷的方向收缩，如图 3-15 所示。如果要制作坚硬的转折处时就会用到这个。另外，开启线框模式来操作会比较容易了解模型的变化。

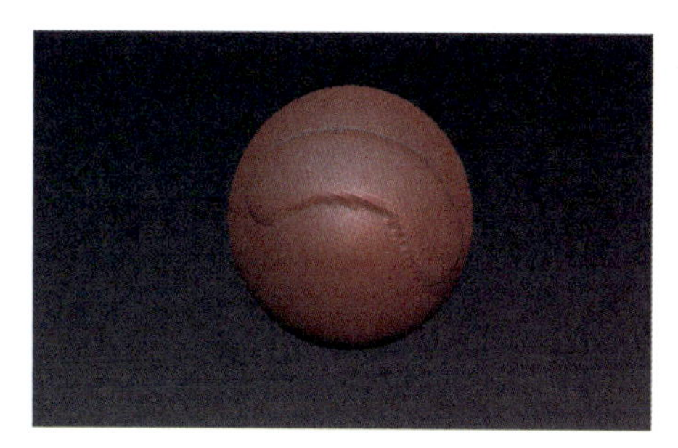
图 3-14　Layer 笔刷效果

图 3-15　Pinch 笔刷效果

（6）Nudge（推挤笔刷）：将范围内的点沿着模型表面移动，可以细微地改变模型结构，如图 3-16 所示。用户可以利用这个笔刷将模型的 edge 集中在会作动画的地方，如球体之类的。

（7）Smooth（平滑化笔刷）：可以让模型变得平滑，有点像是 Deformation 里的 Smooth 效果，但是这个可以只作用在笔刷画到的部分。按 Shift 键可以马上切换到这个笔刷，光标会变蓝色。例如对雕像的头部进行平滑处理，效果如图 3-17 所示。

图 3-16　Nudge 笔刷效果

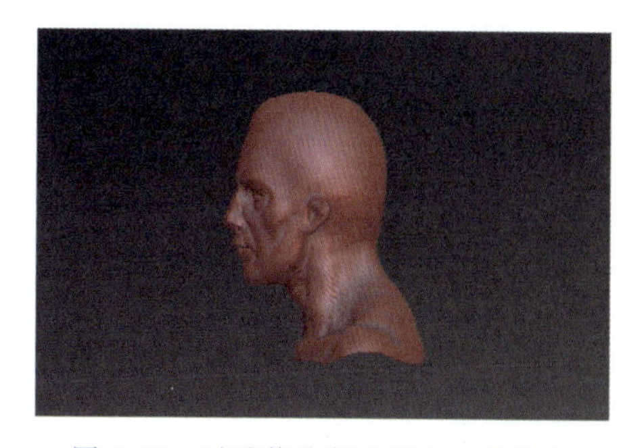
图 3-17　对雕像头部光滑处理的效果

（8）Clay（黏土笔刷）：该笔刷是专门为使用 Alpha 进行雕刻而开发的笔刷，可以选择合适的 Alpha 和 Stroke（笔触）来模拟各种雕刻工具的痕迹效果，如图 3-18 所示。

(9) Flatten(磨平笔刷)：用于将模型表面进行磨平处理。该笔刷能把模型表面的细节打磨平整，如图 3-19 所示。

图 3-18　Clay 笔刷效果

图 3-19　Flatten 笔刷效果

3.2.3　Brush 应用案例分析

1. 利用笔刷进行平面雕刻与绘制的案例

① 启动 ZBrush 集成开发环境，在 Tool 工具箱中选择 Plan3D 工具，在视图窗口中拖曳，然后单击工具栏中的 Scale 按钮 Scale，调整 Plan3D 大小到合适的尺寸。

② 单击 Edit 按钮 Edit 或按快捷键 T，同时单击工具箱中的 Make PolyMesh3D 功能按钮。

③ 在主菜单中选择 Brush 命令，选择其中的某种笔刷，即可在视图工作区进行绘制和雕刻工作。在 Tool 工具箱中双击，Geometry(几何体)卷展栏中的 Divide 功能按钮，将其 SDiv 数值调整为 3，然后进行 3D 雕刻或绘制，效果比较光滑。选择 Transform→Activate Symmetry 命令后，可以实现对称图像的雕刻或绘制，如图 3-20 所示。

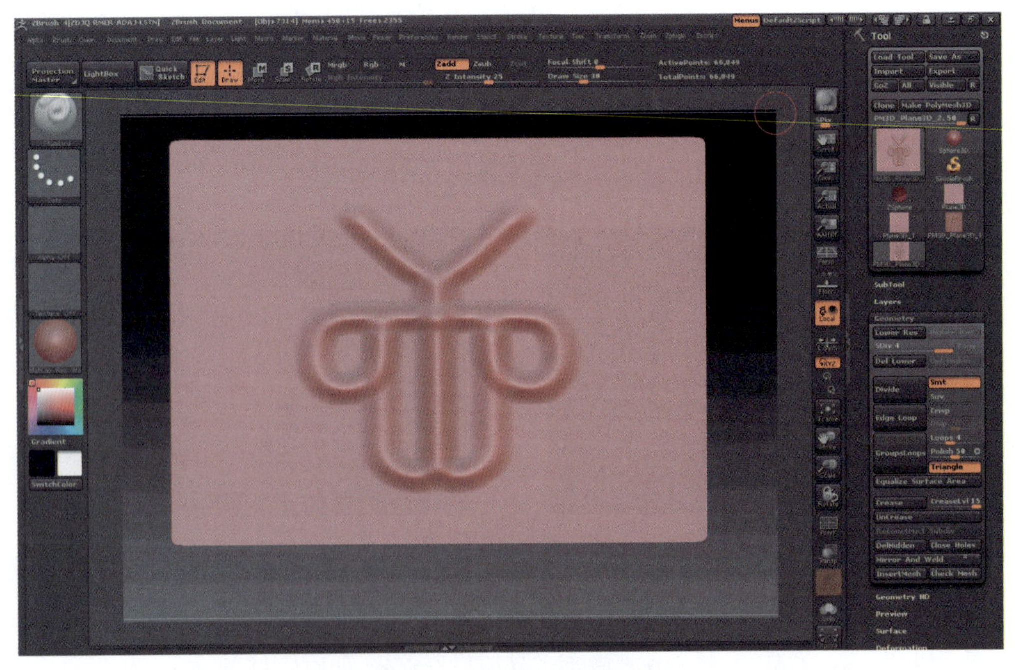

图 3-20　Brush 笔刷平面雕刻效果

2. 利用笔刷进行 3D 立体雕刻与绘制的案例

① 启动 ZBrush 集成开发环境，在 Tool 工具箱中选择 Sphere3D 工具，在视图窗口中拖曳绘制适当大小 3D 球体。

② 单击 Edit 按钮 或快捷键 T，再单击工具箱中的 Make PolyMesh3D 功能按钮。

③ 单击 Brush 命令，选择其中的某种笔刷，即可在视图工作区中的 3D 球体上进行绘制和雕刻工作，如图 3-21 所示。

图 3-21　Brush 笔刷立体雕刻效果

3.3　Color 菜单

Color 调控板中显示了当前颜色，并提供了数值的方法选择颜色，而且可以选择辅助色，然后使用描绘工具可以产生混合的色彩效果。详细介绍请参考 2.5.2 节 Color 菜单。

3.4　Document 菜单

Document 调控板可用于加载或保存 ZBrush 文档、导入背景图像、导出背景图像、调整画布大小和设置背景颜色。详细介绍请参考 2.4.1 节文件处理。

3.5 Draw 菜单

ZBrush 中的雕刻和绘制工作都要使用 Draw(绘画)功能，ZBrush 的全部雕刻绘制工作都离不开绘画工具。详细介绍请参考 2.5.1 节 Draw 功能。

3.6 Edit 菜单

Edit(编辑)菜单主要用于完成撤销和重做命令，它有一个或两个命令设置将根据 Tool 调控板中当前选择的工具而定，默认配置的命令仅有文档编辑，不过当激活一个 3D 工具时，将只有针对这个工具的两个按钮设置变成有效，分别显示有效撤销和重做操作的数目，如图 3-22 所示。

图 3-22　Edit 菜单功能

Edit 功能主要包括 UNDO(撤销)和 REDO(重做)，可以撤销和重做最近在画布里制作改变的元素，这仅将影响绘制效果，不影响 3D 模型。

单击 UNDO/REDO 功能按钮，可以撤销和重做当前选择的 3D 工具最近的制作改变，这不影响画布里进行快照的元素。

提示：

- 实现这两个功能的快捷键是 Ctrl+Z 和 Ctrl+Shift+Z，如果任何当前使用的变换模式已经绘制在画布上，快捷键将执行工具的 UNDO 和 REDO 功能；如果物体没有变换模式，快捷键将执行文档的 UNDO 和 REDO 功能；当修改一个 3D 物体时，如果没有首先绘制它并进入变换模式直接变形，文档模式快捷键比工具的更好。
- 在 Preferences 调控板里能改变 UNDO 和 REDO 数目。

3.7 File 菜单

ZBrush 的 File 调控板中包括 File(文件)、Canvas(画布)、Tool Mesh(网格工具)、Time Line(时间线)、Spotlight(聚光灯)、Texture(纹理)、Alpha(阿尔法)等卷展栏，如图 3-23 所示。

(1) File(文件)：实现对文件的存取和恢复等操作，包括 Open(打开)、Save As(另存为)、Revert(恢复)。

(2) Canvas(画布)：实现对工作区画布的打开、保存、恢复等，功能主要包括画布的 Open(打开)、Save(保存)、Save As(另存为)、Revert(恢复)。

图 3-23　File 调控板

(3) Tool Mesh(网格工具)：实现对网格工具的载入和另存为等，功能主要包括网格工具的 Load Tool(载入工具)、Save As(另存为)。

(4) Time Line(时间线)：实现对时间线的载入和保存等，功能主要包括时间线的 Load(载入)、Save(保存)。

(5) Spotlight(聚光灯)：实现对聚光灯的载入和保存等，功能主要包括聚光灯的 Load Spotlight(载入聚光灯)、Save Spotlight(保存聚光灯)。

(6) Texture(纹理)：实现对纹理的输入和输出等，功能主要包括纹理的 Import(输入)、Export(输出)。

(7) Alpha(阿尔法)：实现对阿尔法的输入和输出等，功能主要包括阿尔法的 Import(输入)、Export(输出)。

3.8　Layer 菜单

ZBrush 功能的强大不仅表现在雕刻方面，还表现在绘画方面。Layer (图层)菜单针对的就是 ZBrush 里面画布的绘制效果，如图 3-24 所示。就像在 Photoshop 里面一样，在 ZBrush 中也可以针对层与层之间进行效果处理。

Layer 调控板中显示了图层，默认值为图层 Layer1，可以添加图层 Layer2、Layer3、Layer4、Layer5 图层等。Layer 可以被 Clear(清除)、Fill(填充)、Delete(删除)、Create(创建)

图 3-24　Layer 调控板

以及 Dup（副本）等。

（1）Clear（清除）：清除当前画布上面的所有东西。

（2）Fill（填充）：填充一个平面，相当于 Photoshop 中的填充功能。

（3）Delete（删除）：主要针对的是图层，删除选择的图层，相当于 Photoshop 中垃圾箱的功能。

（4）Create（创建）：创建一个空层，方便用户绘制。

（5）Dup（副本）：复制当前所选择的图层。

（6）<< >>（图层移动）：图层上移和下移，排列图层的顺序，以便于能把选择的图层放在上面或下面。

（7）Mrg（合并）：合并图层，类似于 Photoshop 中图层的合并，把两个图层合并在一起。

另外，Layer 调控板中还提供了 Bake（烘焙）、B Blend（烘焙混合量）、Flip H（水平翻转）、Flip V（垂直翻转）等功能，Flip 是旋转画布的意思。

启动 ZBrush 集成开发环境，在工具箱中选择 2.5D 笔刷中的 Depth Brush 在工作区（默认图层 1）绘画；然后在菜单栏中选择 Layer→Create 命令创建图层 2，然后选择 2.5D 笔刷中的 Bump Brush 笔刷在工作区（图层 2 中）绘画，如图 3-25 所示。

图 3-25　创建图层 1 和图层 2 后绘制的效果

在某图层中进行 Bake（烘焙）时，首先会发现这个图层绘制的图像是褐色的，而在图层 1 为一个白色标记，单击 Bake 功能按钮，调整 B Blend＝100％时即会变成褐色。

在图层 1 和图层 2 中，单击 Bake 按钮，调整 B Blend＝50％，即融合烘焙了 50％的材质与阴影，两个图层融合之后显示的效果如图 3-26 所示。

图 3-26　B Blend＝50％时的效果

另外，Layer 调控板中还包括 W(Warp，包裹)、Displace H(置换 H)、Displace V(置换 V)、Displace Z(置换 Z)以及 Auto Select(自动选择)等功能命令。W 功能控制只在这个画布上变化，Displace 置换功能类似于在 Photoshop 中做无缝贴图，只有打开了 W 功能，才能做无缝贴图的效果，否则模型会消失，因为图像跑到画布外面去了。

3.9　Light 菜单

要打开灯光，需要在 Light 调控板中双击灯光图标；要改变灯光颜色，需要在左侧的颜色框里选择颜色，然后双击面板里的颜色框；Ambient 是环境的灯光颜色的强度值，如图 3-27 所示。使用 Light 菜单设置的目的是创建和放置灯光以照亮 3D 主体模型。

除灯光的 Load(载入)和 Save(保存)以及灯光的开关外，Light 调控板中还可进行如下设置。

1. 强度设置

(1) Intensity(灯光的强度)：设置照亮物体的灯光强度，默认值为 0.85，取值范围 0～2。

(2) Ambient(环境光)：设置有多少环境光被物体表面反射，默认值为 3，取值范围 0～100。

(3) Intensity Curve(强度曲线)：设置光照强度曲线。

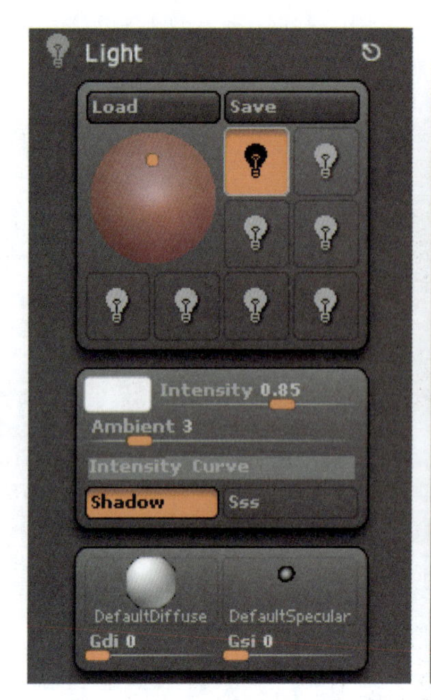

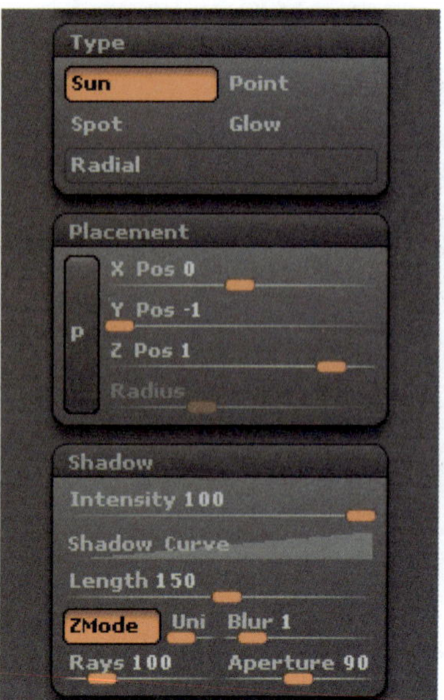

图 3-27　Light 灯光参数设置

（4）Shadow(阴影)：表示光照的阴影效果设计。

2. 反射光设置

（1）DefaultDiffuse(漫反射光)：设置材料的漫反射光，默认值为 0，取值范围 0～100。

（2）DefaultSpecular(镜面反射光)：设置物体镜面反射光，默认值为 0，取值范围 0～100。

（3）Type(光的类型)：设置光照的类型，包括 Sun(太阳光)、Point(点光源)、Spot(聚光灯)、Glow(自发光)、Radial(放射线)。

3. 方位设置

Placement(方位)：设置灯光放置的位置，包括 X、Y、Z 以及半径等参数设置。

4. 阴影设置

Shadow(阴影)：设置光照的阴影效果，包括光照阴影的 Intensity(强度)、Shadow Curve(阴影曲线)、Length(长度)、ZMode(Z 模式)、Uni(统一阴影)、Blur(模糊)、Rays(光线控制)及 Aperture(孔径)等设置。

3.10　Macro 菜单

Macro 调控板中主要包括 New Macro(新建宏)、End Macro(结束宏)、Reload All Macro(重新载入所有宏)、Macros(宏命令)、Misc(混合)、SetOldMoveMode(原始设定模式)等设置

命令,如图 3-28 所示。详细介绍见 2.5.4 节 Macro 操作。

图 3-28　Macro 调控板

3.11　Marker 菜单

Marker(遮罩)菜单主要功能是控制遮罩,包含 On/Off(开/关)、Reorder(重新安排)、Delete All(删除全部)、Show(显示)、Tool(工具)、Draw(绘制)、Position(位置)、Normal(法线)、Color(颜色)、Material(材质)及 Texture(纹理)等功能命令,如图 3-29 所示。

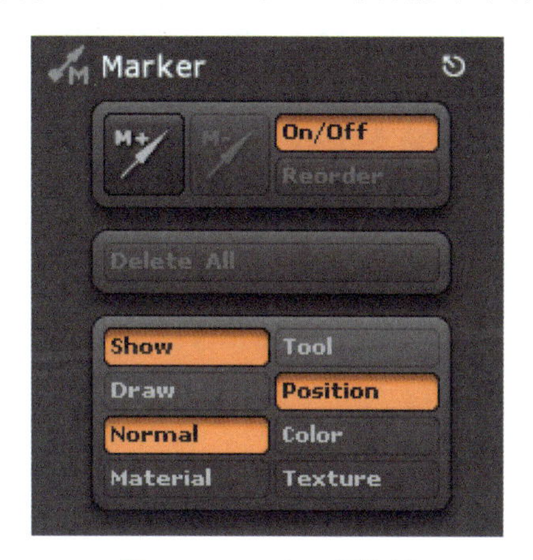

图 3-29　Marker 调控板

3.12　Material 菜单

利用 Material(材质)调控板可以改变材质,它是使用指定颜色或材质填充到物体,因此它会保存这些改变。例如,在插图里添加一个默认白色球体,先使用 Snapshot(快照)功能,移动后着色橙色;再次使用 Snapshot 功能并且移动,材质改为金属混合球体,Material 调控板设置如图 3-30 所示。

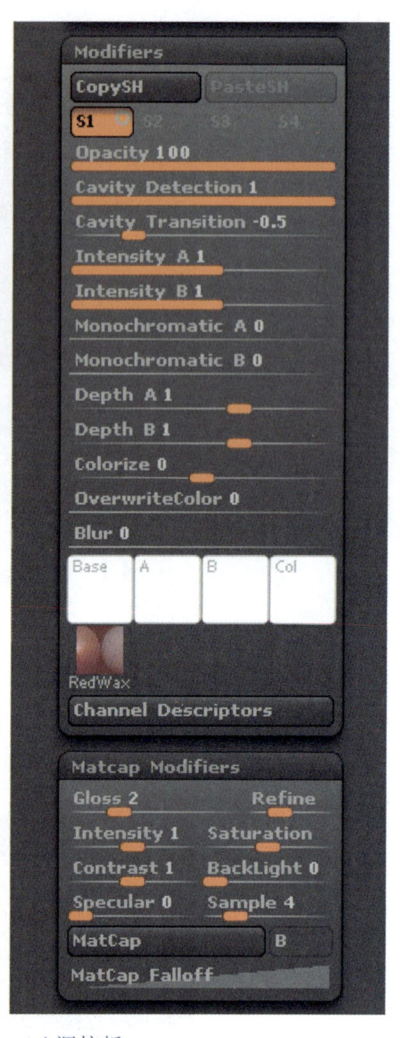

图 3-30　Material 调控板

Material 菜单涵盖材质的 Load（载入）、Save（保存）、Show Used（显示使用材质）、CopyMat（复制材质）、PasteMat（粘贴材质）等功能。

（1）Shader Mixer（着色机）：材质混合，包含 Fresnel（菲捏尔）、F Exp（菲捏尔衰减指数）、Sss（3S）、Front（前）、S Exp（次表面衰减指数）、BlendMode（混合模式）、OnBlack（在黑色）、MinOpacity（最小不透明度）、MaxOpacity（最大不透明度）及 PreviewOpacity（预览不透明度）功能参数设置。

（2）Modifiers（修改）：材质修改，包括 CopySH（复制材质）、PasteSH（粘贴材质）、Opacity（不透明度）、Cavity Detection（中间值）、Cavity Transition（中间深度）、Intensity A（强度 A）、Intensity B（强度 B）、Monochromatic A（A 饱和度）、Monochromatic B（B 饱和度）、Depth A（A 宽度）、Depth B（B 宽度）、Colorize（着色）、OverwriteColor（重写色）、Blur（模糊）及 Channel Descriptors（通道描述）功能等。

（3）MatCap Modifiers（材质捕捉修改）：包含 Gloss（光泽）、Refine（反射）、Intensity（强度）、Saturation（饱和度）、Contrast（对比度）、BackLight（暗光）、Specular（镜面反射）、Sample（采样）、MatCap（材质捕捉）及 MatCap Falloff（衰减曲率）等功能参数设置。

3.13 Movie 菜单

Movie(影视)菜单可以让对象自动旋转：先在 Scrn(屏幕)中选择旋转轴，然后单击 Turntable 按钮即可。如果要预览动画，选择 Movie→Play Movie 命令即可。Movie 快捷键为 Alt+V。Movie 调控板如图 3-31 所示。

图 3-31 Movie 调控板

Movie 菜单包括 Load Movie(载入影片)、Save As(另存为)、Play Movie(播放影片)、Export(输出)、Record(录制)、Turntable(转盘)、Snapshot(快照)、TimeLapse(快速录制)、Pause(暂停)、Doc(画布区域)、Window(全屏)、Large(最大)、Medium(适中)、Small(最小)、Delete(删除)等功能设置。

(1) Modifiers：影片功能修改，包含 Frame Size(画布大小)、Auto Zoom(自动缩放)、Recording FPS(每秒帧数)、Play back FPS(回放帧数)、Snapshot Time(快照时间)、Skip Menus(快关菜单)、Antialized Capture(抗锯齿)、OnMouse(记录鼠标)、Cursor Size(光标大小)、SpinFrames(旋转帧数)、SpinCycles(旋转周数)、X、Y、Z、Scrn(屏幕)、Quality(画质)、Intensit(强度)及 Color(颜色)等设置参数。

(2) Time Line：时间线功能，主要包括 Load(载入)、Save (保存)、Show(显示)、

ExportName（输出名字）、Go Previous（预览）、Go Next（下一个）、TimeLine Magnifical（时间表）、Auto（时间线）、Load Audio（载入音频）、Remove Audio（移除音频）及 Duration（持续时间）等设置参数。

（3）TimeLine Tracks：时间线跟踪功能，主要包括 Edit（编辑）、Link（链接）、Enable（打开）、Camera（摄像机）、Color（颜色）、Material（材质）、Wire Frames（线框）、Transparent（透明）、Subtool（子工具）、ZSphere（Z 球）、Subdiv（细分）、Layers（图层）、Layer（图层）、Explode（爆炸）、Contacts（接触）、Background（背景）、Adjustments（调整）、Tool（工具）、Solo（单独）、Perspective（透视）、Floor（地板）、ClearBeat（删除拍子）及 ColorBeat（颜色拍子）等设置参数。

（4）Overlay Image：水印功能，包含 LR Pos（左右位置）、TD Pos（上下位置）、Opacity（不透明度）等设置参数。

（5）Title Image：标题图案功能，涵盖 FadeIn Time（淡入时间）、FadeOut Time（淡出时间）、Text1（文字 1）、Text2（文字 2）、Text3（文字 3）等设置参数。

3.14 Picker 菜单

Picker（捡取）菜单命令可以影响工具的方向、颜色、材质以及其他方面，快捷键为 Alt+I。在主菜单中选择 Picker 命令，显示 Picker 调控板，如图 3-32 所示。

图 3-32 Picker 调控板

Picker 调控板包含 Active（有效的）、Other（其他）、All（全部）、Dynamic（动力学）、Once Ori（单选定位）、Cont Ori（连续定位）、Once Z（单独 Z 深度）、Cont Z（连续 Z 深度）、Once Col（单选颜色）、Cont Col（连续颜色）、Once Mat（单选材质）、Cont Mat（连续材质）等设置参数。

3.15 Preferences 菜单

在 Preferences 调控板中可以实现 ZBrush 初始化、参数配置、快速信息、热键、界面、自定义 UI、颜色、拾取、Z 球、标记、导入导出、热盒、绘制、手写板、性能、编辑、变换、变换单元、其他、公用以及 GoZ 等参数的设置及调整。具体内容请参考 2.2 节 Preferences 菜单。

3.16 Render 菜单

Render(渲染)菜单功能包含对 Best(最佳)、Preview(预览)、Fast(快速)、Flat(普通)、Fog(雾)等参数进行相应的设置和修改,快捷键为 Ctrl+R,在主菜单中选择 Render 命令打开 Render 调控板,如图 3-33 所示。

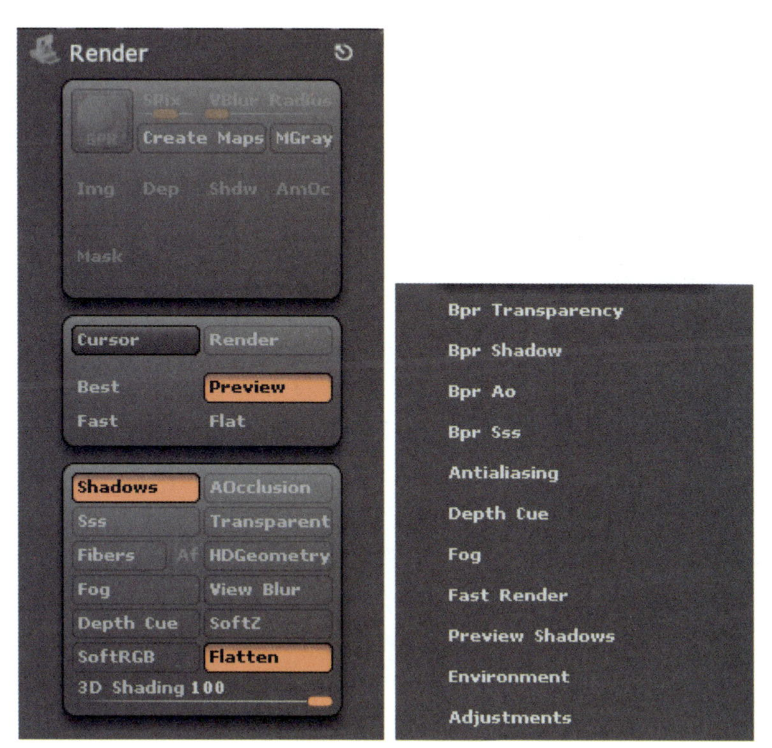

图 3-33 Render 调控板

其中还包括 Shadows(阴影)、AOcclusion(吸收)、Sss(次表面散射)、Transparent(透明度)、Fibers(纤维)、HDGeometry(高精度模型)、Fog(雾)、View Blur(视野模糊)、Depth Cue(深度始末)、SoftZ(柔和 Z)、SoftRGB(柔和 RGB)、Flatten(平坦)、3D Shading(3D 着色)等参数及如下功能设置。

（1）Bpr Transparency：最佳预览渲染透明度设置。

（2）Bpr Shadows：阴影设置。

（3）Bpr Ao：环境闭塞设置。

（4）Bpr Sss：3S最佳预览渲染设置。

（5）Antialiasing：抗锯齿设置，包含Blur（模糊）、edge（边缘）、Size（大小）、Supersample（超级采样）多次渲染，值为次方。

（6）Depth Cue：深度模糊设置，包含Intensity（强度）、Softness（柔化）、Depth1/2（深度近端点/远端点）。

（7）Fog：雾设置，包含Intensity（强度）、Depth1/2（深度1/2）设置。

（8）Fast Render：快速渲染设置，包含Ambient（环境光）、Diffuse（漫反射）设置。

（9）Preview Shadows：预览阴影设置，包含物体阴影、深处阴影、长度、深度等设置。

（10）Environment：环境设置，涵盖开关、颜色、纹理、场景、轨道距离、重复、视域等设置。

（11）Adjustments：调节设置，包含是否可调、对比度、亮度、曲线级别等设置。

3.17 Stencil菜单

在Alpha菜单里点击Make St按钮可将一个图形转换为模板（Stencil），然后便可以透过这个模板来绘制纹理了，如图3-34所示。

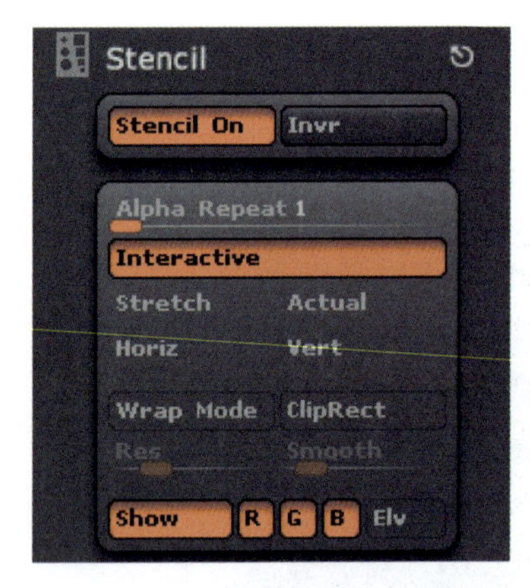

图3-34　Stencil模板菜单功能选择

Stencil调控板中包含Stencil On（显示模板）、Invr（反选模板）、Alpha Repeat（阿尔法重复）、Interactive（交互作用）、Stretch（伸展）、Actual（实际）、Horiz（平行）、Vert（反向）、Wrap Mod（包裹模式）、ClipRect（片段）、Res（分辨率）、Smooth（平滑）、Show（显示）、R（红）、G（绿）、B（蓝）及Elv（线框显示）等设置参数。其中，Alpha Repeat（阿尔法重复）可以设置平铺的Alpha图案的个数；Wrap Mod（包裹模式）可以让模板包裹在对象上；Elv（线框显示）可以使模板呈线框显示。

另外，按住空格键可跳出模板控制盘，调控板中的MOV ROT可以让模板在对象表面上相切移动（会使模板变形，画出的形状也将变形，而Wrap Mod是使模板附着在表面上，它也会随着表面形状的变化而变形）；MOV可以在视图里任何位置移动；SCL是缩放模板；ROT是旋转模板。在用模板画纹理时，多用Inflat笔刷贴图。同于菜单Texture，R同样是删除已选用的贴图纪录，New是新建一个贴图，MakeAlpha是将贴图转换为笔刷（黑色的部分将会被镂空），Remove是删除贴图使用纪录，CropandFill是将画布的背景用贴图填充，GrabDoc是将画布转换为一张贴图（要在Edit状态里才可以修改和看到贴图）。

3.18 Stroke 菜单

Stroke(笔触)是对笔刷动作和时间的描述,即传统绘画中使用的绘制笔画。Stroke 调控板中有 18 种内置笔画效果,可以通过各种笔触类型确定使用 ZBrush 画笔进行绘制时画笔的变化方式及状态。根据需要选择不同的笔触组合绘制,能够得到丰富、繁多、变化的制作效果。具体内容请参考 4.3 节笔刷控制。

3.19 Texture 菜单

Texture 调控板中主要包含 Load Spotlight(载入聚光灯)、Save Spotlight(保存聚光灯)、Import(输入)、Export(输出)、Texture(纹理)、Flip H(翻转 H)、Flip V(翻转 V)、Rotate(旋转)、Invers(反相)、Grad(渐变)、Sec(次要)、Main(主色)、Clear(清除)、Width(宽)、Height(高)、Clone(克隆)、New(新建)、MakeAlpha(创建通道)、Remove(移除)、CropAndFill(填充纹理贴图)及 GrabDoc(新纹理贴图)等设置参数,如图 3-35 所示。

图 3-35 Texture 调控板

3.20 Tool菜单

Tool(工具箱)菜单是ZBrush使用频率最高的一个工具菜单,ZBrush制作的模型都被当作Tool被保存起来。在主界面菜单栏中选择Tool命令或在主界面右侧默认的Tool工具箱可进行相关操作,具体内容请参考4.1.1节Tool编辑命令。

3.21 Transform菜单

Transform菜单功能可控制ZBrush的所有基本操作,调控板中提供了位移、旋转、缩放、物体显示方式以及对称编辑一类强大的3D物体属性编辑功能。Transform坐标变换功能包含基本编辑属性设置、界面操作属性设置、界面显示属性设置、对称编辑属性设置,具体内容请参考2.5.3节Transform功能。

3.22 Zoom菜单

Zoom(缩放)菜单功能包括Scroll(滚动文档)、Zoom(缩放)、Actual(实际的尺寸)、AAHalf(半)、In(缩放++)、Out(缩放——)等设置,如图3-36所示。

图3-36 Zoom调控板

3.23　Zplugin 菜单

Zplugin(插件)菜单功能包含 Misc Utilities(其他程序)、ProjectionMaster(投影大师)、QuickSketch(速写)以及 Deactivation(停用)等选项设置。

(1) Misc Utilities：包括<<Brush(<<笔刷)、Brush>>(笔刷>>)、Brush Increment(笔刷增量)、InteractiveLight(互动光)及 TextFileViewer(显示文本)等参数。

(2) Deactivation：包含 Web Deactivation(best)(网络停用)、Email Deactivation(邮件停用)、Manual Deactivation(手册停用)等参数，如图 3-37 所示。

图 3-37　Zplugin 调控板

3.24　Zscript 菜单

Zscript 菜单功能包含 Load(载入)、Reload(重新载入)、Previous(前面)、Next(下一个)、Hide Zscript(隐藏 Z 脚本)、Show Actions(显示动作)、&Notes(注释)、Skip Notes(跳过注释)、Skip Audio(跳过音频)、Store ZTime(保存 Z 时间)、Record(记录)、End Rec(停止记录)、Cmd(命令)、Rec(记录)、Txt(测试)、Run(运行)、Repeat Show Actions(重复显示动作)、Replay Delay(重播延迟)、Minimal Stroke(最小笔触)、Minimal Update(最小更新)及 Export Commands(输出指令)等参数，如图 3-38 所示。

图 3-38　Zscript 调控板

第 4 章　ZBrush常用工具

ZBrush 常用工具包括 Tool 笔刷工具、Stroke（笔触）、Alpha、Stencil（模板）以及 3D 模型转换接口等。

ZBrush 设计人员想把 ZBrush 设计成特殊的绘画软件，其功能类似于 Painter 软件，但比 Painter 更先进。ZBrush 中融合了三维图形设计与数字创作功能于一身，是一个具有 3D 特性的 2D 软件。因此在 ZBrush 中最常用也最重要的控制工具就是 Tool（工具箱）和笔刷工具。

4.1　Tool 工具箱

4.1.1　Tool 编辑命令

Tool 是 ZBrush 使用频率最高的一个工具菜单，ZBrush 制作的模型都被当作 Tool（工具）被保存起来，可通过选择 Tool 命令或在主界面右侧的工具箱中实现操作，如图 4-1 所示。

Tool 调控板中包含很多基本编辑功能，有导入工具、保存工具、导入、导出、GoZ、可见、选择、克隆、转可编辑 3D 以及工具预览等。

（1）Load Tool（导入工具）：单击此按钮，弹出“资源管理”对话框，提示用户导入工具，导入 *.ztl 格式文件。

（2）Save As（保存为）：单击此按钮，ZBrush 会提示用户将当前的工具保存为文件，保存为 *.ztl 格式文件。

（3）Import（导入）：单击此按钮，弹出“资源管理”对话框，提示用户导入模型文件，ZBrush 支持的模型文件有.GoZ、.obj、.MA 3 种格式。

（4）Export（导出）：将模型导出为.obj、.ma、.GoZ 以及.x3d 格式。

（5）GoZ：ZBrush 4.0 新增的功能，可以使 ZBrush 与其他三维建模软件进行数据交换（格式转换）。

（6）All（所有）：导出所有模型到其他三维软件。

（7）R（选择）：单击此按钮，将指定模型导出至哪个三维软件中，ZBrush 4.0 只支持 4 款软件，分别是 C4d、3ds Max、Maya 以及 Modo。

（8）Visible（可见）：导出可见模型到其他三维软件。

（9）Clone（克隆）：单击此按钮，可以对当前选中的模型进行克隆操作。

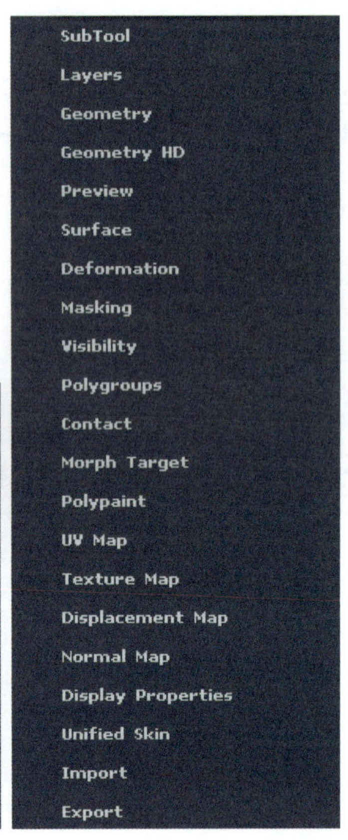

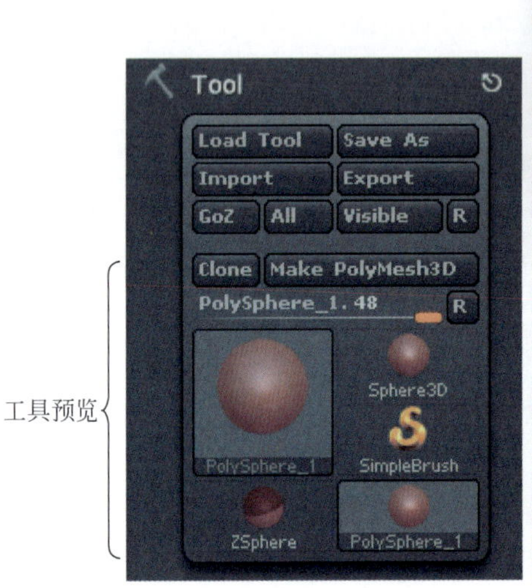

图 4-1　Tool 调控板

（10）Make PolyMesh3D（转换为可编辑 3D 物体）：单击此按钮，可以将 ZBrush 默认的物体转换为可编辑状态的多边形集合体。

（11）工具预览区：显示当前所使用过的工具，使用的历史工具过多时，可以按 R 键清空预览区，只保留默认的 4 个工具。

4.1.2　3D 造型设计

为便于进行游戏角色、NPC、怪物以及道具等 3D 造型设计，ZBrush 中为用户提供了许多原始的 3D 物体造型，在工具箱中的工具选项中可以找到。在工具箱中单击 S 图标，即可显示当前的基本笔刷工具，包括快速拾取、3D 笔刷、2.5D 笔刷三部分，如图 4-2 所示。

在 ZBrush 中，进行 3D 造型设计主要应用 3D 笔刷工具。编辑物体造型时，首先要执行 Make PolyMesh3D 命令，因为只有执行了 Make PolyMesh3D 命令的物体才能被编辑。3D 笔刷工具包含 Sphere3D（球体）、Cube3D（立方体）、Cylinder3D（圆柱体）、Cone3D（圆锥体）、Ring3D（圆环）、SweepProfile3D（3D 伸展剖面）、Terrain3D（3D 地形）、Plane3D（3D 平面）、Circle3D（3D 圆）、Arrow3D（3D 箭头状物体）、PolyMesh3D（3D 六角星造型）、Spiral3D（3D 螺旋体）、Helix3D（3D 螺旋线结构）、Gear3D（3D 齿轮）、Sphereinder3D（突圆柱体）及 ZSphere（Z 球）。

对于 ZBrush 中提供的 3D 物体造型，可以通过调整相应参数改变其形状；对每个基本模型都可以通过调整其初始参数来改变模型尺寸、外观以及形状等。

图 4-2　3D、2.5D 笔刷工具

1. 球体模型设计

选择 3D 笔刷中的 Sphere3D，其默认初始参数设置如图 4-3(a)所示。在画布中拖曳并改变其初始参数设置，如图 4-3(b)所示，图中显示的 3 种造型分别为①——默认参数值球体、②——设置 Y=50 的椭球体、③——设置 Coverage=180 的半球体设计效果。

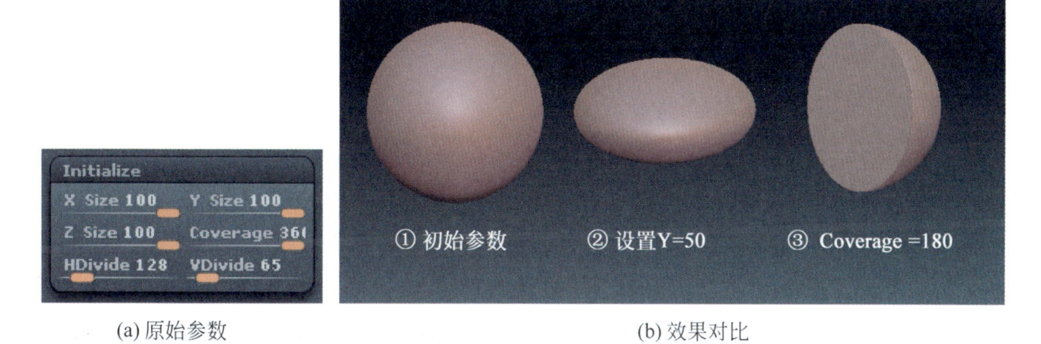

(a) 原始参数　　(b) 效果对比

图 4-3　球体模型设计

(1) Size(尺寸)：控制球体模型 X、Y、Z 轴向的大小尺寸，改变此参数可以改变物体造型的大小和形状。

(2) Coverage(圆周角)：控制圆球、圆环、齿轮、螺旋线的展开半径。

(3) HDivide 和 VDivide(H 和 V 细分)：分别控制模型在横向和纵向上的分段数。

2. 立方体模型设计

选择 3D 笔刷中的 Cube3D，其默认初始参数设置如图 4-4(a)所示。

首先设置初始值参数，在画布中拖曳产生 3D 物体造型；接着单击工具箱中的旋转图标 Rotate，对物体造型进行适当旋转，产生 3D 立体感视觉效果；最后单击绘制图标 Draw 完成一次建模工作；然后按此方法循序操作完成其他 3D 模型的创建和制作。

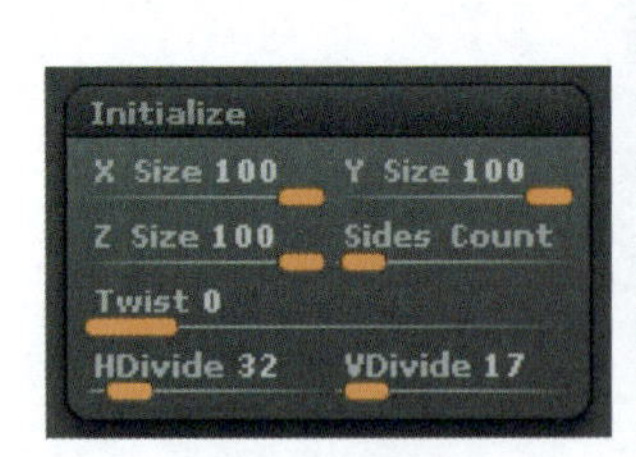

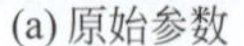

(a) 原始参数

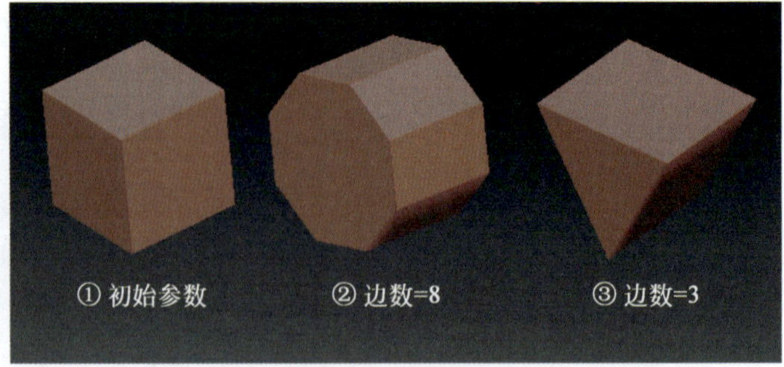

(b) 效果对比

图 4-4　立方体模型设计

在画布中拖曳、定位、旋转以及改变其初始参数设置后的效果如图 4-4(b)所示，图中显示的 3 种造型分别为①——默认参数值立方体、②——设置边数＝8 的八棱柱体、③——设置边数＝3 的三棱柱体设计效果。

(1) Size(尺寸)：控制立方体模型的 X、Y、Z 轴向的大小尺寸，改变此参数可以改变物体造型的大小和形状。

(2) Sides Count(边数)：控制创建棱体的边数，默认值为 4，取值范围 3～32，该值为 32 时近似为一个圆柱体。

(3) Twist(扭曲)：在创建 3D 造型时，可以扭曲物体形成三维模型，默认值为 0，代表不扭曲；大于 0 表示扭曲造型，取值范围 0～4。

(4) HDivide 和 VDivide(H 和 V 细分)：分别控制模型在横向和纵向上的分段数。

3. 圆柱体模型设计

在工具箱中选择 3D 笔刷中的 Cylinder3D，其默认初始参数设置如图 4-5(a)所示。在画布中拖曳、旋转、定位并改变其初始参数设置，如图 4-5(b)所示，图中显示的 3 种造型分别为①——默认圆柱体参数、②——设置内半径＝52 的管状体造型、③——设置锥顶＝40 的锥台造型设计效果。

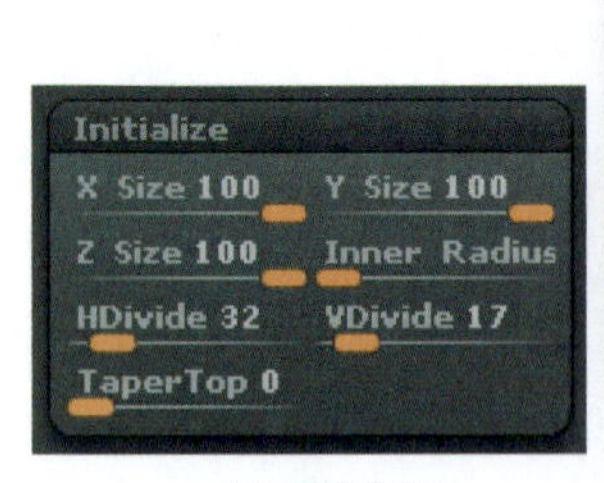

(a) 原始参数

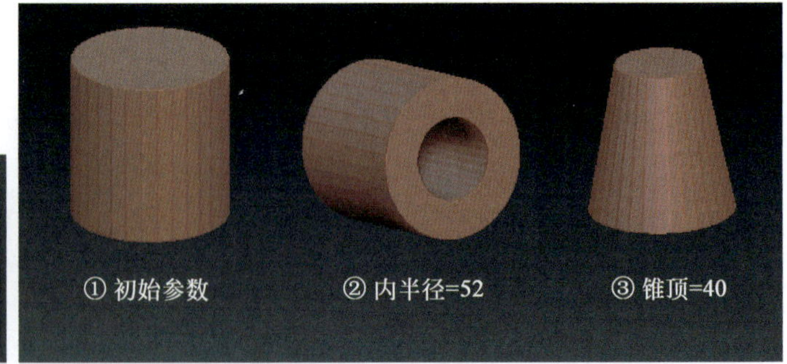

(b) 效果对比

图 4-5　圆柱体模型设计

(1) Size(尺寸)：控制圆柱体模型 X、Y、Z 轴向的大小尺寸，改变此参数可以改变物体造型大小和形状。

(2) Inner Radius(内半径):指定圆柱内径尺寸大小,创建一个有定厚度圆管,其默认值为0,取值范围0～100。

(3) HDivide和VDivide(H和V细分):分别控制模型在横向和纵向上的分段数。

(4) TaperTop(锥顶):当该参数为0时,创建一个圆柱体;当该参数为100时,创建一个圆锥体。锥顶的取值范围0～100。

4. 圆锥体模型设计

选择3D笔刷中的Cone3D,其默认初始参数设置如图4-6(a)所示。在画布中拖曳、旋转、定位并改变其初始参数设置,如图4-6(b)所示,①为默认圆锥体参数;②为设置内半径=52的管状体造型;③为设置锥顶=50、内半径=50的锥台造型设计效果。

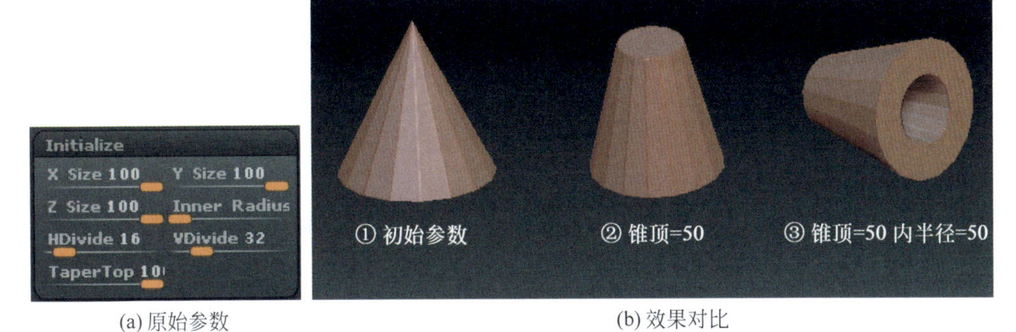

(a) 原始参数　　(b) 效果对比

图4-6　圆锥体模型设计

(1) Size(尺寸):控制圆锥体模型X、Y、Z轴向的大小尺寸,改变此参数可以改变物体造型大小和形状。

(2) Inner Radius(内半径):指定圆柱内径尺寸大小,创建一个有定厚度圆管或锥管,其默认值为0,取值范围0～100。

(3) TaperTop(锥顶):默认值为100,创建一个圆锥体;当该参数为0时,创建一个圆柱体。锥顶的取值范围0～100。

(4) HDivide和VDivide(H和V细分):分别控制模型在横向和纵向上的分段数。

5. 圆环模型设计

在工具箱中选择3D笔刷中的Ring3D,其默认初始参数设置如图4-7(a)所示。在画布中拖曳并改变其初始参数设置,如图4-7(b)所示,①为默认圆环模型参数设置;②为参数Coverage(圆周角)=308、Scale(缩放)=0.01的物体造型;③为参数Coverage(圆周角)=308、Scale(缩放)=0.01、SDivide(缩放细分)=3、LDivide(长度细分)=256的物体造型设计效果。

(1) SRadius(圆环半径):指定圆环半径尺寸大小,创建一个指定半径大小的圆环造型,其默认值为39,取值范围0～100。

(2) Coverage(圆周角):控制圆球、圆环、齿轮、螺旋线的展开半径。

(3) Scale(缩放):控制圆环的缩放系数,默认值为0.01,取值范围0.01～1。

(4) Twist(扭曲):在创建3D造型时,可以扭曲物体形成三维造型,默认值为0,代表不扭

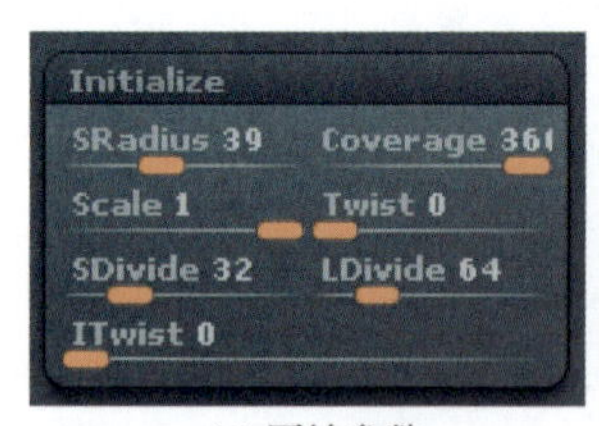

(a) 原始参数

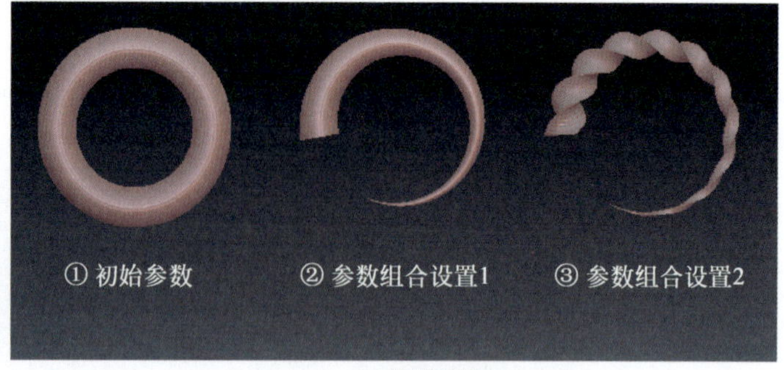

(b) 效果对比

图 4-7　圆环模型设计

曲；大于 0 表示扭曲造型，取值范围 0～1440。

（5）SDivide（缩放细分）：环绕整个圆环剖面细分数，为 3 或 4，整个剖面分别形成三角形或正方形外形，默认值为 32，取值范围 3～128。

（6）LDivide（长度细分）：沿圆环长度细分数，为 3 或 4，整个剖面分别为三角形或正方形外形，默认值为 64，取值范围 3～256。

（7）ITwist（初始扭曲）：通过指定初始，极大地控制造型扭曲效果，默认值为 0，代表不扭曲；大于 0 表示扭曲造型，取值范围 0～360。

6. 3D 伸展剖面模型设计

在工具箱中选择 3D 笔刷中的 SweepProfile3D，可以创建自定义伸展曲线和曲面。其默认初始参数设置如图 4-8(a)所示。在画布中拖曳、定位、旋转并改变其初始参数设置，如图 4-8(b)所示，①为默认 3D 伸展剖面模型参数设置；②为参数设置为 Thickness（厚度）＝100 时的物体造型；③为参数设置为 HDivide＝3、VDivide＝3 时的物体造型设计效果。

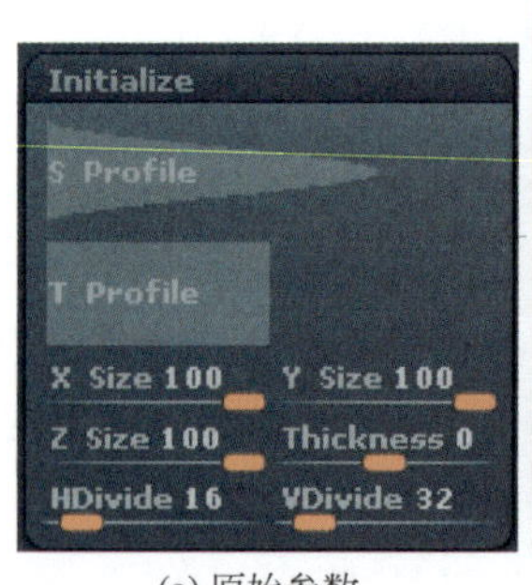

(a) 原始参数

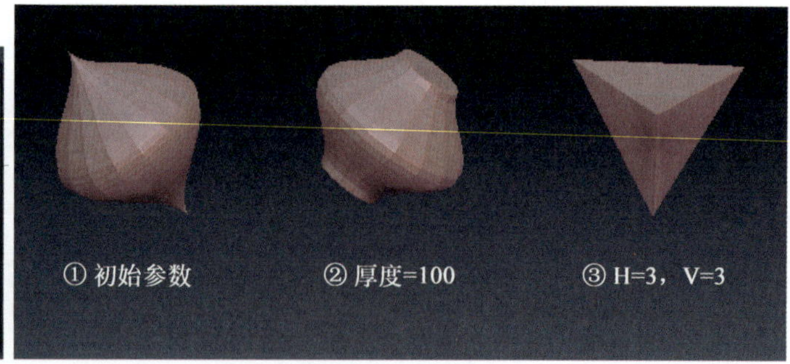

(b) 效果对比

图 4-8　3D 伸展剖面模型设计

（1）Size（尺寸）：控制模型 X、Y、Z 轴向的大小尺寸，改变此参数可以改变物体造型的大小和形状。

（2）Thickness（厚度）：由伸展剖面曲线确定的整个伸展网格的厚度，厚度变化可通过剖面曲线进一步修改，默认值为 0，取值范围－100～＋100。

（3）HDivide 和 VDivide（H 和 V 细分）：分别控制模型在横向和纵向上的分段数，HDivide 默认值为 16，VDivide 默认值为 32。

7. 创建三维地形设计

在工具箱中选择 3D 笔刷中的 Terrain3D 可创建 3D 地形场景，其默认初始参数设置如图 4-9(a)所示。在画布中拖曳、定位、旋转并改变其初始参数设置，如图 4-9(b)所示，①为默认三维地形模型参数设置；②为 Z=100 时的地形设计造型；③为调整曲线参数后 3D 地形的造型设计效果。

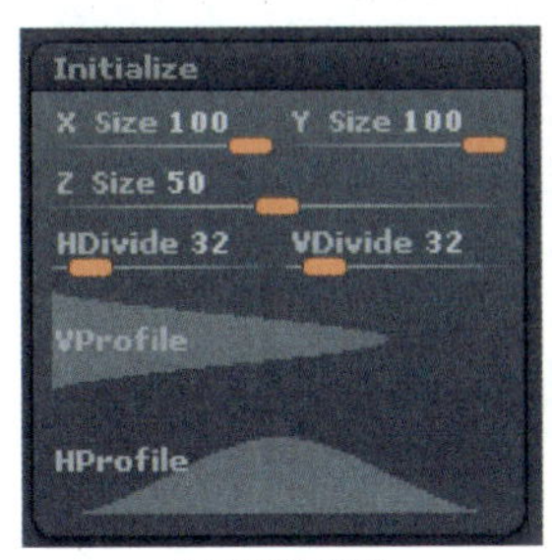

(a) 原始参数

① 初始参数　② Z=100　③ 调整曲线参数

(b) 效果对比

图 4-9　地形模型设计

(1) Size(尺寸)：控制模型 X、Y、Z 轴向的大小尺寸，改变此参数可以改变物体造型大小和形状。

(2) HDivide 和 VDivide(H 和 V 细分)：分别控制地形模型在横向和纵向上的分段数，HDivide 默认值为 32，VDivide 默认值为 32。

8. 3D 平面正方形模型设计

在工具箱中选择 3D 笔刷中的 Plane3D 可创建 3D 平面正方形，是扁平的、双面的可见造型，其默认初始参数设置，如图 4-10(a)所示。在画布中拖曳、定位、旋转并改变其初始参数设置，如图 4-10(b)所示，①为默认 3D 平面正方形模型参数设置；②为 V Radius=50 时的物体造型；③为 H Radius=50 时的物体造型设计效果。

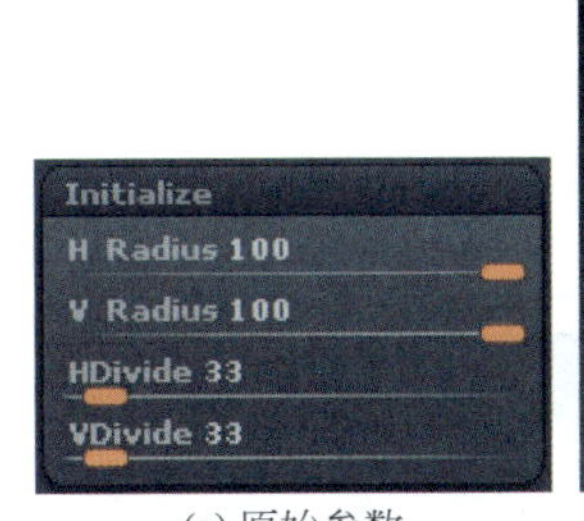

(a) 原始参数

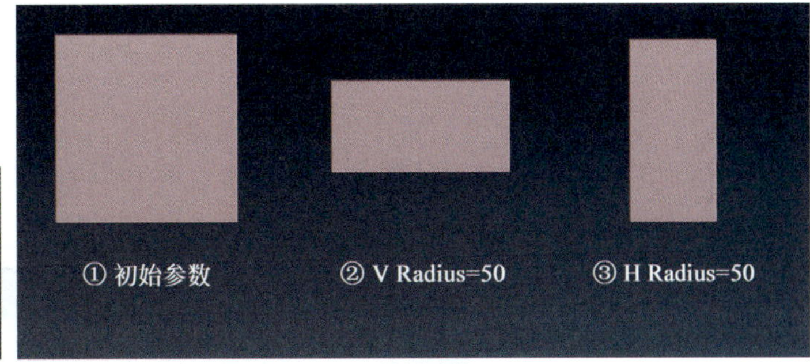

(b) 效果对比

图 4-10　3D 平面正方形模型设计

(1) H Radius 和 V Radius (H 横向半径和 V 纵向半径细分)：分别控制模型在横向和纵向上的分段数，H Radius 默认值为 100，V Radius 默认值为 100，取值范围均为 0～100。

(2) HDivide 和 VDivide(H 和 V 细分)：分别控制模型在横向和纵向上的分段数，HDivide 默认值为 33，VDivide 默认值为 33，取值范围均为 2～512。

9. 3D 圆模型设计

选择 3D 笔刷中的 Circle3D，可通过弧形延展线生成一个 3D 圆盘，圆盘是扁平的、双面可见的。其默认初始参数设置，如图 4-11(a)所示。在画布中拖曳并改变其初始参数设置，如图 4-11(b)所示，①为默认 3D 圆模型参数设置；②为 ORadius1＝50 时的物体造型；③为 IRadius1＝50 时的物体造型设计效果。

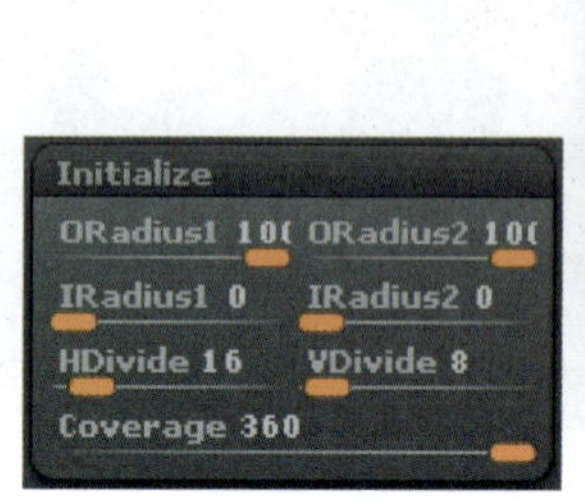

(a) 原始参数

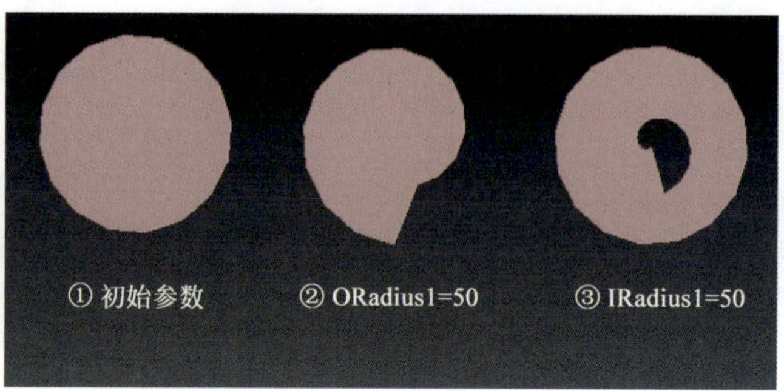

(b) 效果对比

图 4-11　3D 圆模型设计

(1) ORadius1(起始外半径)/ORadius2(终止外半径)：通过线条弧形伸展径向创建圆时，通过不同的起始外径向设置，在伸展的过程中可以渐进地引起长度变化。如果 ORadius1 比 ORadius2 小，在伸展过程中径向增加长度，反之亦然。默认值为 100，取值范围为 0～100。

(2) IRadius1(起始内半径)/IRadius2(终止内半径)：内半径的设置，在创建的圆盘物体上会产生空洞，如果两个内径设置相同，空洞为圆形；如果设置不同，径向空洞整个变化为弧形，产生不规则空洞形状。默认值为 0，取值范围为 0～100。

(3) HDivide 和 VDivide(H 和 V 细分)：分别控制模型在横向和纵向上的分段数，HDivide 默认值为 16，VDivide 默认值为 8。

(4) Coverage(圆周角)：用于控制伸展产生圆盘的范围，默认值为 360，取值范围为 0～360。

10. 3D 箭头模型设计

在工具箱中选择 3D 笔刷中的 Arrow3D 可创建 3D 箭头物体造型，其默认初始参数设置如图 4-12(a)所示。在画布中拖曳并改变其初始参数设置，如图 4-12(b)所示，①为默认 3D 箭头模型参数设置；②为 InnerI＝0、选中 Double(双重)时的双箭头造型；③为 BaseR＝40、BaseI＝40 时的物体造型设计效果。

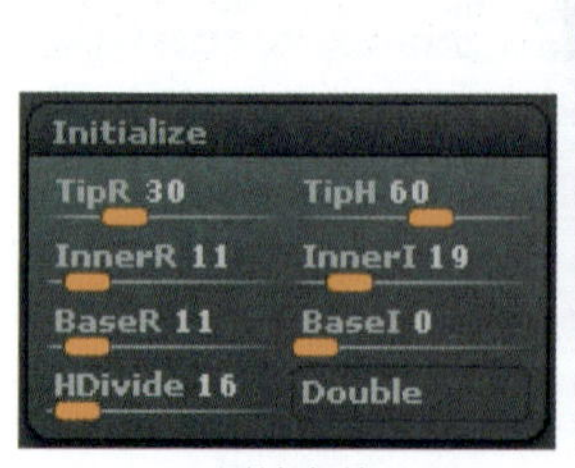

(a) 原始参数

(b) 效果对比

图 4-12　3D 箭头模型设计

(1) TipR(尖头半径)：设置尖头半径，默认值 30，取值范围 0～100。

(2) TipH(尖头高)：设置相对箭头整个高度的尖头高度，会影响尖头角度，默认值 60，取值范围 0～100。

(3) InnerR(内半径)：设置箭杆的相对宽度，改变此参数会影响箭杆锥度，默认值为 11，取值范围 0～100。

(4) InnerI(内嵌入)：设置尖顶底部内表面与箭杆相交的相对距离，默认值 19，取值范围 0～100。

(5) BaseR(底部半径)：设置箭杆底部的相对宽度，改变此参数会影响锥杆锥度，默认值为 1，取值范围 0～100。

(6) BaseI(底部嵌入)：设置该参数产生箭杆底部凹陷，默认值为 0 时底部是平坦的，取值范围 0～100。

(7) HDivide(H 细分)：控制模型在横向的分段数，默认值 16，取值范围均为 3～256。

(8) Double(双重)：选择此参数，将创建双箭头造型。

11. 多边形网格模型设计

即 3D 六角星造型设计，在工具箱中选择 3D 笔刷中的 PolyMesh3D，其默认 Import(输入)参数设置如图 4-13(a)所示，效果如图 4-13(b)所示。

(a) 原始参数　　(b) 默认选项

图 4-13　多边形网格模型设计

(1) Mrg(合并点)：指合并占用相同空间的点。

(2) Add(添加)：允许导入多重网格，即先导入第一个网格，然后单击 Add 按钮导入下一个网格。

(3) Tri2Quad(三角到四边)：一般当导入物体时转换毗邻的三角形到四边形，通过调整此参数完成，默认值为 0，取值范围 0～90。

(4) Weld(焊接)：两个点小于分开设置的距离时结合为单个点，默认值为 0，取值范围 0.01～0。

(5) Import(输入)：导入多边形网格模型，文件格式包括 *.GoZ、*.obj、*.ma 等。

12. 3D 螺旋体模型设计

该功能可创建螺旋物体造型，构造类似蜗牛形状的物体模型。在工具箱中选择 3D 笔刷中的 Spiral3D，其默认初始参数设置如图 4-14(a)所示。在画布中拖曳并改变其初始参数设置，如图 4-14(b)所示，①为默认 3D 螺旋体模型参数设置；②为 Coverage(圆周角)=707 时的螺旋体物体造型；③为Coverage（圆周角）＝707、S. Thick（起始厚度）＝81、S. Disp（起始移位）＝5时的物体造型设计效果。

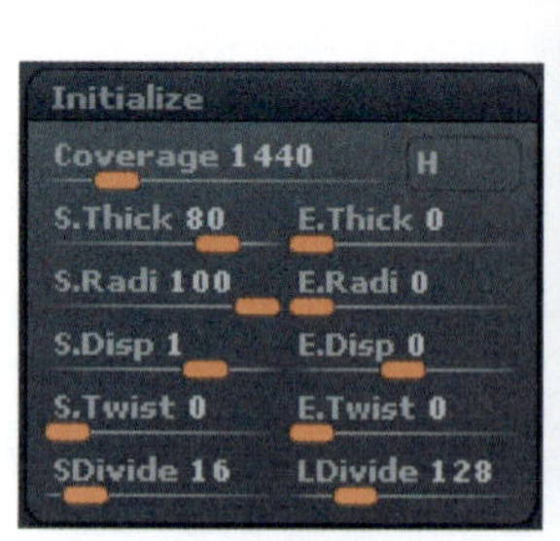

(a) 原始参数

(b) 效果对比

图4-14　3D螺旋体模型设计

（1）Coverage（圆周角）：控制圆球、圆环、齿轮、螺旋线的展开半径，确定螺旋体外形部分圆圈的形状，默认值为1440，取值范围1～9000。

（2）H（挖空）：控制螺旋体端面是闭合或打开。

（3）S.Thick（起始厚度）：指定螺旋体最外面点的起始厚度或整个剖面半径，默认值为80，取值范围0～100。

（4）E.Thick（终止厚度）：指定螺旋体最里面点的终止厚度或整个剖面半径，默认值为0，取值范围0～100。

（5）S.Radi（起始半径）：指定螺旋体最外面点的半径，默认值为100，取值范围0～100。

（6）E.Radi（终止半径）：指定螺旋体最里面点的半径，默认值为0，取值范围0～100。

（7）S.Disp（起始移位）：定义螺旋体在它沿Z轴开始路径的移位距离，默认值为1，取值范围－5～＋5。

（8）E.Disp（终止移位）：定义螺旋体在它沿Z轴终止路径的移位距离，默认值为0，取值范围－5～＋5。

（9）S.Twist（起始扭曲）：指定螺旋体整个剖面最外面点的扭曲角度，默认值为0，取值范围0～360。

（10）E.Twist（终止扭曲）：指定螺旋体整个剖面最里面点的扭曲角度，默认值为0，取值范围0～1440。

（11）SDivide（缩放细分）：指定环绕整个螺旋体剖面细分数，为3或4时，整个剖面分别为三角形或正方形外形，默认值为16，取值范围3～128。

（12）LDivide（长度细分）：指定沿螺旋体长度细分，为3或4时，整个剖面分别为三角形或正方形外形，默认值为128，取值范围3～512。

13. 3D螺旋线结构模型设计

即3D螺旋结构创建的造型，类似于弹簧模型。选择3D笔刷中的Helix3D，其默认初始参数设置如图4-15(a)所示。在画布中拖曳并改变其初始参数设置，如图4-15(b)所示，①为默认3D螺旋线结构模型参数设置；②为调整Radius（半径）曲线为均衡后的螺旋线结构造型；③为调整Radius（半径）曲线和Thickness（厚度）曲线后的物体造型设计效果。

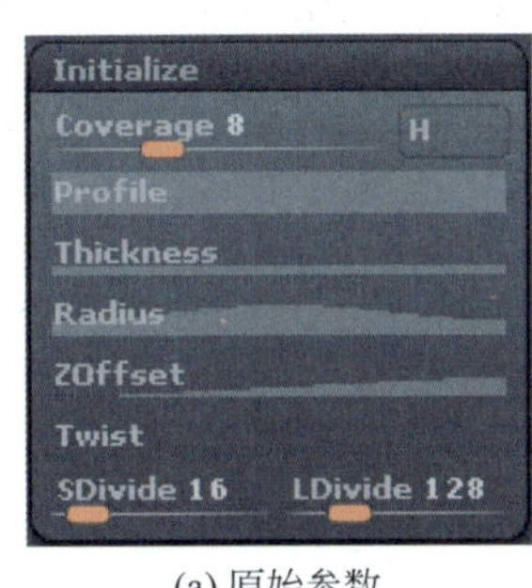

(a) 原始参数

(b) 效果对比

图 4-15　3D 螺旋线结构(弹簧)模型设计

(1) Coverage(圆周角)：定义螺旋形状沿螺旋路径形成模型，拖动滑块确定沿路径整个旋转制作的数目，默认值为 8，取值范围 0～25。

(2) H(挖空)：确定螺旋线端面是闭合或打开。

(3) Profile(剖面)：控制弹簧内圆半径的分布情况，整个剖面外形通常为圆，可以使用曲线修改。在曲线上每个点沿着它的边缘定义圆的半径，曲线的左侧定义圆的起始半径，右侧定义圆的终止半径。

(4) Thickness(厚度)：定义螺旋路径上从起始到终止的每个点的厚度，是相对于圆的剖面尺寸，控制物体的厚度状态。

(5) Radius(半径)：控制螺旋线物体造型的半径尺寸大小，确定螺旋线物体轮廓外形。

(6) ZOffset(Z 偏移)：定义 3D 螺旋线物体各个点沿 Z 轴的位移，表示压缩弹簧圈的疏密程度。

(7) Twist(扭曲)：指定沿螺旋线各个点的扭曲量，控制螺旋线物体整个剖面最外面点的扭曲角度，默认值为 0，取值范围 0～360。

(8) SDivide (缩放细分)：指定环绕整个螺旋线物体剖面的细分数，为 3 或 4 时，整个剖面分别为三角形或正方形外形，默认值为 16，取值范围 3～128。

(9) LDivide(长度细分)：指定沿螺旋线物体长度的细分，为 3 或 4 时，整个剖面分别为三角形或正方形外形，默认值为 128，取值范围 3～512。

14. 3D 齿轮模型

利用两个剖面曲线图和滑块创建一个变化的 3D 齿轮。在工具箱中选择 3D 笔刷中的 Gear3D，其默认初始参数设置如图 4-16(a)所示。在画布中拖曳并改变其初始参数设置，如图 4-16(b)所示，①为默认 3D 齿轮模型参数设置；②为 Tilt(翘起)＝58 的齿轮模型物体造型；③为 OuterS(外部大小)＝100 的齿轮物体造型设计效果。

(1) Coverage(圆周角)：控制齿轮造型的展开半径，默认值为 360，取值范围 1～360。

(2) Width(宽度)：控制齿轮 Z 轴向的厚度，调整此参数可以控制物体造型的宽度值，默认值为 20，取值范围 0～100。

(3) IRadius(内径)：确定齿轮中心孔径的大小，控制齿轮物体造型的内半径尺寸大小，默认值为 50，取值范围 0～100。

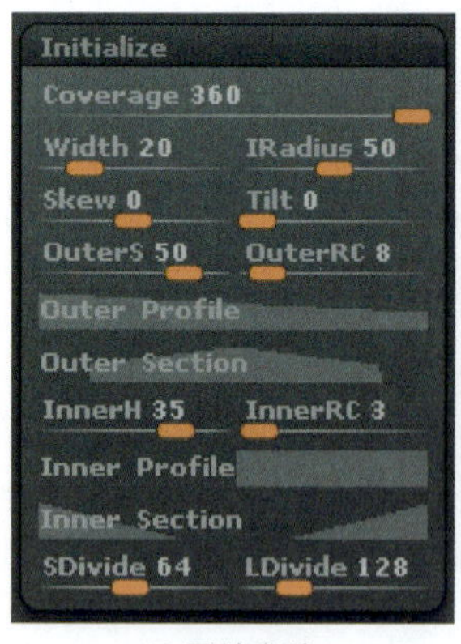

(a) 原始参数

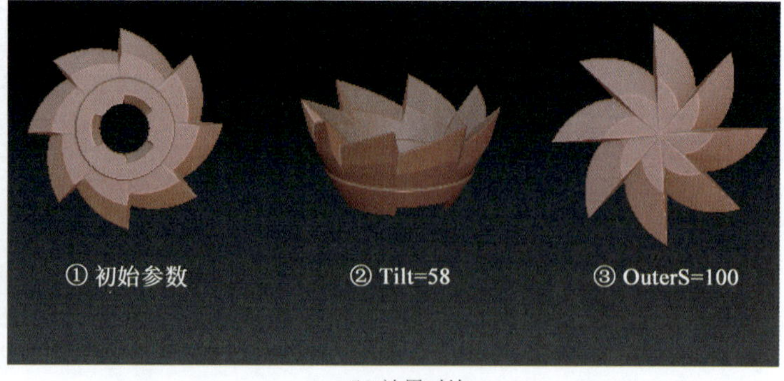

(b) 效果对比

图 4-16　3D 齿轮模型设计

（4）Skew（偏斜）：指定齿轮物体环绕 Z 轴向的扭曲程度大小，默认值为 0，取值范围－100～＋100。

（5）Tilt（翘起）：定义齿轮物体不平坦位置的倾斜角度，控制齿轮内心和外沿翘起变化的状态，改变可形成新的造型。默认值为 0，取值范围 0～360。

（6）OuterS（外部大小）：确定组成齿轮的齿的半径百分率，如果此参数设置为 100，中心空洞缩小到零；负值可引起齿轮中心孔径部分扩大到超过轮齿。默认值为 50，取值范围－100～＋100。

（7）OuterRC（外部重复数）：指定齿轮的齿的数目，通常利用 LDivide（长度细分）功能平均分割值，默认值为 8，取值范围 1～100。

（8）Outer Profile（外剖面）：确定沿 Z 轴向观察每个齿的剖面形状。

（9）Outer Section（外截面）：指定从侧面观察整个齿轮的剖面形状，曲线的中心是整个齿轮剖面的中心线。

（10）InnerH（内部高度）：确定齿轮物体的内齿切入内孔的半径，默认值为 35，取值范围－100～＋100。

（11）InnerRC（内部重复数）：确定齿轮物体的内齿切入内孔的数目，默认值为 3，取值范围 1～100。

（12）Inner Profile（内剖面）：定义齿轮物体内孔里每个内齿切入的剖面形状。

（13）Inner Section（内截面）：定义齿轮物体内孔里齿轮的整个剖面形状。

（14）SDivide（缩放细分）：定义环绕整个螺旋线物体剖面细分数，使用 3 或 4，整个剖面分别为三角形或正方形外形，默认值为 64，取值范围 3～128。

（15）LDivide（长度细分）：定义沿螺旋线物体长度细分，使用 3 或 4，整个剖面分别为三角形或正方形外形，默认值为 128，取值范围 3～512。

15. 球形圆柱体模型设计

在工具箱中选择 3D 笔刷中的 Sphereinder3D，其默认初始参数设置如图 4-17（a）所示。在画布中拖曳并改变其初始参数设置，如图 4-17（b）所示，①为默认 3D 球形圆柱体模型参数设置；②为 Coverage（圆周角）＝221 的球形圆柱体模型体物体造型；③为 TRadius（半径）＝66、TCurve（曲度）＝60 的球形圆柱体物体造型设计效果。

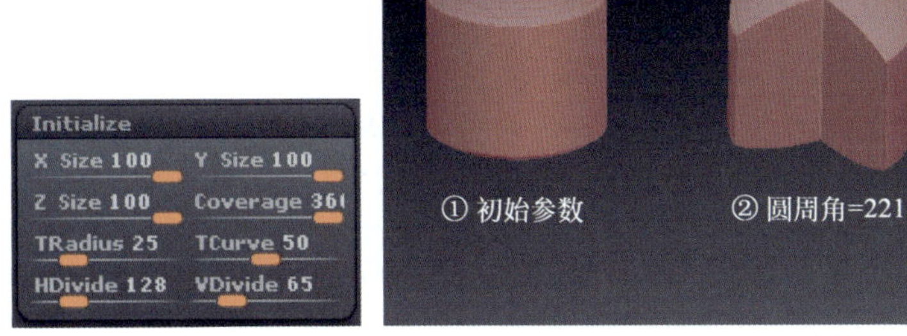

(a) 原始参数　　(b) 效果对比

图 4-17　球形圆柱体模型设计

(1) Size(尺寸)：控制球形圆柱体模型 X、Y、Z 轴向的大小尺寸，改变此参数可以改变物体造型的大小和形状。

(2) Coverage(圆周角)：控制球圆柱体的展开程度，默认值为 360，取值范围 0～360。

(3) TRadius(半径)：控制球形的端面半径，默认值为 25，取值范围 0～100。

(4) TCurve(曲度)：控制球形的端面弯曲度，默认值为 50，取值范围 0～100。

(5) HDivide 和 VDivide(H 和 V 细分)：分别控制模型在横向和纵向上的分段数。

4.1.3　3D 建模组件

3D 建模组件包括 SubTooL、Layers、Geometry HD、Preview、Surface、Deformation、Masking、Visibility、Polygroups、Contact、Morph Target、Polypaint、UV Map 以及 Texture Map 等，如图 4-18 所示。

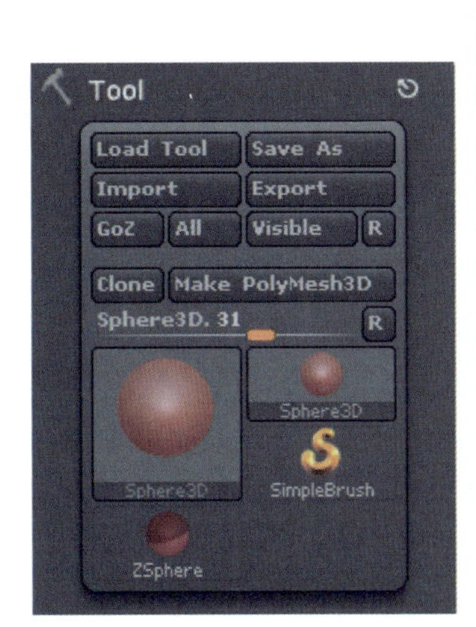

图 4-18　Tool 工具箱组件包

为便于管理复杂的模型组件，ZBrush 提供了 SubTool 工具，该功能类似于 Photoshop 中图层的功能。SubTool 工具的出现，改变了过去早期版本的 ZBrush 不能同时编辑多个模型的弊病，在艺术作品的创作过程中带来了新的变化。

1. Geometry（模型编辑工具）

针对 Tool 3D 物体的细分设置，Divide（细分）功能通过子细分多边形增加物体分辨率，使用它允许为物体添加细节。可以使用掩蔽来更好地控制 Divide 操作，因为 Divide 操作是应用到没掩蔽的区域，典型情况下，掩蔽区域部分也将被子细分，但不像没掩蔽的那样多。

（1）Smt（细分平滑）：默认打开状态，在模型细分的同时进行平滑处理。

（2）Optimize（优化）：当试图保持它的外形时，智能地减少物体多边形数目，更多地优化物体会更多地丢失细节。

（3）Preview（预览）：在预览窗口里旋转物体后，单击 Store（存储）按钮，可设置当前物体的默认方位，在添加物体后，如果总是需要旋转它们，这个命令非常方便。这里仅是设置默认方位；如果改变了默认方位，单击 Restore（复原）按钮将复原预览窗口默认的方位。

2. Deformation（变形）子调控板

即 3D 物体专用修改器，通过在 X、Y 和 Z 字母上单击选择要变形的轴向，当字母是橙色时，将通过设置数量变形轴向；能选择任何 X、Y 和 Z 组合。这些控制器是应用在当前 3D 物体工具上的，能在 Preview（预览）子调控板的物体预览窗口中观察工具的作用。

（1）Unify（统一）：当编辑物体时可能改变物体的全部大小，导致显示在预览窗口太大或较小，通过应用 Unify 功能，ZBrush 会统一物体比例，保持最理想的大小。

（2）Mirror（镜像）：水平翻转镜像物体，用来制作水平对称的 3D 物体图像。可先使用 Snapshot（快照）功能“粘贴”一边，然后使用 Mirror 功能来创建相反图像。

（3）OFFset（偏移）：针对旋转中心在 X、Y 或 Z 轴向的移动，有相同的网格结果，默认值 0，范围－100％～＋100％。

（4）Rotate（旋转）：通过选择单个或多个轴向来调整物体的旋转。

（5）Size（尺寸）：当同时选择 X、Y、Z 轴向时，物体同时进行缩放操作；在选择单个轴向时，物体只在选择的坐标轴向进行拉伸变形。

（6）Bend（弯曲）：围绕轴向内外弯曲，产生锐利的拐角，使用支点作为弯曲中心，默认值 0，范围－100％～＋100％。

（7）SBend（光滑弯曲）：围绕轴向内外弯曲，创建光滑的拐角，使用支点作为弯曲中心，默认值 0，范围－100％～＋100％。

（8）Skew（偏斜）：围绕轴向内外倾斜物体，创建锐利的拐角，使用支点作为偏斜中心，默认值 0，范围－100％～＋100％。

（9）Sskew（光滑偏斜）：围绕轴向内外倾斜物体，创建光滑的拐角，使用支点作为偏斜中心，默认值 0，范围－100％～＋100％。

（10）Flatten（压平）：以图像预览窗口为中心从左边或右边压平物体，压平的方向视拖拉滑块的方向而定，默认值 0，范围－100％～＋100％。

（11）Rflatten（径向压平）：在选择的物体轴或轴周围产生圆柱形面。它是通过调节所有多边形超过指定的半径位置，依照这个位置形成圆柱形面，不改变多边形组成物体的数量，默认值 0，范围－100％～＋100％。

(12) Sflatten(球状压平)：在选择的物体轴或轴周围产生球状面。它是通过调节所有多边形超过指定的半径位置，依照这个位置形成球状面，不改变多边形组成物体的数量，默认值 0，范围－100％～＋100％。

(13) Twist(扭曲)：在预览窗口观察点沿轴向内外应用扭曲，扭曲方向视拖拉滑块的方向而定，默认值 0，范围－100％～＋100％。

(14) Taper(锥化)：在预览窗口观察点通过从顶到底标定连续的大或小来锥化物体，默认值 0，范围－100％～＋100％。

(15) Squeeze(压缩)：使用支点作为压缩中心视拖拉滑块的方向挤压或扩展物体，默认值 0，范围－100％～＋100％。

(16) Noise(噪波)：应用噪波影响物体，给予它不平整的表面，默认值是 0，范围－100％～＋100％。

(17) Smooth(光滑)：使物体表面更均匀，默认值 0，范围－100％～＋100％。

(18) Inflat(膨胀)：沿它们的表面的法线内外推拉多边形，使物体在所有轴向上扩大或缩小。这比简单地缩放物体更能产生光滑的边缘。默认值 0，范围－100％～＋100％。

(19) Spherize(球化)：当向右拖拉移动物体，逐渐变形为一个球状外形；当向左拖拉时，能有放气效果。默认值 0，范围－100％～＋100％。

(20) Gravity(重力)：通过连续移动多边形向下或向上添加重力或反重力效果，视它们从支点的相对位置而定，默认值 0，范围－100％～＋100％。

(21) Perspective(透视)：通过标定远的大多边形和近的小多边形添加透视效果，向左拖拉有相反效果，默认值 0，范围－100％～＋100％。

3. Masking(遮罩)

ZBrush 能选择或遮罩 3D 物体局部，因此当操作应用时，例如变形功能，编辑和涂绘(也就是编辑局部)操作只影响物体局部。应用遮罩能使用多达 256 级别的变量，因此应用强度的效果视遮罩强度的变化而定。

当手动应用遮罩编辑物体时，通过按住 Ctrl 键在物体上拖曳，将自动打开 Selection(选择)子调控板里的 ViewMask(观察掩蔽)选项卷展栏，发黑的部分被掩蔽，应用它可以更少影响将要进行的操作。还可以应用遮罩算法或使用一个 Alpha 位图。Selection 子调控板里的掩蔽选项如下所述。

(1) ViewMask(观察遮罩)：掩蔽应用黑灰着色，发黑的掩蔽，当应用遮罩编辑物体时将自动打开。提示：如果使用任何标准方法，比如 Snapshot(快照)转换一个 3D 物体，包括可见遮罩为元素，遮罩会变为影响元素着色的部分。

(2) Inverse(反选遮罩)：对建立遮罩进行反相选择。

(3) Clear(清除)：取消任何遮罩。

(4) MaskAll(掩蔽所有)：对画布中显示的物体进行全体遮罩。

(5) Intense(强度)：表示遮罩强度，使用默认 Sel(选择)/Skip(跳过)设置和不同的 Int(强度）数改变物体不同部分的掩蔽强度，默认值100%，范围0～100%。

(6) Blend（混合）：新的遮罩操作和存在的遮罩的混合程度，如Row（行）/Col（列）/Grd（网格）和Alpha遮罩结合，可以先创建一个遮罩，然后设置Blend（混合）数，再二次应用掩蔽等。Int（强度）、Hue（色调）和Sat（饱和度）参数来自一个应用到物体上的纹理中的遮罩，只有当纹理应用到物体上时它们才有效。要应用纹理，务必确定物体是在编辑或变换模式中，然后从Texture（纹理）调控板里选择纹理即可：如需更多纹理使用信息，要查看Int（强度）、Hue（色调）和Sat（饱和度）参数。应用纹理后，单击正确的按钮来应用掩蔽，直到获取最好的预览结果，最后在Texture调控板里单击Txtr off按钮关闭文本。

(7) Int（强度）：来自应用纹理上的遮罩强度值，暗区域比亮区域接受更高的遮罩值。

(8) Hue（色调）：来自应用纹理上的遮罩颜色，根据颜色选择的颜色命令，任意指定不同颜色遮罩值，左边使用遮罩值在100%，右边减小到0。

(9) Sat（饱和度）：来自应用纹理上的遮罩饱和度值，高饱和度区域比低饱和度区域接受更高的遮罩值。

(10) Alp（Alpha）：来自当前Alpha位图上的遮罩，在Alpha调控板里设置选择。

(11) Texture（纹理）：物体纹理必须单独加载，在导入物体之后，进入Texture调控板并选择Import命令，再引导纹理与物体关联。

有的纹理贴图能颠倒导入，这要视文件格式而定，在Texture调控板中单击Flpv（垂直翻转）按钮即可倒转它们。

4. Morph Target（变化目标）子调控板

(1) StorMT（存储变化目标）：保存选择的3D物体当前的几何体为变化目标，之后变形物体通过Deformstion（变形）子调控板或通过编辑模式进行雕塑，可以拖动Deformstion（变形）子调控板中的Morph（变化）滑块在物体变形外形与变化目标之间混合。

(2) Switch（转换）：储存的当前物体多边形为它的变化目标，还原它的外形为先前的变化目标。

(3) DelMT（删除变化目标）：删除变化目标，能存储一个新的。

(4) CreateDiff Morph Target（创建变化目标）：创建默认变化目标。

(5) Morpg（变化）：只有当变化目标已经保存了才可激活，可以使用这个滑块在物体当前几何体与它的变化目标之间混合。设置这个滑块为负值，可通过调节变形远离它的变化目标，在变形时夸大改变。

(6) Morph Target（变化目标）子调控板：设置允许管理当前储存的变化目标几何体，一旦变化目标已经指定到了物体，则变化变形变为可用，因此可以在模型实际几何体与变化目标之间混合。

5. Display Properties（显示选项）

针对PolyMesh 3D物体的显示设置。

DSmooth（光滑）用于渲染时控制多边形子细分数量，默认值0；范围0～1。

(1) DRes（绘制的像素）：在3D物体快速编辑关闭状态才有用，影响当前PolyMesh3D物体在画布上的显示像素，在渲染物体之前控制多边形的平滑度。该参数只影响在画布上的显示效果，而不影响真正的几何体。

(2) Es(边的显示像素)：3D物体快速编辑关闭状态才有用，影响当前PolyMesh3D物体边在画布上的显示像素，在渲染物体之前控制多边形边过渡的精度。

(3) Double(双重)：如果多边形出现丢失，可能有些内面可见，有些外面可见，选择Double将强制所有多边形双重显示，所有面都能看见。只有当需要时才使用该项，因为网格会加倍，对内存要求高。

(4) Flip(翻转)：如果导入的物体是内面多边形，Flip功能能使它们所有都转变为外面。

6. Unified Skin(制作统一蒙皮)

通过扩展环绕当前选择的物体来“蒙皮”创建新的网格，产生的物体将应用在Tool调控板清单里的新工具，它将给均匀分布的多边形指定AUVTiles(自适应UV平铺)贴图。

(1) Resolution(分辨率)拖动滑块确定单击Make Unified Skin(制作统一蒙皮)按钮创建蒙皮使用的表面分辨率。低值会引起低多边形数目，但也夸张得“像软糖”和具有低的细节。高值会保持原始模型真实性，但引起高多边形计算，默认值128，范围8～256。

(2) Sdns(球体不透明度)：拖动滑块确定使用Make Unified Skin功能创建蒙皮使用的不透明度。

(3) Smt(球体光滑度)：确定下一个创建蒙皮的光滑度，默认值10，范围0～100。0值会导致生成立方体形的蒙皮，产生的物体将由很少的立方体构成。

(4) Make Unified Skin(制作统一蒙皮)：按下Make Unified Skin(制作统一蒙皮)按钮时是激活的，产生的蒙皮将在Tool调控板预览窗口里自动调整为适合的大小，默认是关闭状态。

7. Import(导入)选项

ZBrush将导入的物体组成四边形或三角形，如果导入的物体有超过四边的多边形，ZBrush将显示一个警告信息，然后转换为三角形或四边形。

如果现在使用的是Polymesh3D(3D多边形网格)工具，或另外导入的物体被选择，这些选择位于子调控板的目录里。

(1) Mrg(合并点)：合并占用相同空间的点。

(2) Add(添加)：允许导入多重网格，先导入第一个网格，然后单击Add(添加)按钮导入下一个。

(3) Tri2Quad(三角形到四边形)：当导入物体时转换毗邻的三角形到四边形，毗邻的三角形之间转换为四边形通过拖动滑块设置最大化角度，默认值45，范围0°～90°。如果导入的几何体是使用变化目标，Tri2Quad必须设置为0。

(4) Weld(焊接)：如果两个点之间少于分开设置的距离，它们将结合为单个点，默认值0，范围0～0.01。如果导入的几何体是使用变化目标，该参数必须设置为0。

8. Export(输出)选项

可以用于所有3D物体，OBJ输出的物体为.obj格式，并且自动选择四边形；DXF输出的物体为.dxf格式，并且自动选择三角形。

(1) Qud(四边形)：设置物体为四边形，不管输出格式。

(2) Tri(三角形)：设置物体为三角形，不管输出格式。

(3) Txr(纹理坐标)：输出的.obj包括输出UV坐标。

(4) Flp(翻转)：为了应用的目标顶到底颠倒的纹理输出。

(5) Mrg(合并)：合并占用相同空间的点。

(6) Grp(成组)：在输出产生时包括成组信息。

(7) Scale(缩放)：缩放输出物体的大小，默认值1，范围0.1～100。

(8) X Offset(X偏移量)：在X轴上的偏移量。

(9) Y Offset(Y偏移量)：在Y轴上的偏移量。

(10) Z Offset(Z偏移量)：在Z轴上的偏移量。

4.2 笔刷工具

4.2.1 标准笔刷

Brush菜单中包括多种不刷绘制与雕刻功能的标准笔刷和常用笔刷，详细介绍请参见3.2节Brush菜单。

4.2.2 2.5D笔刷

在ZBrush中对游戏角色、NPC、怪物以及道具进行绘制雕刻时，可以使用2.5D笔刷对平面、立体造型进行雕刻和创作。在工具箱中单击图标，会显示当前基本的笔刷工具，其中包括快速拾取、3D笔刷、2.5D笔刷三部分，2.5D笔刷如图4-19所示。

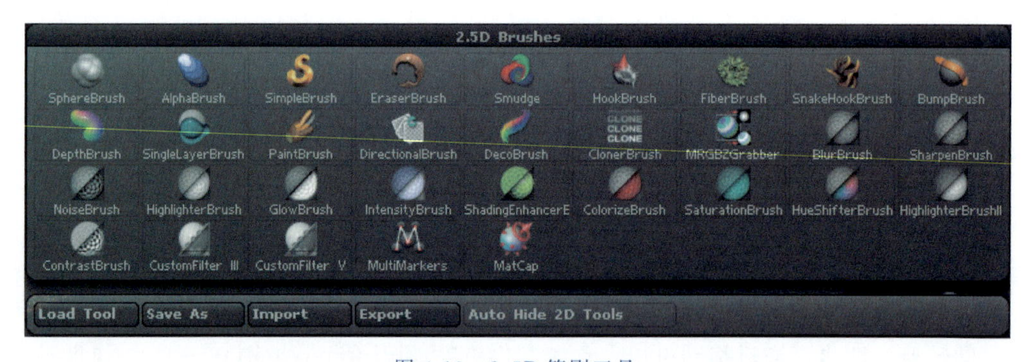

图4-19　2.5D笔刷工具

在ZBrush中雕刻绘制设计中利用2.5D笔刷工具时，通过控制笔刷的颜料、材质和笔触形态可以得到所需要的绘画效果，最常用的2.5D笔刷工具有SphereBrush、AlphaBrush、SimpleBrush等。

(1) SphereBrush(球体笔刷)：允许混合颜色，绘制效果如图4-20所示。

(2) AlphaBrush(Alpha笔刷)：可使用Alpha中的各种纹理进行绘制的笔刷，效果如图4-21所示。

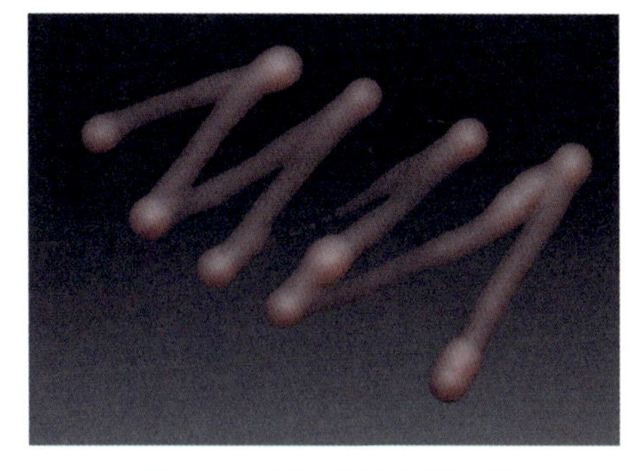

图 4-20 球体笔刷绘制效果

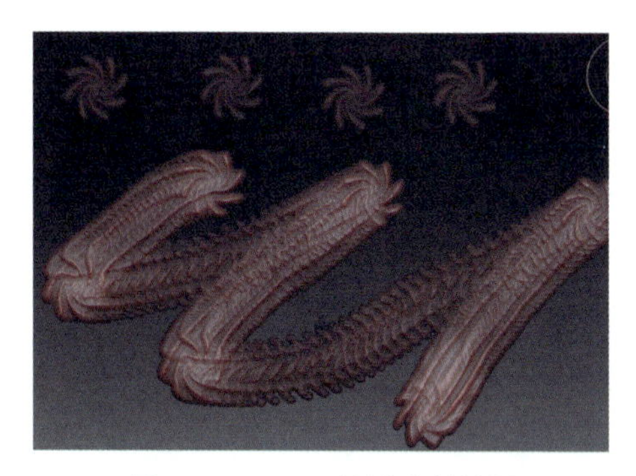

图 4-21 Alpha 笔刷绘制效果

(3) SimpleBrush(普通笔刷)：用于普通简单的图形绘画，利用正方形快速进行图像绘制。

(4) EraserBrush(橡皮刷)：用来擦除在画板上绘制的笔刷效果，效果类似于 Photoshop 中的橡皮擦工具，如图 4-22 所示。

(5) Smudge(涂抹工具)：利用混合颜色涂抹绘制，按 Ctrl 键变为普通笔刷，绘制效果如图 4-23 所示。

图 4-22 橡皮刷绘制效果

图 4-23 涂抹工具绘制效果

(6) HookBrush(变形线笔刷)：可以拉出直线，用来对绘制的画面进行放大，放大的形态根据笔刷的形态而定。

(7) FiberBrush(纤维笔刷)：用于绘制毛发或发丝效果，参数包括 Density(密度)、Gravity(重力)、Grooming(梳毛)、Turbulence(紊乱)、Flat Color(普通色)、Back Color(延缓色)、Source C(颜色来源)、Rgb Antialiasing(抗锯齿)、Thickness(浓度)以及 Shape(普通色)，绘制效果如图 4-24 所示。

(8) Snake Hook Brush(蛇形线笔刷)：在画面中拉出一条蛇形线，参数有分辨率和多边形细分度。

(9) DepthBrush(深度笔刷)：使用 Alpha 灰度图信息创建笔画的凸凹，凸凹的方向将依据绘图表面的法线方向绘制。

(10) Single Layer Brush(单层笔刷)：与 SimpleBrush(普通笔刷)有些类似，区别在于同一

图 4-24 绘制纤维和毛发效果

笔的绘制不能相互重叠，即不能增加笔画的凹凸，也不能增加笔画的颜色，除非在绘制过程中释放鼠标左键后重新再画一次。

(11) BumpBrush(凹凸笔刷)：在画面上绘制凸起痕迹，类似于单层画笔，但垂直于表面。参数包含 constant 移动、color bland 颜色混合、sample size 高值时光滑，如图 4-25 所示。

图 4-25　凸凹笔刷设计效果

(12) PaintBrush(绘画笔刷)：可以连续绘制使用单层的颜色和层次，绘制的效果更加自然和直观。

(13) DirectionalBrush(方向笔刷)：顺着笔画的绘制方向而改变角度，笔刷保留深度，除了着色和雕刻之外，还可以绘制纹理。通常用来绘制脚印或头发效果。

(14) DecoBrush(装饰笔刷)：在绘制过程中，会沿着绘制路径显示彩色的拖拉痕迹，绘制效果非常漂亮。

(15) CloneBrush(克隆笔刷)：在画布中复制多个相同图形或图案，具有橡皮图章的功能。首先按住 Ctrl 键在要复制的中心区取样，然后在画面的空白处绘制。

(16) MRGBZ Grabber(抓取器)抓取画布上的元素，成为纹理图像或灰度图像。在要抓取的区域中心拖拉出一个矩形框，矩形框中的图形元素将添加到纹理调控板中，同时灰度图像添加到 Alpha 调控板中。参数 Shaded RGB(材质+基本色)和 Auto Crop(自动去除空画布)。在 2.5D 笔刷中，该功能经常被插画师使用，使用该工具可将 ZBrush 中绘制的各种信息或三维图形快速提取出来，效果如图 4-26 所示。

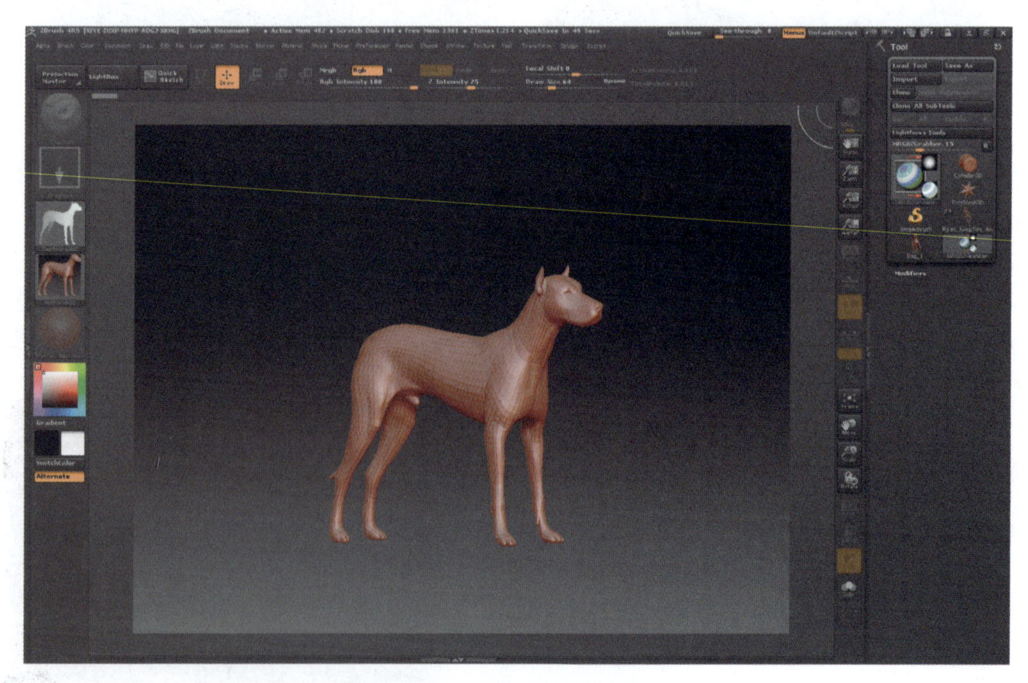

图 4-26　抓取器设计效果

(17) BlurBrush(模糊笔刷):可以将贴图上的像素进行模糊处理,通常对于图像中的瑕疵要用到模糊处理。

(18) SharpenBrush(锐化笔刷):对图像细节进行锐化处理,不建议在 ZBrush 中使用该笔刷进行锐化处理。

(19) NoiseBrush(噪波笔刷):能产生噪点效果,效果类似于涂上一层灰色色调。

(20) HightlighterBrush(高光笔刷):可以提高贴图颜色的高光效果。

(21) GlowBrush(辉光笔刷):能在贴图表面上呈现一种朦胧的辉光亮度效果。

(22) IntensityBrush(强度笔刷):增强笔刷绘制的强度值。

(23) ShadingEnhancerBrush(曝光笔刷):通过着色增强器增减图片的亮度,能够快速地让贴图产生曝光过度的效果。

(24) ColorizeBrush(彩色化笔刷):着色工具,能使图像的色彩更加艳丽。

(25) SaturationBrush(饱和度笔刷):能使图像的颜色的饱和度提高。

(26) HueShifterBrush(色相笔刷):色调移动器,用于微调色调,控制图像的色相变化效果。

(27) ContrastBrush(对比度笔刷):能增强图像的对比度效果。

(28) Custom Filter(自定义过滤器):该笔刷功能可对图像的边缘进行过滤,类似于模糊的效果。

4.3 笔刷控制

ZBrush 笔刷主要都是由参数来控制的,通过对笔刷参数的设置,可以调整出很多不同的变化,即使是一个简单的标准笔刷,也可以调整出更多的形式。笔刷基本参数有大小和强度,可以通过直接按空格键调出快捷菜单来对它们进行调整。

Draw Size:笔刷的大小,范围 1~256,数值越大,笔刷影响的范围越大。

Z Intensity:笔刷强度,范围 0~100,数值越大,笔刷的效果越强烈。

除此之外,Stroke(笔触)对笔刷的控制也起到非常重要的作用。

Stroke 调控板中列举了 18 种内置笔画效果,展示了进行绘制时画笔的变化方式及状态。根据需要选择不同的笔触组合,使用多种画笔绘制,能够得到丰富的制作效果。

选择 Stroke 命令,在打开的调控板中,灰度颜色表示当前笔触为未选择状态,彩色显示表示当前笔触处于选择状态,如图 4-27 所示。笔触的大小通过 Draw Size(绘制大小)选项来设置。

1. 笔触基本设置

笔触基本设置包括 Directional(定向)、ReplayLast(重复上一步)、Spacing(间距)、Placement(空间位置)、Scale(缩放)等。

(1) Directional(定向):指定当从画笔的起始点上移动绘制时,仅应用连续的画笔笔触;默认是关闭状态。

(2) ReplayLast(重复上一步):单击此按钮,ZBrush 自动重复上一步的笔刷操作。

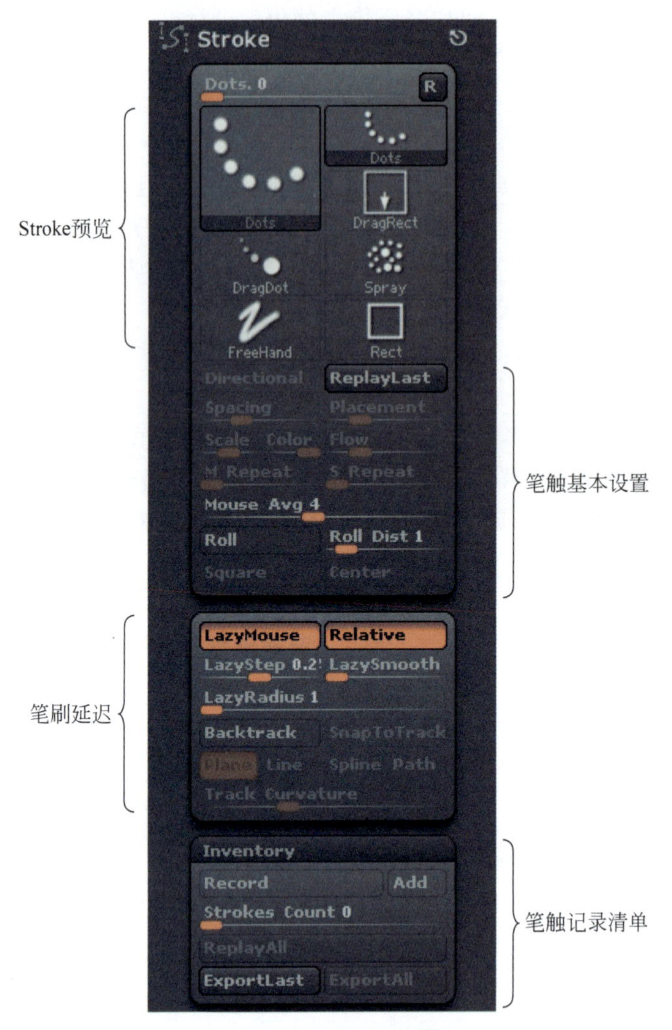

图 4-27 Stroke 卷展栏

（3）Spacing（间距）：通过调节参数或移动滑块来控制笔触之间的间隙。

（4）Placement（空间位置）：在使用两种飞沫笔触类型时，确定从笔触中心线每个点能远离的多少。该属性控制笔触之间的散开位置。

（5）Scale（缩放）：在使用两种飞沫笔触类型时，确定尺寸的最大变化。该属性控制随机笔触间缩放大小的差异。

（6）Color（颜色）：在使用两种飞沫笔触类型时，确定最大允许变化的颜色和颜色强度，如果设置为 0，则所有绘制点将变为一种颜色。

（7）Flow（流量）：在使用两种飞沫笔触类型时，控制绘制点的密度。

（8）M Repeat（主重复）：设置该属性，可使得笔刷更清晰锐利。

（9）S Repeat（二次重复）：控制笔刷二次重复的属性。

（10）Mouse Avg（笔触流畅）：当该属性设置较高时，笔触效果看起来更加光滑。

（11）Roll（滚动）：如果没有激活该功能按钮，笔触的标准行为就像是绘画笔刷划过表面；激活该功能时，其效果与使用滚筒刷刷墙的效果类似。在使用 Alpha 绘画时，该按钮非常重要，使用涂抹笔触时，沿着整个笔触均一排列 Alpha。

2. 笔触延迟功能

(1) LazyMouse(延迟鼠标):单击此功能按钮,笔刷的绘制行为将不会直接在鼠标的光标下方产生效果,而是跟随在光标后面。该编辑方式可以让用户非常精确地控制笔刷轨迹,更有利于绘画时保持平稳,帮助用户绘制出理想的曲线或各种细致的效果。

(2) LazyRadius(延迟半径)在开启光标延迟后,该属性控制连接光标到绘制点的线条长度,线条长度越长,笔触越精确。

(3) LazyStep(延迟步幅)该属性控制笔刷按照自定义的间距应用笔刷效果。

(4) LazySmooth(延迟平滑)该参数可以使延迟鼠标效果变得更弱或更强。

3. 笔触记录清单

(1) Inventory(笔触记录清单)包含 Record(记录)、Add(添加)、Strokes Count(笔触数)、ReplayAll(全部重放)、ExportLast(输出最后的)等。

(2) Record:激活后开始记录笔触效果。

(3) Add:单击 Add 按钮,记录的笔触将添加到当前的记录里,没有选择的情况下,记录将覆盖当前记录。

(4) Strokes Count:记录当前的笔触数。

(5) ReplayAll:重放所有记录的笔触效果,可以播放不同工具、不同颜色和不同大小的笔触效果。

(6) ExportLast:输出最后笔触为 Zscript 的文本文件。

(7) ExportAll:输出所有记录的笔触为 Zscript 的文本文件。

4. 笔触模式

在 Strokes(笔触)卷展栏中,单击笔触图标将显示所有笔触的选择按钮,如图 4-28 所示。每一个笔触有不同的作用,相同 3D 物体笔触的使用方法和效果都是相同的。

图 4-28 笔触模式

在雕刻绘画时,可根据对象的差异选择不同笔触模式,每一种笔触都具有各自不同功能特点。

(1) Dots(点):使用画笔在画布中拖拉时,以连续的方式进行绘制,鼠标移动的速度将影响绘制点的间隔距离。选择 2.5D 球笔刷与该笔触联合使用的效果如图 4-29 所示。

(2) DragRect(拖拉矩形)：使用画笔在画布中拖曳，笔触沿光标的起始点进行缩放，是较常用的笔触。

(3) Freehand(手绘)：在画布中自由拖曳绘制曲线效果，并可以通过参数设置 Spacing(间隔)滑块。选择 2.5D Alpha 笔刷与笔触联合使用的效果如图 4-30 所示。

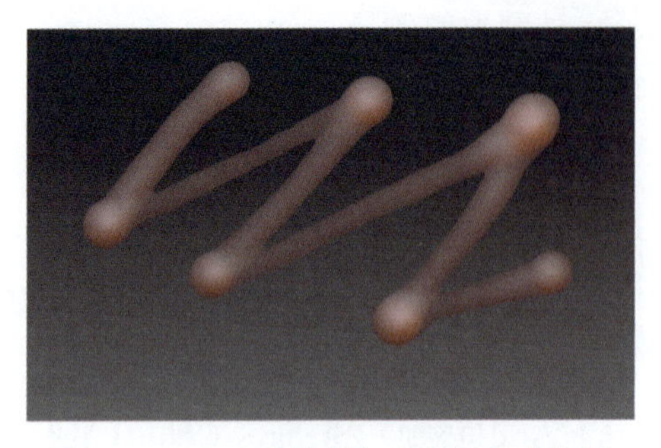

图 4-29　2.5D 球笔刷与点笔触联合使用

图 4-30　2.5D Alpha 笔刷与手绘笔触联合使用效果

(4) Spray(喷涂)：沿画笔拖曳的路径，应用不同大小和不同颜色强度的无规则纹理的点。

(5) Color Spray(彩色喷涂)：与 Spray 相似，绘制时可根据应用的颜色变化着色强度。选择 2.5D Alpha 笔刷与笔触联合使用的效果如图 4-31 所示。

(6) DragDot(拖拉点)：拖曳绘制单个画笔的笔触效果，拖曳终止点定位绘制。

(7) Line(线)：绘制连续紧凑的直线效果，也可以通过参数来设置 Spacing 滑块。选择 2.5D Alpha 笔刷与笔触联合使用的效果如图 4-32 所示。

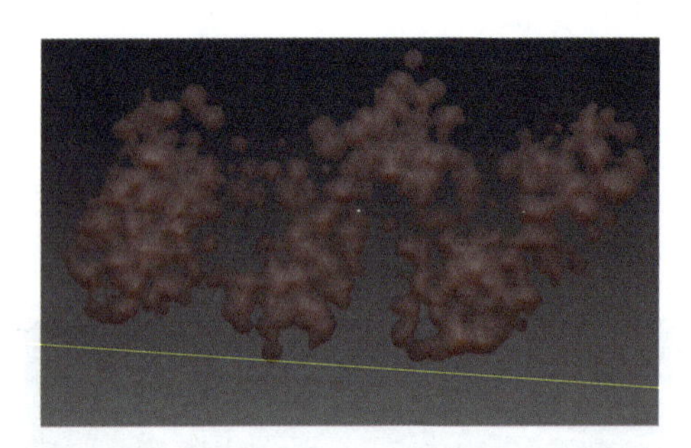

图 4-31　2.5D Alpha 笔刷与彩色喷涂笔触联合使用效果

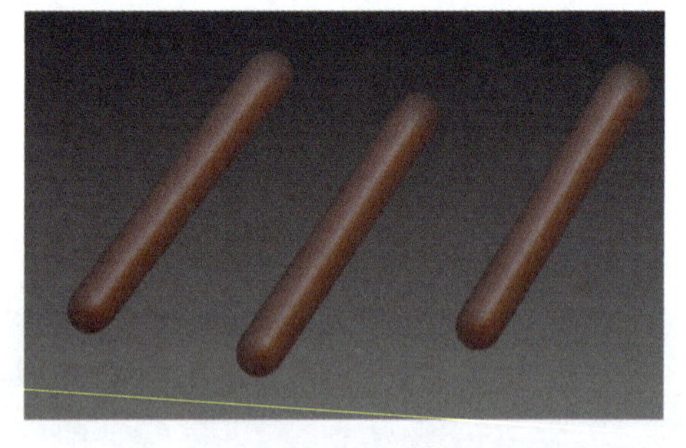

图 4-32　2.5D Alpha 笔刷与线笔触联合使用效果

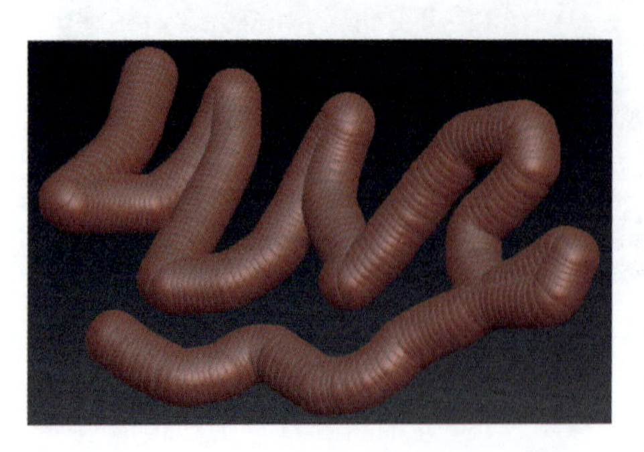

图 4-33　2.5D Alpha 笔刷与圆锥笔触联合使用

(8) Line Ⅱ(线Ⅱ)：和 Line 有点不太一样，差别在于它们重复的方式有所不同，Line Ⅱ 在分布上更平均。

(9) Conic(圆锥)：在进行绘制时，原始方向的笔触排列是在表面上开始的笔触，如果笔触返回起始点，它的方向将再次排列；也可以通过参数来设置 Spacing 滑块。选择 2.5D Alpha 笔刷与圆锥笔触联合使用的效果如图 4-33 所示。

(10) PlanarDots(平面点)：笔触排列方向相切于开始的笔触，也可以通过参数来设置 Spacing 滑块。

(11) Line90(90°线)：笔触排列方向垂直于表面开始的笔触，也可以通过参数来设置 Spacing 滑块。

(12) Ray90(90°射线)：与 Line90 非常相似，绘制时，它允许鼠标在松开前来回移动建造材质。

(13) Grid(矩形)：以 Alpha 笔刷或当前物体作为数组对象，绘制出矩形的重复笔触效果。

(14) Radial(环状)：以 Alpha 笔刷或当前物体作为数组对象，绘制出圆环状的笔触效果，如图 4-34 所示。

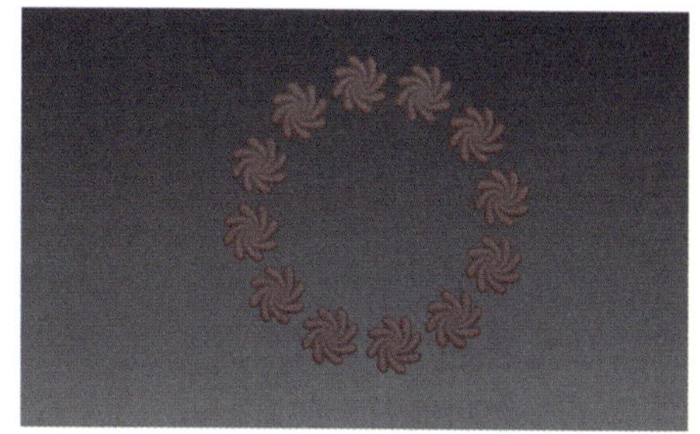

图 4-34　2.5D Alpha 笔刷与圆环状笔触联合使用

4.4　Alpha 建模功能

在 ZBrush 中，用于遮罩的灰度图像称为 Alpha。其他带有 Alpha 通道的图像可加载应用到 ZBrush 中。操作介绍详见 3.1 节。

在 ZBrush 中，Alpha 建模功能中用到的 Alpha 图片可以自定义设置，只要在 Alpha 调控板中单击 Import 按钮就会弹出资源管理器对话框，将绘制的黑白图像导入即可。

在 Alpha 建模功能应用中，Make3D 经常会被用来快速建模，具体操作步骤如下。

① 在 Alpha 调控板中单击 Import 按钮，弹出资源管理器对话框，选择将绘制的黑白图像导入，如图 4-35 所示。

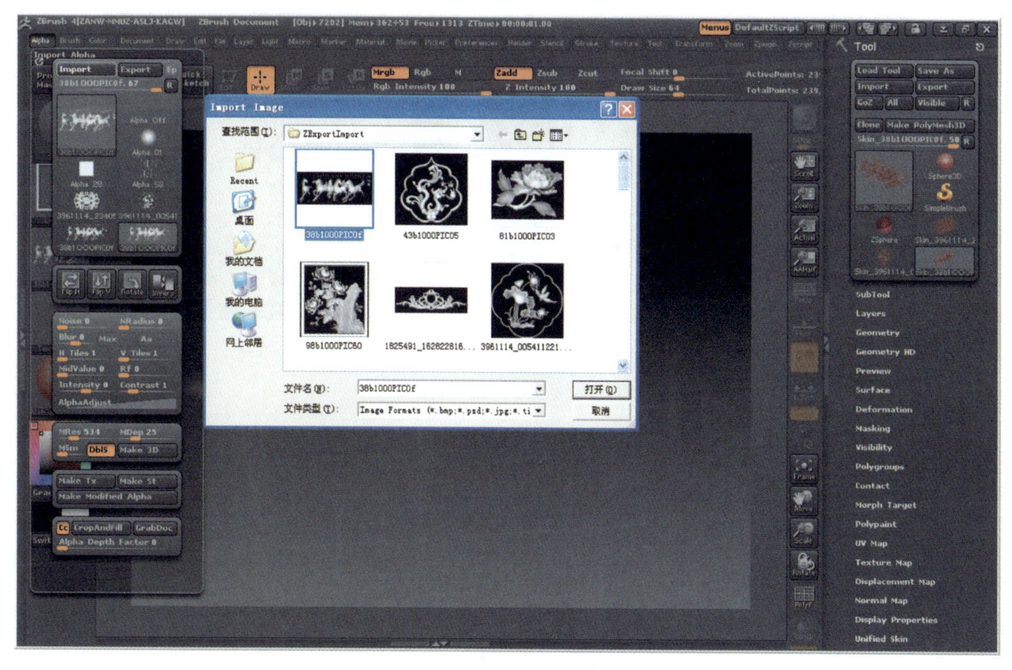

图 4-35　导入 Alpha 图像

② 在 Alpha 调控板中利用 Invert 功能进行翻转，设置 Mesh Resolution（分辨率）为 512，Mesh Depth（网格深度）为 10，Mesh Smooth（网格平滑）为 1；单击 Make 3D 功能按钮，生成 3D 雕刻造型，如图 4-36 所示。

图 4-36　生成 3D 雕刻模型

按此方法，可以利用各种 Alpha 图像创建出很多精美的 3D 雕刻造型，如图 4-37 所示。

图 4-37　利用 Alpha 图像建模 3D 雕刻造型

4.5　Stencil 功能

在 ZBrush 中，Stencil（模板）功能用来确定模板周围与涂画或模型的位置，该功能在制作一些特殊效果时常被用到，可以将需要雕刻的平面单独分离出来，并且能控制雕刻笔刷是否与表面的法线方向平行。

在主菜单中选择 Stencil 命令打开调控板，如图 4-38 所示。

Stencil 卷展栏默认为关闭状态，即使单击 Stencil On 按钮都无法激活，要想激活该按钮，必须先单击 Alpha 调控板中的 Make St 按钮。

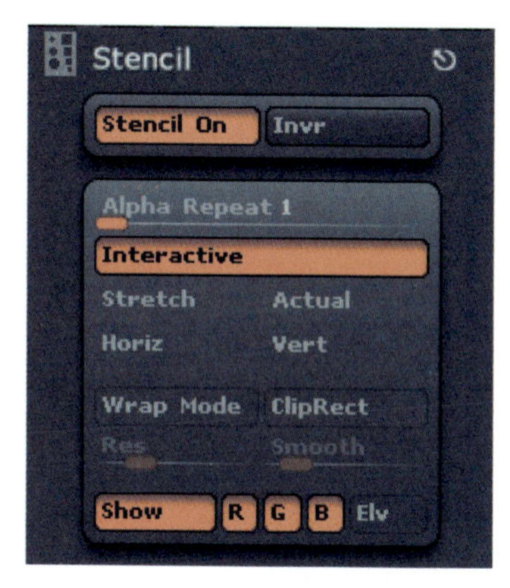

图 4-38 Stencil 调控板

1. 使用默认的曲线板

① 打开 Stencil 调控板并激活模板，将出现默认的曲线板。

② 使用 StencilCoinController（模板铸造控制器）改变大小和位置。

③ 通过模板或周围绘画或建模。

Alpha、Stencil 敏感于灰度值，即一个区域用 50%灰度值允许在 50%强度下绘画和雕塑。

2. 自定义模板形状

① 在标准 Alpha 中，通过选择 Alpha→Make St 命令，从当前选择的 Alpha 中产生一个模板。

② 导入文件。Alpha 调控板中可导入 *.bmp（位图）、*.psd（Photoshop 格式）、*.jpg（Jpeg）或 PICT（Mac）等，如果导入彩色图像，它们将自动转换到灰度。然后单击 Make St 按钮来使用模板。

3. Stencil 调控板属性

（1）Stencil On（打开模板）：激活模板特性，要首先激活 Alpha→Make St 功能按钮。

（2）Invr（反相）：反相模板属性，打开的区域变成关闭，关闭的区域变成打开。

（3）Interactive（交互式）：启动 StencilCoinController（模板铸造控制器），该按钮在默认状态下是不能关闭的，该按钮在激活状态时，按住空格键就会弹出 Stencil 控制器。

（4）Stretch（伸展）：单击此按钮，Alpha 将会以适合视图窗口的大小进行显示，即缩放模板适合画布区域。

（5）Actual（实际）：单击此按钮，将以实际的 Alpha 尺寸显示。

（6）Horiz（水平）：单击此按钮，将以水平方式适应 Alpha，即成比例缩放适配画布水平大小。

（7）Vert（垂直）：单击此按钮，将以垂直方式适应 Alpha，即成比例缩放适配画布垂直大小。

（8）Wrap Mode（包裹模式）：激活该按钮，将会以表面的法线方式将视图的 Alpha 投射到物体模型的表面上。

（9）Res（分辨率）：更高的值可产生更准确的包裹和缓慢交互速度，默认值 64，范围 8～256。

（10）Smooth（光滑）：更高的值可产生光滑的包裹，默认值 4；范围 0～32。

（11）Show（显示）：显示/隐藏模板。

（12）R：模板颜色控制器，当单独使用时，模板将是红色，可以与 G 和 B 组合使用。

（13）G：模板颜色控制器，当单独使用时，模板将是绿色，可以与 R 和 B 组合使用。

（14）B：模板颜色控制器，当单独使用时，模板将是蓝色，可以与 R 和 G 组合使用。

（15）Elv：标高模式关闭，通常显示物体表面的色调变化。

4. 模板铸造控制器

模板铸造控制器如图 4-39 所示。

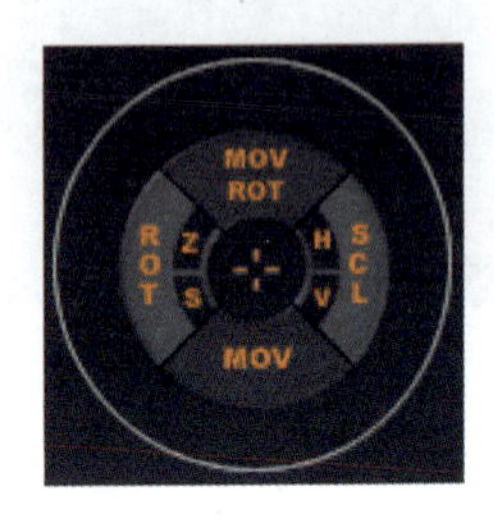

图 4-39　模板铸造控制器

放置鼠标指针在画布的开发区域，按空格键，模板铸造控制器将出现在鼠标指针所在位置，按住空格键在铸造控制器里单击或拖曳一个命令，可以移位模板或调整模板大小。

（1）Move ABsolute（绝对移动）：相对于物体移动模板，模板挨着物体表面取向。

（2）Scale Horizontal（水平缩放）：水平缩放模板。

（3）Uniform Scaling（均匀缩放）：水平和垂直均匀缩放。

（4）Scale Vertical（垂直缩放）：垂直缩放模板。

（5）Move relative（相对移动）：相对于屏幕移动模板。

（6）Rotate S（S 旋转）：在屏幕的 Z 轴上旋转模式。

（7）Free rotation（自由旋转）：在任何方向旋转模式。

（8）Rotate Z（Z 旋转）：在模板自己的 Z 轴上旋转。

（9）Stencil 模板在制作一些重复的纹理时，通过 Alpha 的重复次数控制形态很方便，再利用 Stencil 的遮罩方式，将调节好的 Alpha 映射到模型上。

4.6　3D 模型转换接口

ZBrush 软件主要针对高精度模型的细节进行雕刻设计，CG 艺术家们通常在其他三维建模软件中进行粗模的创建，然后再导入 ZBrush 中进行细节雕刻。ZBrush 还提供了 Z 球方式创建和编辑三维模型，利用 ZBrush 4.0 中新增加的 GoZ 功能 3D 模型转换接口可以实现 3D 粗模到精模的自动转换工作。具体的 3D 模型转换步骤如下。

GoZ 是 ZBrush 4.0 用来与其他三维建模软件无缝互导的工具，ZBrush 已经在导出前将 ZBrush 模型自动转换为低模，因为导入其他三维建模软件的是简模，如在 Maya 中可以显示 Normal Map 和 Texture Map 效果。

① 启动 ZBrush 集成开发环境，在主菜单中单击 Light Box 命令启动热盒功能，开启热盒库，选择一个 3D 人物模型，如图 4-40 所示。

② 在 ZBrush 工具箱中单击 3D 模型转换功能按钮 GoZ，将 CINEMA 4D、3ds Max、Maya 以及 Modo 进行模型的导入/导出与编辑处理等，如图 4-41 所示。

图 4-40 ZBrush 3D 人物造型

图 4-41 ZBrush 工具箱

③ 如果初次使用 GoZ 功能，需要检查是否安装了所需要转换的 3D 建模软件，如 3ds Max、Maya 以及 Modo 等。如果已经安装了上述软件，在使用 GoZ 功能前，还需要在 ZBrush 中设置互导安装路径。以 Maya 为例，在 ZBrush 主菜单中选择 Preference→GoZ→path to Maya 命令，系统自动到 Maya 的安装位置找到 maya. exe 文件，安装即可。在 ZBrush 的 Tool 调控板中有 GoZ 按钮，在 Maya 的工具架中也会生成 GoZ 面板，如图 4-42 所示。

④ 设置好 GoZ 功能导入/导出路径后，就可以导出模型了。本案例以导出模型到 Maya 建模软件为例，ZBrush 在导出模型前会自动把模型降到最低细分级，然后将模型导入 Maya

建模软件中，如图 4-43 所示。

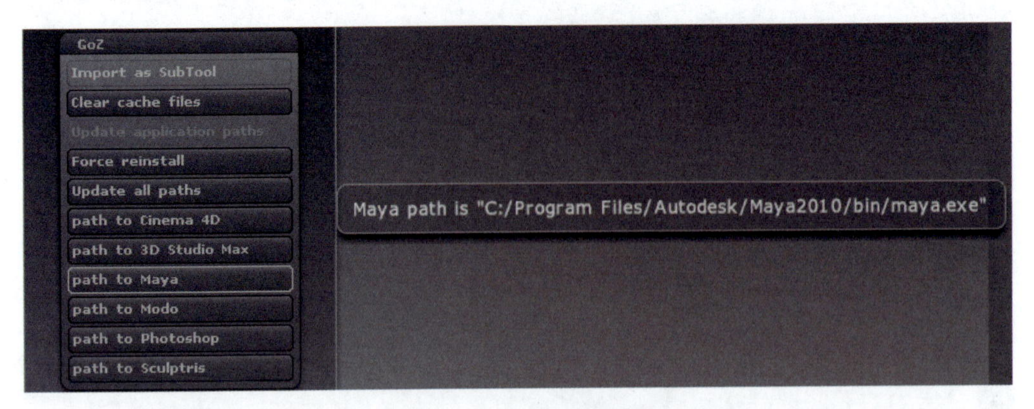

图 4-42　GoZ 功能路径设置

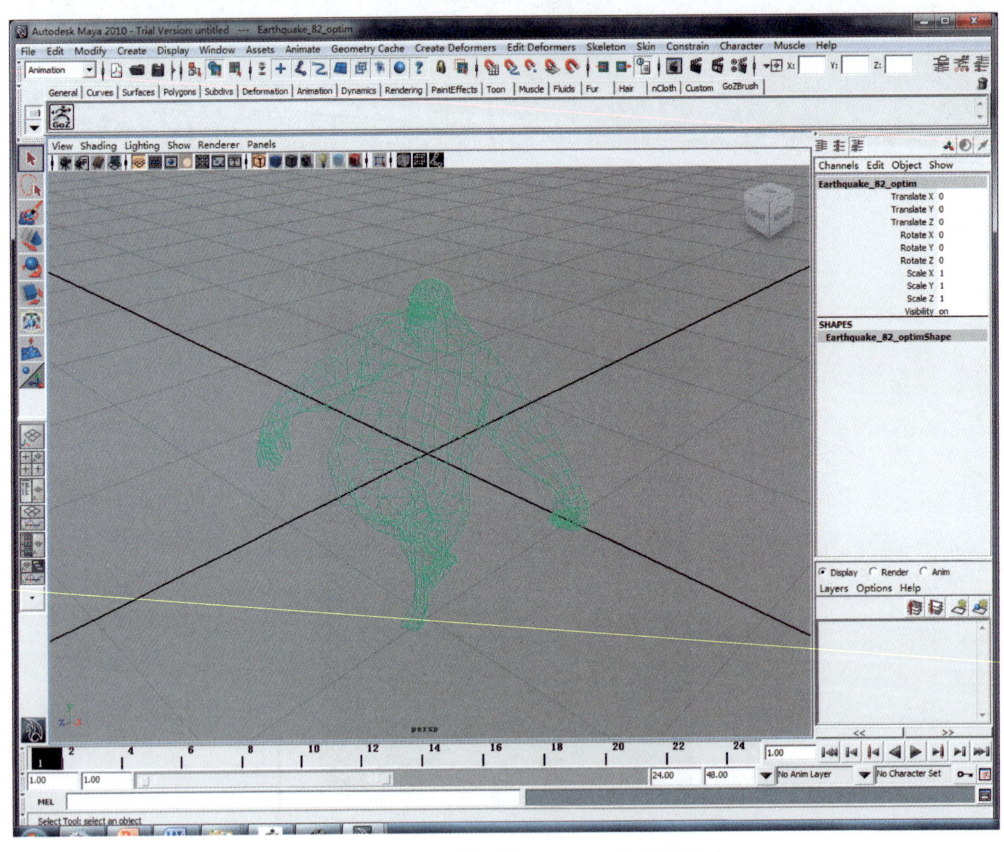

图 4-43　ZBrush 模型导入 Maya 编辑环境中

第5章　ZBrush建模雕刻技术

ZBrush 常用建模工具包括 SubTool、层模型、阴影建模、3D 物体提取建模、3D 图层、3D 几何体、3D 模型变换、3D 蒙版、3D 模型局部显示、3D 模型分组、顶点着色、投影变形、UV Map 功能、拓扑结构以及 3D 造型投影等。

5.1　ZBrush 建模雕刻设计

ZBrush 设计人员想把 ZBrush 设计成为一个特殊的绘画软件，使其功能类似于 Painter 软件，于是在 ZBrush 中融入了三维图形设计与数字创作功能，把 ZBrush 软件打造成为了一个具有 3D 特性的 2D 软件。因此，在 ZBrush 中最常用也是最重要的控制工具就是 Tool 和笔刷工具。利用层模型搭建 3D 造型后进行精细雕刻与绘制，再使用阴影盒快速创建 3D 模型，并对其进行高端雕刻与设计。

5.1.1　SubTool 层模型设计

Tool 工具箱中的组件设计工具包括 SubTool、Layers、Geometry HD、Preview、Surface、Deformation、Masking、Visibility、Polygroups、Contact、Morph Target、Polypaint、UV Map 以及 Texture Map 等，如图 5-1 所示。

图 5-1　Tool 工具箱组件包

在 ZBrush 中管理复杂的模型组件时，SubTool 工具的功能类似于 Photoshop 中的“图层”面板功能。SubTool 工具的出现改变了过去早期版本 ZBrush 不能同时编辑多个模型的弊病，该功能在艺术作品的创作过程中带来了新的变化。SubTool 工具包如图 5-2 所示。

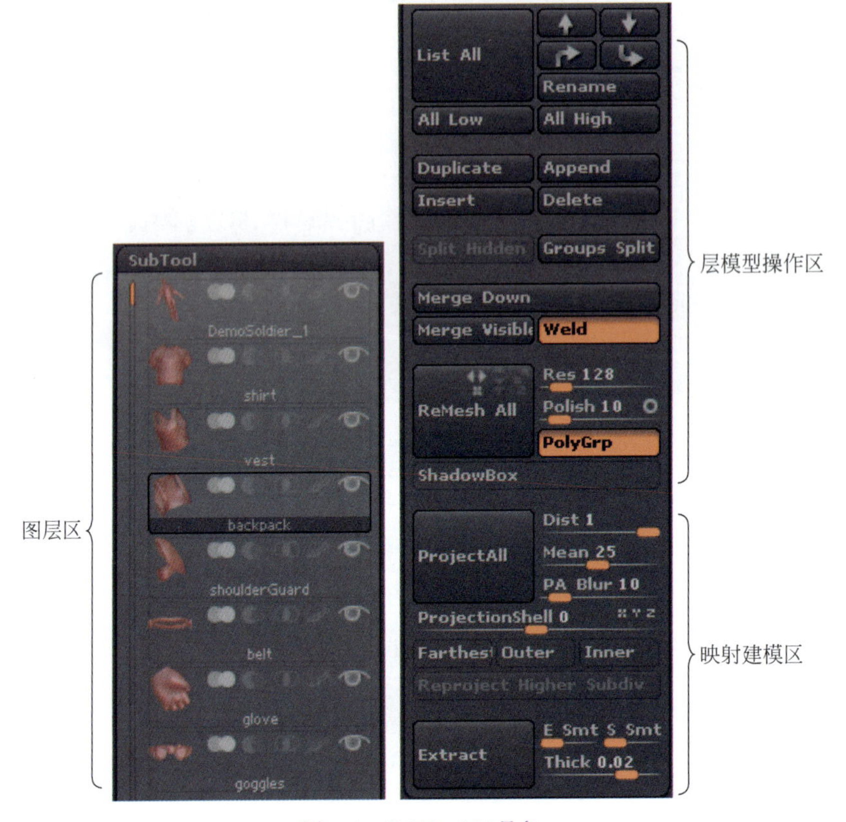

图 5-2　SubTool 工具包

在 Tool 工具箱中选择 SubTool 工具打开 SubTool 卷展栏，其中包含三部分，第 1 部分是图层区，如人体模型层、服装层、道具层等；第 2 部分为图层模型操作区；第 3 部分用于映射建模，是新增功能，通过投影的方式更快更好地创建几何体模型。SubTool 面板与 Photoshop 的“图层”面板有几分相似，对于使用过 Photoshop 的用户来说带来极大便利。

SubTool 工具可以对多种类的物体进行编辑，可以显示或隐藏物体，方便用户对复杂模型进行创建、修改和管理。一个场景可以使用多个 SubTool 来构成，使每一个 SubTool 设计更加细致入微地创建模型。

1. 图层区

图层区中每个图层后面都有一个“眼睛”图标，可以控制打开和关闭。单击某一层时，会弹出一个注释窗口，显示该层模型的形态信息，如序号、名称、数量、隐藏的面数和点数等，如图 5-3 所示。

2. 图层模型操作区

(1) List All(清单)：将所有 SubTool 图层模型信息以清单的方式显示出来。

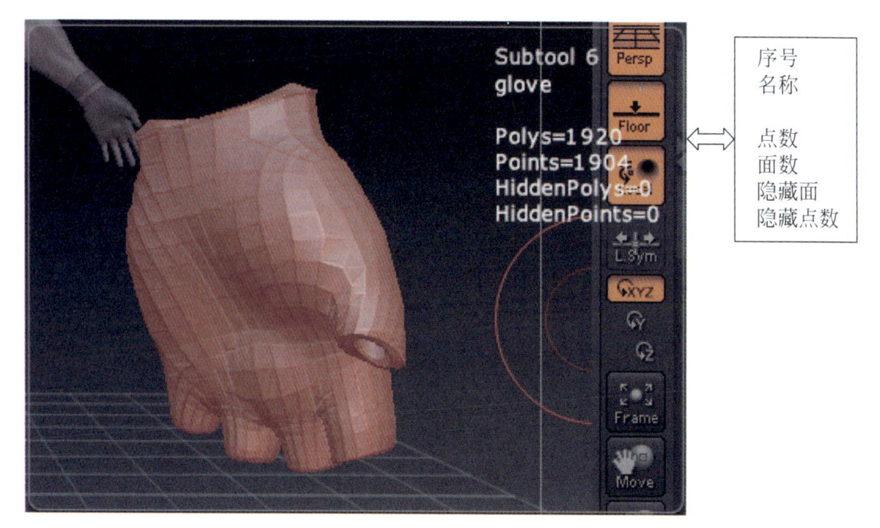

图 5-3　图层注释信息

(2) ：选择上一个或下一个 SubTool 图层为编辑层，上箭头是 Select Up 工具，下箭头是 Select Down 功能。

(3) ：可以向上或向下移动 SubTool 图层的位置，分别相当于 Move Up 和 Move Down 功能。

(4) All Low(所有低)：将所有 SubTool 层模型细分为最低级别。

(5) All High(所有高)：将所有 SubTool 层模型细分为最高级别。

(6) Duplicate(复制)：对当前 SubTool 层模型进行复制。

(7) Append(添加)：增加一个 SubTool 层模型，将创建的模型添加到 SubTool 工具箱中。

(8) Insert(插入)：在指定层上插入某个层模型。

(9) Delete(删除)：删除一个 SubTool 层模型。选中要删除的模型所在层，单击该按钮，则可直接删除该层模型。

(10) Split(分割)：在隐藏编辑模式下，可以将显示部分和隐藏部分置入两个不同的 SubTool 工具中。

(11) GroupsSplit(组分割)：将单个的 SubTool 工具分成若干 SubTool 层。

(12) Rename(重命名)：对 SubTool 层模型中的某个层模型重新命名。

(13) Extract(提取)：对选中的模型面或遮罩的面进行挤压提取，产生新的模型。

(14) Merge Down(向下合并)：将 SubTool 层模型中的当前层与下一层合并。

(15) Merge Visible(合并可见)：合并可见的 SubTool 层模型中的造型，即 SubTool 层模型中眼睛睁开的 SubTool 层模型被合并。与 Merge Similar 合并类似。

5.1.2　SubTool 层模型案例分析

1. 基本使用方法

SubTool 的基本使用方法包括对当前层操作、SubTool 的隐藏和显示、当前层的眼睛图标以及移动层等。

(1) 对当前层操作：当前层的 SubTool 在模型上是高亮显示的，同时 SubTool 面板上有一个不太明显的黑框。在操作当前层的 SubTool 时，其他层的 SubTool 不受影响。

(2) SubTool 的隐藏和显示：直接单击边上的眼睛图标就可以将工具隐藏或者显示出来。但是这里的操作分为两种，一种单击当前层的眼睛图标隐藏除了当前层工具以外的所有 SubTool；另外一种是单击非当前层的眼睛图标隐藏该层的工具，而其他层的 SubTool 将保持显示。

2. 模型设计与制作

SubTool 层模型设计与制作包含增加、删除、复制、镜像及合并一个 SubTool 层模型等。

(1) 增加一个 SubTool 层模型：如果要增加一个 SubTool 到层中，操作之前必须将想要调入的模型先调入工具箱，然后单击 Append 按钮，在弹出的面板中选择先前调入的模型。

(2) 删除一个 SubTool 层模型：先将当前层切换到需要删除的模型所在层，然后单击 Delete 按钮，该层模型就会被直接删除。

(3) 复制一个 SubTool 层模型：先将当前层切换到想要复制的 SubTool 所在层，单击 Tool 工具箱中的 Clone 功能按钮，再选择 Tool→SubTool→Append 命令，从弹出的面板中选择刚才克隆的工具即可。

(4) 镜像一个 SubTool 层模型：保证当前层为想要镜像工具所在层，选择 Tool→Deformation→Mirror 命令即可。在单击 Mirror 按钮前要确认已经选择了正确的轴向，选择 X、Y、Z。模型如果处于多重细分级别将不能被镜像，解决的办法是删除细分历史后镜像，然后再重建细分。

(5) 合并 SubTool 层模型：在 ZBrush 中将所有 SubTool 合并是比较烦琐的操作，所以推荐使用插件 Make1Mesh 来完成。如果一定要合并所有 SubTool，也可以按下面的步骤来完成。

① 保存一份文件，以备需要的时候取回。

② 选择 SubTool，切换到最高细分级别，然后删除低细分级别。

③ 选择 Tool→Clone 命令创建一份 SubTool 的拷贝。

④ 对所有 SubTool 重复第②步和第③步。

⑤ 选择 SubTool 的克隆，然后在 Geometry 调控板中单击 Insert Mesh 按钮，从弹出的对话框中选择 SubTool 合并网格。

⑥ 重复第⑤步，直到所有 SubTool 都被合并。

3. SubTool 层模型基本控制案例

① 启动 ZBrush 集成开发环境，在 Tool 工具箱中选择 3D 笔刷。

② 在视图工作区拖曳形成一个 3D 球体，单击 Edit 按钮进入编辑状态，在工具箱中单击 Make PolyMesh3D 按钮转换为 3D 模型。

③ 在工具箱中找到 SubTool，单击 Append 按钮增加一个 SubTool 层模型。

④ 弹出 3D 笔刷工具，选择一个 Cub3D，创建一个立方体层模型。这时立方体层模型遮挡了球体模型。

⑤ 对 SubTool 层模型中的球体层和立方体层进行操作和选取，对不同模型进行调整、定位、移动和旋转，将不同模型进行组合控制，效果如图 5-4 所示。

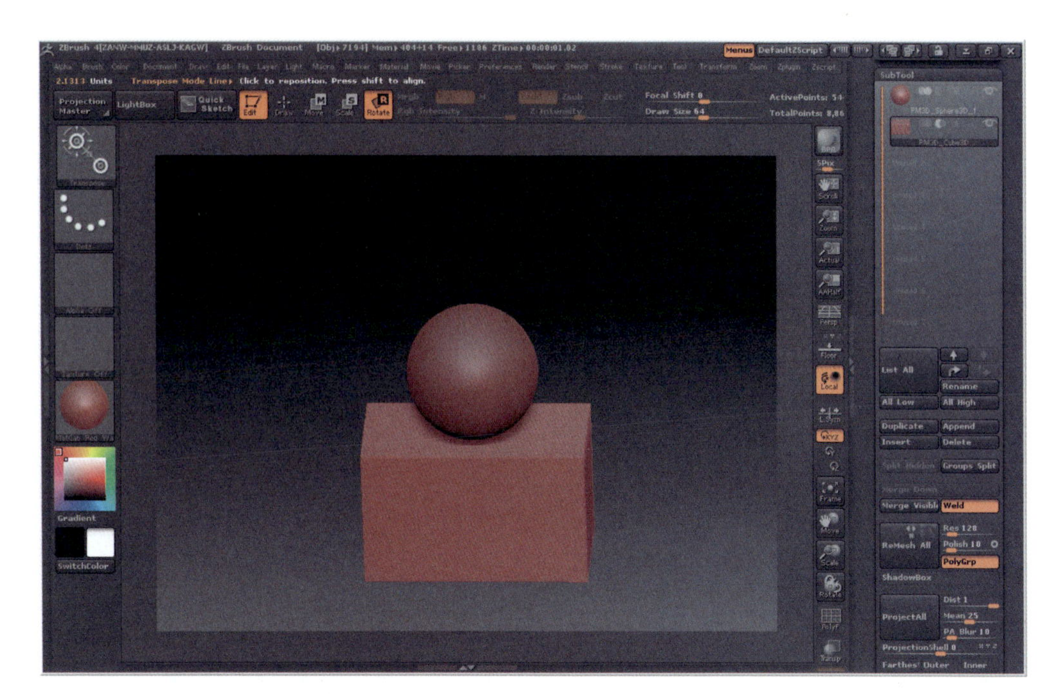

图 5-4　SubTool 层模型的基本控制

4. SubTool 层模型合并案例

在对模型进行编辑时，通常要将分离的 SubTool 子图层模型合并成为一个完整模型。合并各个 SubTool 子图层模型的过程如下。

① 在视图工作区拖曳形成一个圆环造型，接着选择 Edit 命令进入编辑状态，在工具箱中单击 Make PolyMesh3D 按钮转换为 3D 模型。

② 在 Tool 工具箱中展开 SubTool 卷展栏，单击 Append 按钮，分别添加“齿轮”和“海螺”造型。

③ 在工具栏中的 SubTool 子图层模型中分别对三个模型的位置进行调整。

④ 选择一个 SubTool 层模型，单击 Tool 工具箱中的 Clone 按钮，创建一份 SubTool 副本，对所有 SubTool 重复该步骤操作。

⑤ 在工具箱中选择一个克隆出来的 SubTool 工具模型，在工具箱中打开 Geometry 卷展栏，单击 Insert Mesh(插入网格)按钮，在弹出的对话框中选中要合并的模型添加到网格中。

⑥ 重复上述操作步骤，将所有克隆出来的 SubTool 工具模型插入并合并在一起，构成一个完整的 3D 造型，如图 5-5 所示。

5. 快速合并 SubTool 子图层模型

① 在视图工作区创建一个圆环体造型，接着选择 Edit 命令进入编辑状态，在工具箱中单击 Make PolyMesh3D 按钮转换为 3D 模型。

② 在 Tool 工具箱中打开 SubTool 卷展栏，单击 Append 按钮，分别添加 6 个圆环体造型，并分别调整这 7 个圆环的位置。

③ 在 SubTool 卷展栏中将 SubTool 层模型上移到最上层，单击 Merge down(向下合并)功能按钮，连续向下合并层，单击 Merge Visible(合并可见)按钮可以快速对各个 SubTool 子

图层模型进行合并，如图 5-6 所示。

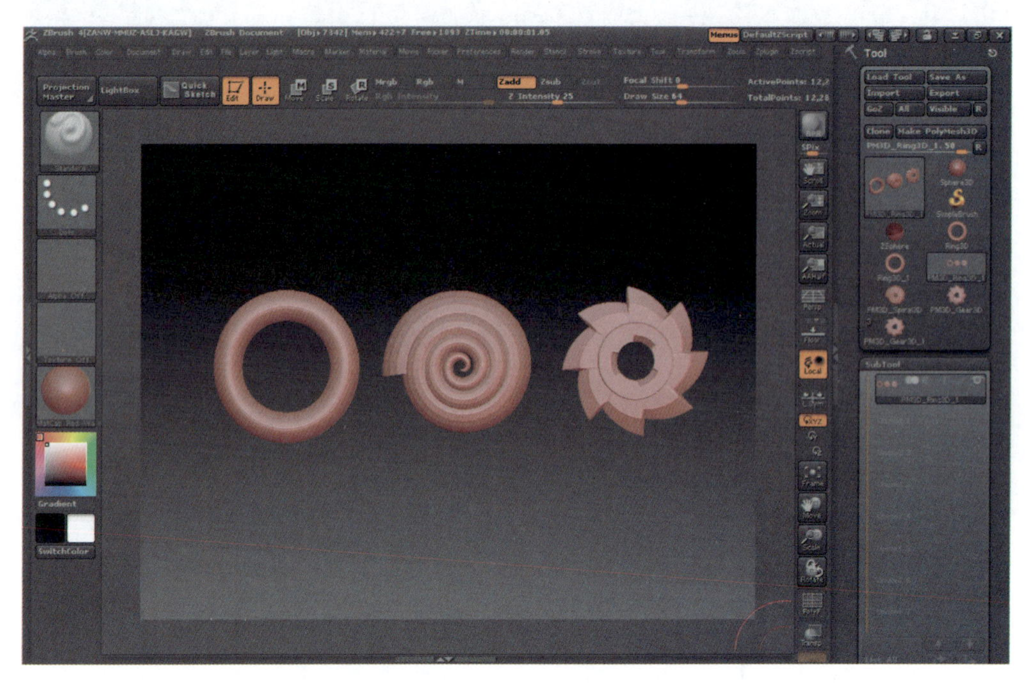

图 5-5 SubTool 层模型合并控制

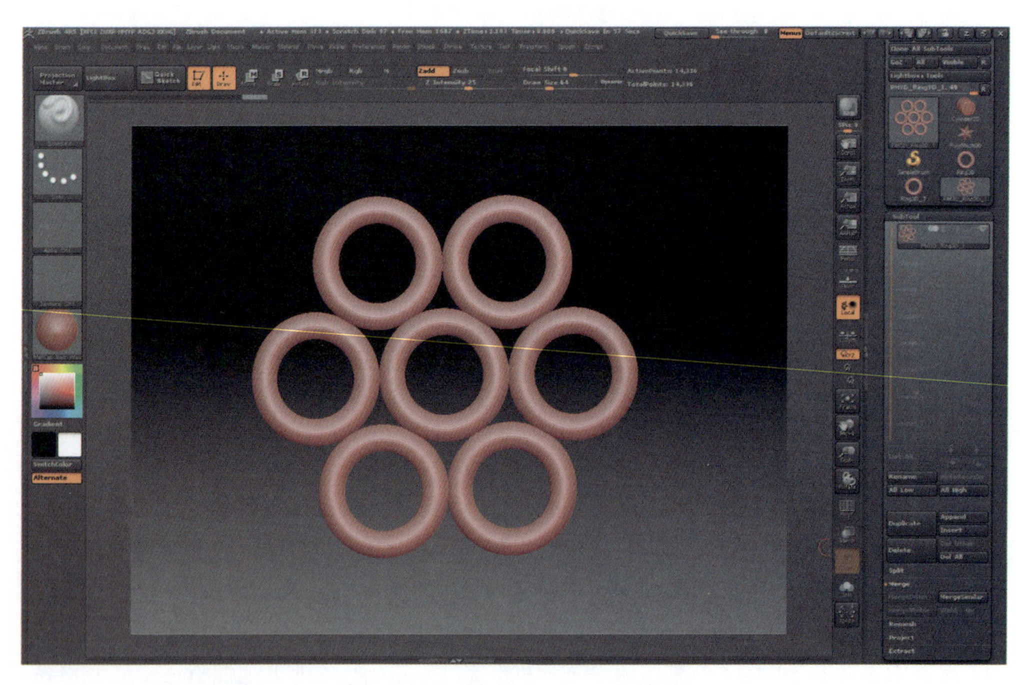

图 5-6 快速合并 SubTool 层模型

6. SubTool 层模型分割案例

先制作一个合并 SubTool 层模型案例，再将合并后的模型分割成不同的 SubTool 层模型中。

① 在视图工作区创建一个六角星造型，接着选择 Edit 命令进入编辑状态，在工具箱选择 Make PolyMesh3D 按钮转换为 3D 模型。

② 在 Tool 工具箱中展开 SubTool 卷展栏，单击 Append 按钮，分别添加 6 个六角星造型，并分别调整这 7 个六角星的位置。

③ 在 SubTool 卷展栏中，将 SubTool 层模型上移到最上层，单击 Merge down 功能按钮，连续向下合并层；单击 Merge visible（合并可见）按钮可以快速对 SubTool 层模型进行合并。

④ 在 SubTool 卷展栏中单击 Split（分割）功能按钮，选择 GrpSplit（组分割）命令可以将刚刚合并的层模型重新分割开来，按 Shift＋F 组合键可以看到模型的分组情况，提示被分割的模型不能有多重细分历史；如果有，请删除细分历史，如图 5-7 所示。

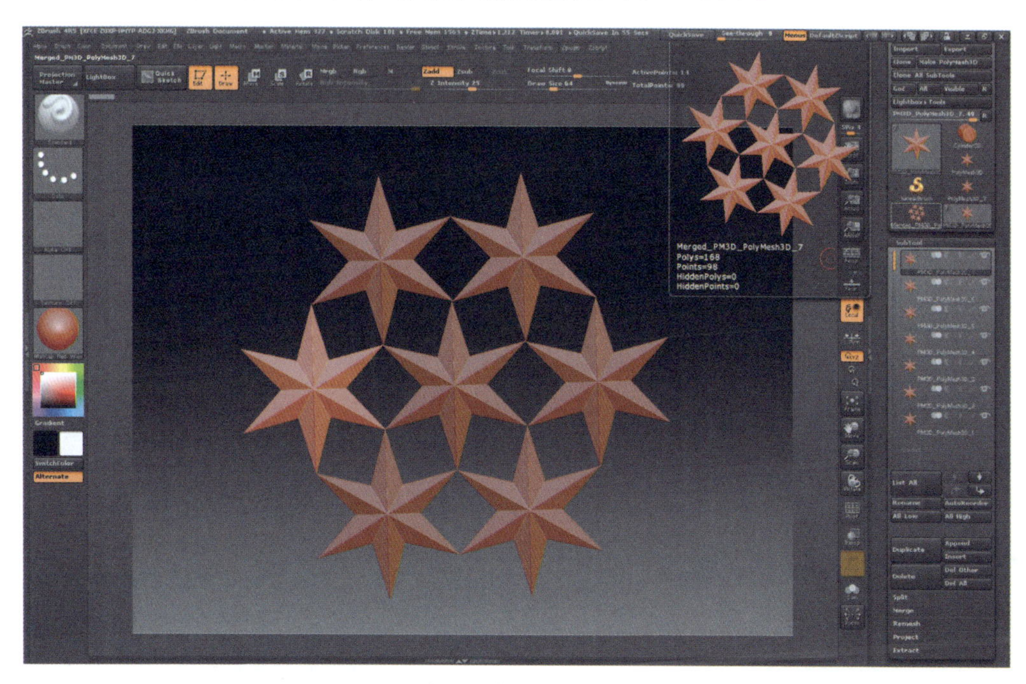

图 5-7　分割后合并 SubTool 层模型

5.2　阴影盒建模设计

Shadow Box（阴影盒）功能通过投射阴影构造几何体，创建任意类型的几何体造型。运用遮罩笔刷在阴影盒的三个面上绘制，模型将会在阴影盒的内部动态生成。阴影盒的主要作用是利用简单的二维绘制创建基础的雕刻模型，而模型的精度根据属性的调整来完成设置。

5.2.1　阴影盒建模设计功能简述

运用 Shadow Box 创建模型时，最好使用较低分辨率，可以使用 Light Box 来创建基础模型以做准备。

利用 Shadow Box 编辑创建模型时，阴影盒只有在编辑模式下才可以使用，在工具箱中选择 Tool→Light Box→Shadow Box 命令即可将阴影盒功能开启，模型就会在阴影盒相应的平面上投射出影子，原有的模型也会产生相应变化，而模型的精度取决于 Res 和 Polish 属性的值。

(1) 在模型存在时，直接开启 Shadow Box 阴影盒，原有模型会根据投射出来的影子进行重建模型，模型上原有的细节将会丢失；如果想保留原有模型，可以在启动 Shadow Box 阴影盒功能前，复制一份原有模型。

(2) 通过 Light Box 热盒功能可以导入一个预设 Shadow Box 阴影盒，在导入预设文件后会清除原有文件的已有信息。

5.2.2 阴影盒建模案例分析

ZBrush 4.0 中提供了多边形几何建模工具，即阴影盒建模技术，它的出现为 ZBrush 3D 几何建模带来了巨大的变革。该技术通过对主视图、侧视图和俯视图的编辑来创建和控制 3D 模型的形状，再对模型进行仔细的编辑雕刻绘制。阴影盒建模设计过程如下所述。

① 启动 ZBrush 集成开发环境，在主菜单中选择 Light Box 命令，展开热盒面板，双击 Shadow128.ZTL 或 Shadow64.ZTL 按钮打开阴影盒建模功能；也可以在 Tool 工具箱中单击 Shadow128.ZTL 或 Shadow64.ZTL 功能按钮。

② 在视图工作窗口中拖曳鼠标，按 T 键开启 3D 模型编辑模式；激活视图右侧的 Persp（透视）按钮和 Floor（地面网格）按钮，调整阴影盒的位置，如图 5-8 所示。

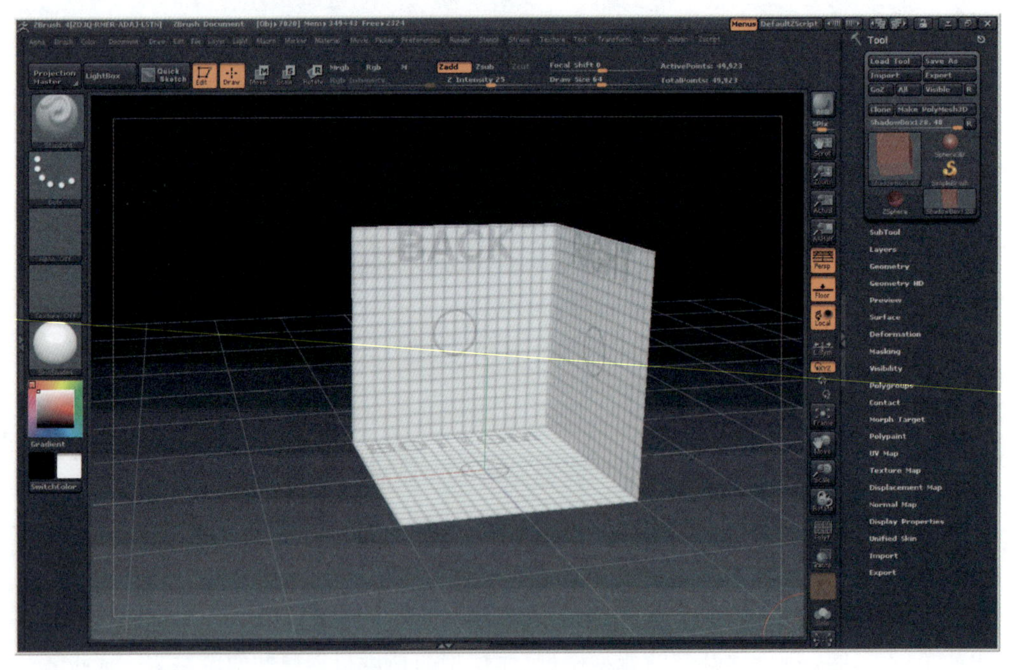

图 5-8 阴影盒建模工作视窗

③ 在 Tool 工具箱中展开 UV Map 卷展栏，单击 Morph UV 功能按钮，视图窗口中的阴影盒被自动打开展平，如图 5-9 所示。

④ 在 Tool 工具箱中选择 Tool→Texture Map→New Txtr（新建贴图）命令，如图 5-10 所示。

图 5-9　阴影盒展开效果

图 5-10　创建一张贴图

⑤ 在 Tool 工具箱中选择 UV Map→Morph UV 命令，视图窗口中的阴影盒被合上了，恢复初始状态，如图 5-11 所示。

⑥ 在主窗口中右侧的视图中设置 Transp(透明)、Ghost 和 Solo 参数；在左侧托盘中选择 Brush→Mask Rect 矩形蒙版笔刷，也可以按住 Ctrl+Shift 组合键拖曳鼠标掩饰绘制，调整视图，对三视图(主视图、侧视图和俯视图)进行绘制，如图 5-12 所示。

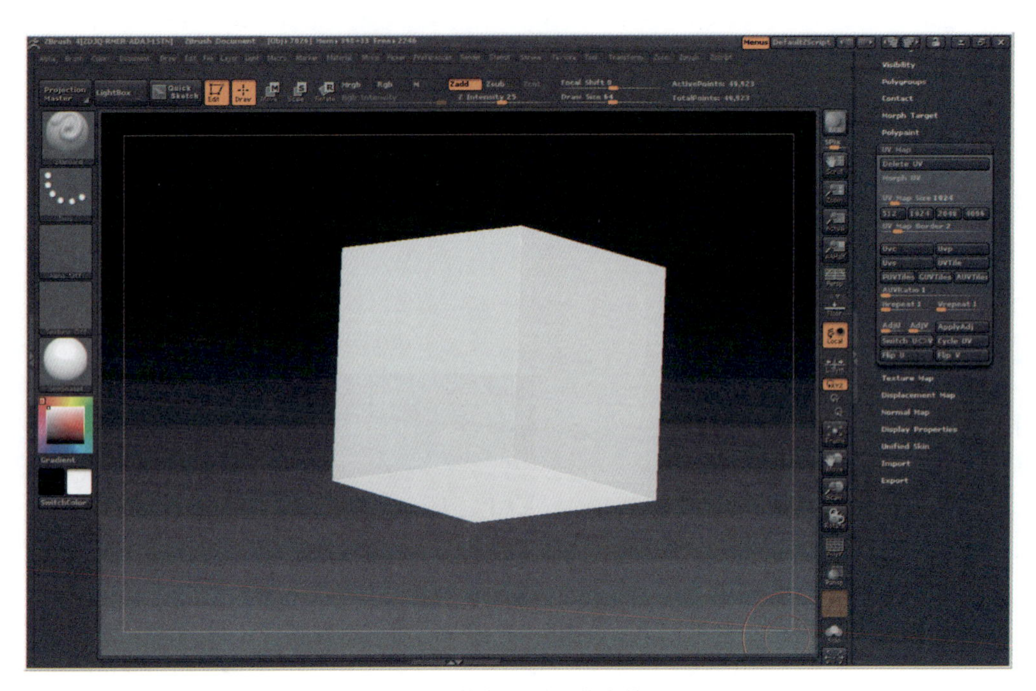

图 5-11　恢复阴影盒状态效果

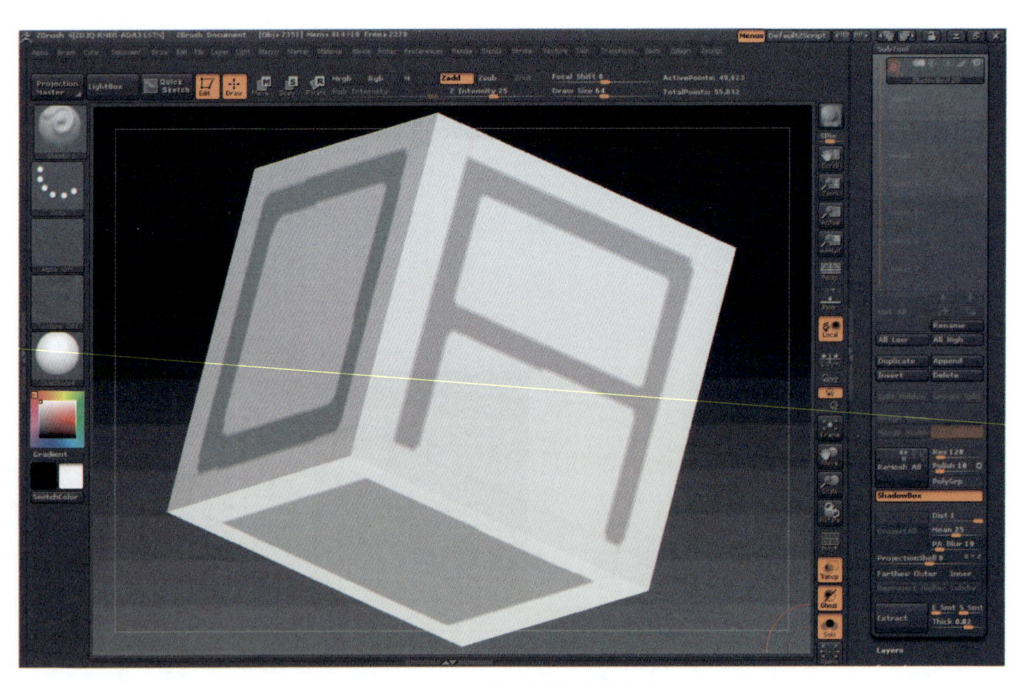

图 5-12　绘制三视图阴影效果

⑦ 在视图窗口中取消“透明”属性功能，在 Tool 工具箱中展开 Subtool 卷展栏，单击 Shadow Box 阴影盒功能按钮或在 Tool 工具箱中单击 Make Poly Mesh3D 功能按钮，利用阴影盒创建的 3D 模型将显示在主视图工作区窗口中，如图 5-13 所示。

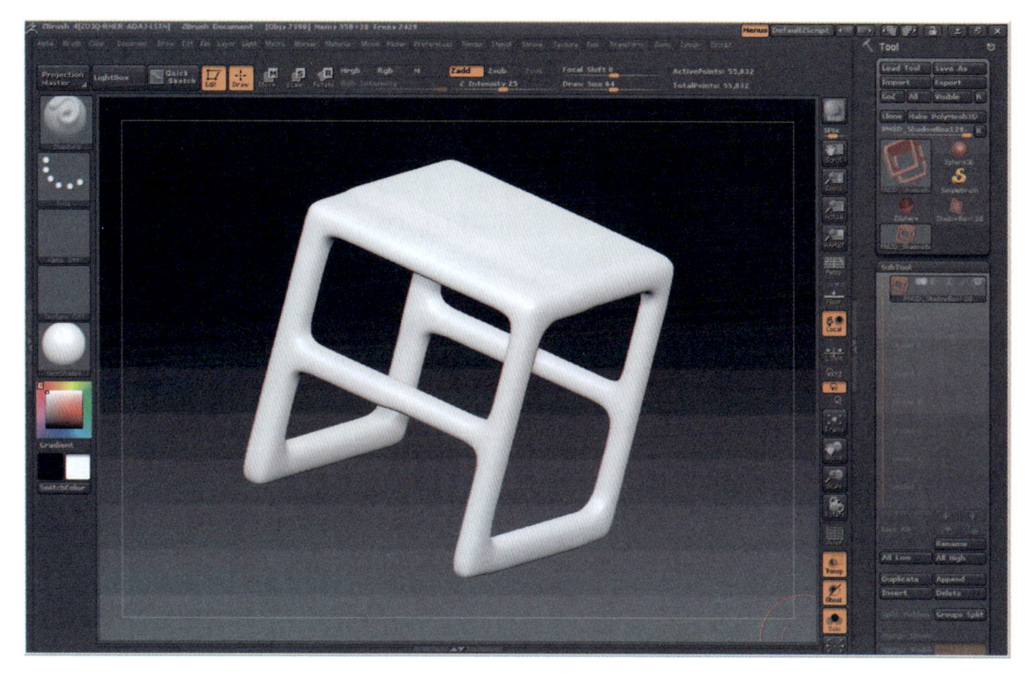

图 5-13　阴影盒 3D 建模设计效果

5.3　3D 物体提取建模设计

ZBrush 中提供了一种 3D 物体提取建模技术，该技术能使设计者轻松在已有模型的表面提取出一个新的模型，如游戏角色中的衣物、饰品、道具等，该功能为模型的创建带来了极大的便利。利用 Extract 模型提取功能，可以通过调整相应参数实现建模设计。

5.3.1　3D 物体提取建模设计功能简述

在主菜单的工具栏中展开 SubTool 卷展栏，设置 Extract 模型提取属性，如图 5-14 所示。

(1) E Smt(边光滑)和 S Smt(面光滑)：分别影响提取模型的边缘和中间面的光滑程度，值越大越光滑。ZBrush 4.0 中包含 E Smt 和 S Smt 两个参数，而在 ZBrush 4R5 中只有 S Smt 参数。

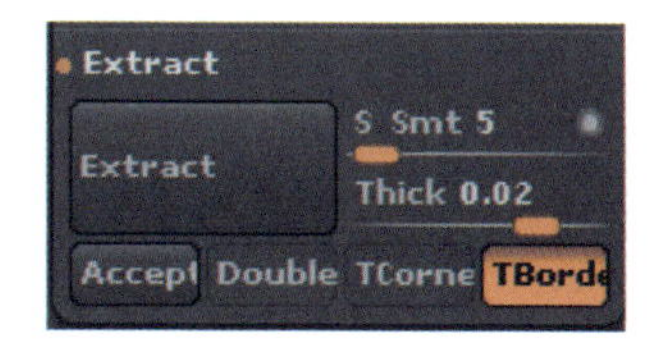

图 5-14　Extract 模型提取属性

(2) Thick(厚度)：模型挤压的厚度，如人体模型图中服饰的厚度。

(3) Accept：接受设置创建模型层。

(4) Double(双)：双精度。

(5) TCorne(角)：遮罩绘制的角。

(6) TBorde(边)：遮罩绘制边界。

5.3.2 3D物体提取建模案例分析

本节以人体造型为例，提取角色的身体中的服饰，如上衣、裤子、背心等物品。选择LightBox热盒工具→Tool→Kotelnikoff Earthquake命令导入人物造型，或者通过File菜单命令导入一个人体模型Kotelnikoff Earthquake.zpr。

① 在视图工作区右侧的工具箱中选择Tool→Make Polymash3D命令，在左侧的托盘中选择MaskPen笔刷和FreeHand自由笔触，人体模型处在编辑状态，如图5-15所示。

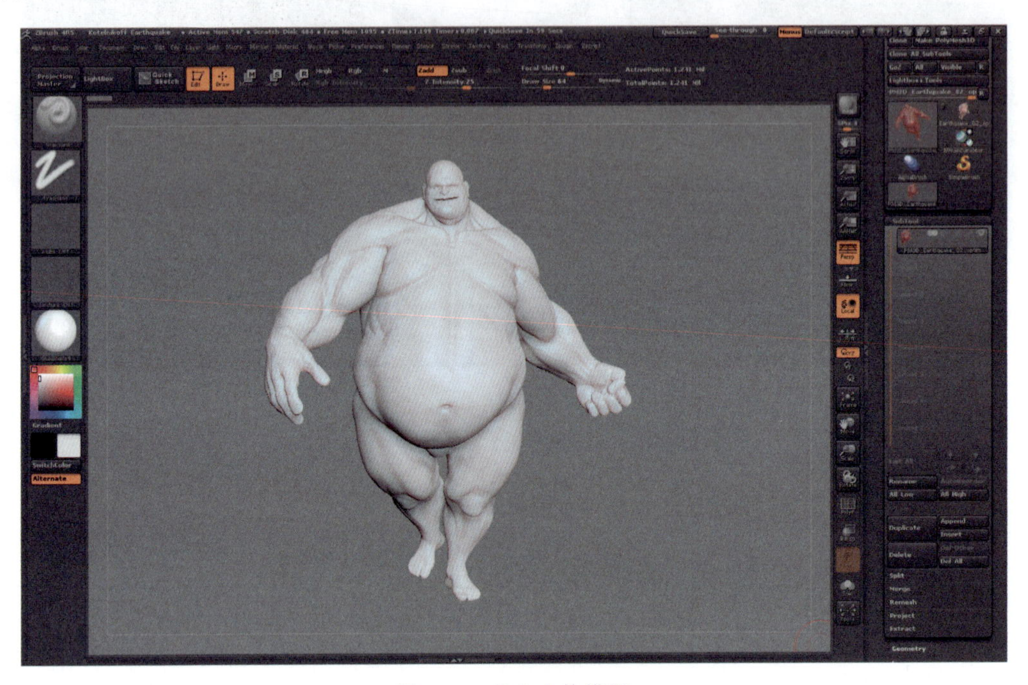

图5-15 导入人体模型

② 在主视图工作区中按住Ctrl键在人体模型表面绘制背心形状的MaskPen，同时调整笔刷尺寸大小。在绘制过程中，如果发生绘制错误，可按Ctrl+Alt组合键切换回去进行修改绘制图像，将多余绘制的MaskPen图像痕迹做擦除处理，如图5-16所示。

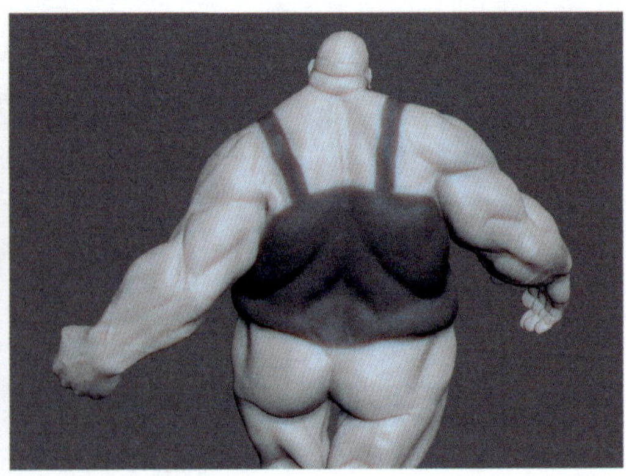

图5-16 在人体模型表面绘制效果

③ 在人体模型表面绘制好背心图形后，在 SubTool 卷展栏下单击 Extract 提取模型功能按钮，将背心模型从人体模型中提取出来；然后单击 Accept 按钮将背心模型添加到 SubTool 层模型中，如图 5-17 所示。

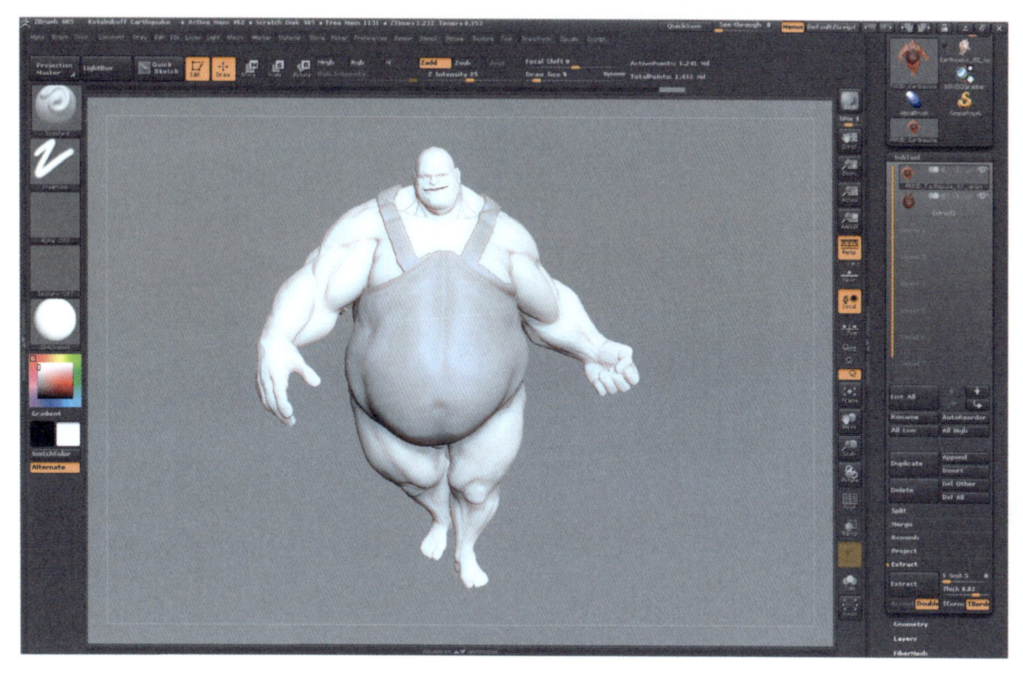

图 5-17　提取人体模型表面模型效果

5.4　3D 图层设计

3D 图层设计功能是针对模型细节进行管理的，其作用类似于 SubTool 工具的功能，只是 SubTool 是对物体模型的一个管理。ZBrush 在高精模型雕刻设计中，利用 Layer 功能将模型的细节刻画存储在不同的 3D 图层中进行管理。

5.4.1　3D 图层设计功能简述

3D 图层卷展栏如图 5-18 所示。

其中，表示选择上(下)图层；表示向上(下)移动图层；指创建新的 3D 图层；Name 用于重新命名 3D 图层；表示复制 3D 图层；指删除 3D 图层；表示分离 3D 图层；表示合并 3D 图层；插入 3D 图层；Bake All 可以将层的所有操作烘焙到模型中；Import MDD 可以导入 ZBrush 的动画文件，如表情动画等。

5.4.2　3D 图层案例分析

3D 图层功能是为了减轻计算机系统资源占用率而设计的，可以提高 ZBrush 高精模型的设计和运行。利用 3D 图层功能对造型进行高精模型设计的步骤如下所述。

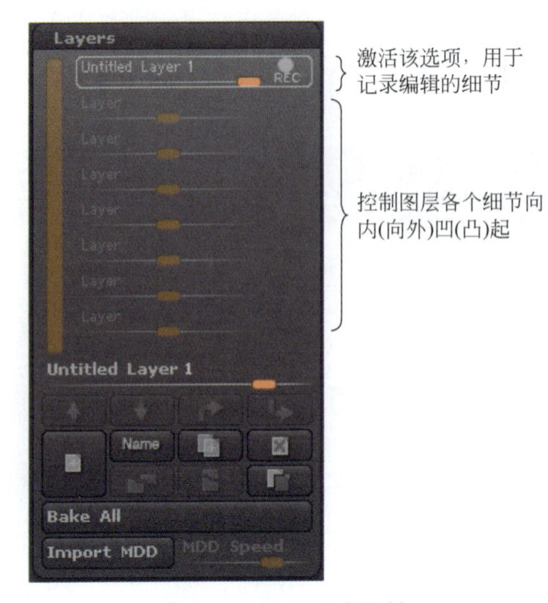

图 5-18　3D 图层卷展栏

① 启动 ZBrush 4.0 集成开发环境，在主视图窗口中选择 Light Box 热盒功能，在 Project 工程文件夹下双击 DemoDog.zpr 文件或导入文件。

② 在视窗工作区拖曳该模型，并按 T 键进入模型编辑状态，调整模型视图，如图 5-19 所示。

图 5-19　导入 3D 模型

③ 在 Tool 工具箱中展开 Geometry 卷展览，单击 Divide 细分命令按钮，将模型进行 3 次细分，如图 5-20 所示。

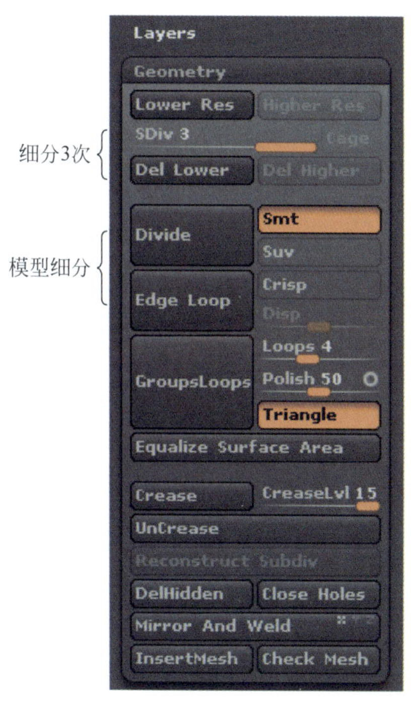

图 5-20　3D 模型细分 3 次属性设置

④ 展开 Layers 图层功能卷展栏，单击“新建”按钮■，创建新的 3D 图层，此时在该级别上编辑的模型的细节将全部被存储到该 3D 图层中，如图 5-21 所示。

图 5-21　3D 高精度模型被存储在 3D 图层中

5.5 3D几何体设计

Geometry 卷展栏用于控制模型的精度级别，在 ZBrush 的高精度控制模型编辑中，控制模型的显示和模型的编辑模式都使用该功能。

5.5.1 3D几何体设计功能简述

Geometry 卷展栏如图 5-22 所示。

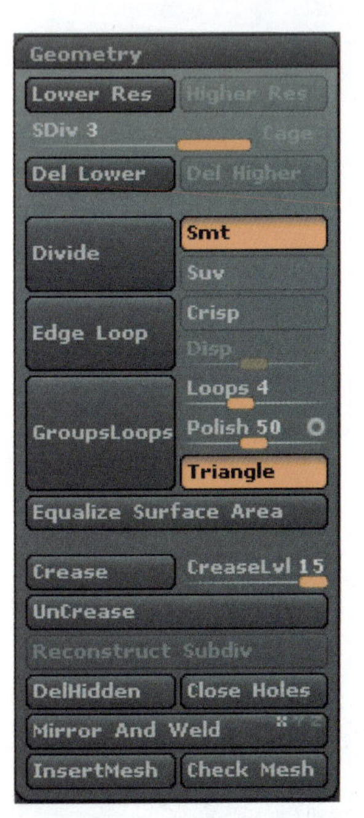

图 5-22 Geometry 卷展栏

（1）Lower Res（低分辨率）：单击此按钮，在模型具备细分等级时，可以降低模型的细分等级。要降低模型细分等级，前提是模型要处于非最低级别。快捷键为 Shift+D。

（2）Higher Res（高分辨率）：表示在模型具备细分等级时，可以提升模型的细分等级。要提升模型细分等级，前提条件是模型要处于非最高细分级别。快捷键为 D。

（3）Del Lower（删除低分辨率）：当模型处于非最低细分级别时，单击该功能按钮将模型置于最低细分级别。

（4）Del Higher（删除高分辨率）：当模型处于非最高细分级别时，单击该功能按钮将模型置于最高细分级别。

（5）Divide（细分）：单击此按钮可以将模型细分，细分级别最大 7 级。理论上 ZBrush 支持无限细分，物体可以具备无限次的细分次数。

（6）Edge Loop（边线循环）：可以对所选中的面进行圈线的添加。执行 Edge Loop 功能时，一定要对模型表面进行隐藏显示。

（7）GroupsLoops（组循环）：当物体存在组级别时，单击此按钮可以为组添加环线。

（8）Loops（循环数）：控制模型的循环边数量。

（9）Polish（磨光）：控制物体模型的倒角圆滑程度。

（10）Equalize Surface Area（展平四边形区域）：在被极度拉伸的模型上缓解拉伸区域的四边形的形态。

（11）Reconstruct Subdiv（重构细分面）：当模型细分后，模型底细分级别被删除时，单击此按钮，可以帮助模型还原底细分级别。

（12）DelHidden（删除隐藏）：单击此按钮，可以将模型的隐藏部分删除。

（13）Close Holes（闭孔）：当模型有漏洞或模型不处于封闭状态时，单击此按钮可以将模型未封闭的部分进行闭合处理。

（14）Mirror And Weld（镜面与缝合）：对模型进行镜像操作。

5.5.2 3D几何体案例分析

本节案例通过对几何体参数进行设置来改变几何体的形状。

① 启动 ZBrush 集成开发环境，在 Tool 工具箱中选择一个立方体造型，在视图工作区进行拖曳，启动 Edit 编辑模式，单击 Make PolyMesh3D 按钮，调整 Geometry 参数，然后单击 Divide 按钮 4 次细分，如图 5-23 所示。

图 5-23　立方体细分 4 次后的效果

② 在 Tool 工具箱中选择一个立方体造型，选择 Geometry→Edge Loop→GroupsLoops 命令，将立方体变形，如图 5-24 所示。

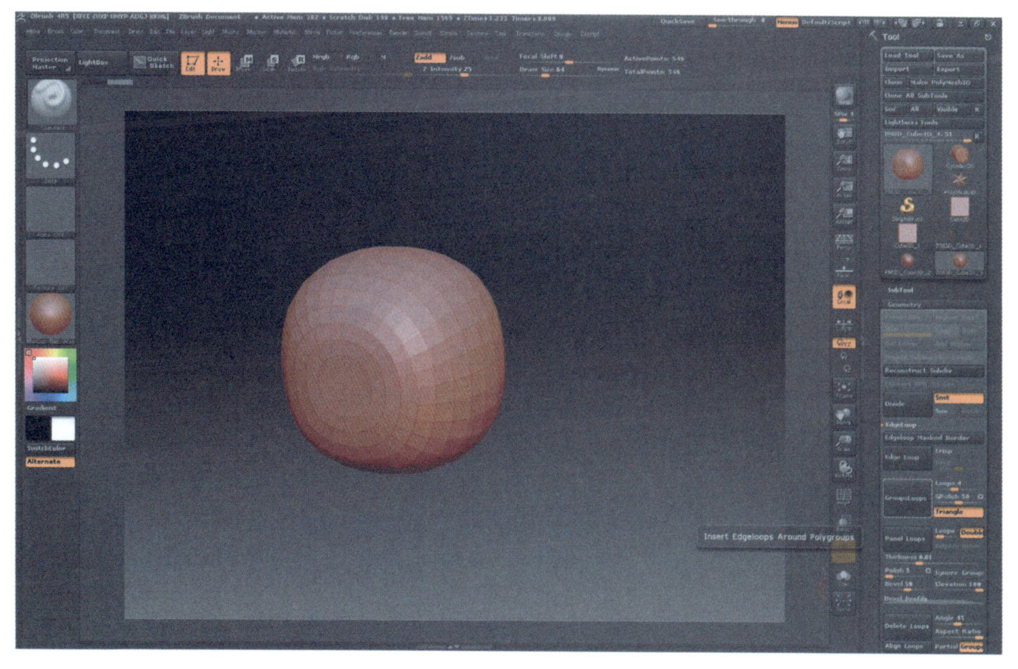

图 5-24　立方体变形后的效果

5.6 3D 表面纹理雕刻设计

3D 表面纹理雕刻设计技术用于在 ZBrush 中模拟自然界物体表面的腐蚀、风化和破碎效果的纹理雕刻效果，如山体、石头、枯木等。通过设置 Surface 3D 表面纹理属性，可以改变物体的外貌。Surface 3D 表面纹理卷展栏如图 5-25 所示。

5.6.1 3D 表面纹理雕刻设计功能简述

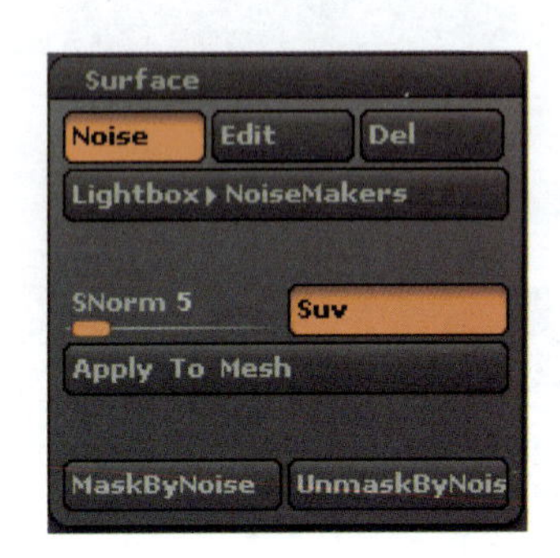

图 5-25 Surface 表面纹理雕刻属性面板

在 ZBrush 4R8 中，Surface 表面纹理雕刻属性描述如下。

（1）Noise（噪波）：首次单击此按钮，会弹出一个对话框，可对 3D 物体表面纹理参数进行设置。

（2）Edit（编辑）：编辑物体表面的噪波纹理，与首次单击 Noise 按钮弹出的对话框完全相同。

（3）Del（删除）：删除 Noise 设置和编辑功能。

（4）Lightbox NoiseMakers（热盒纹理噪波）：单击此按钮，自动进入热盒噪波纹理面板，可以选择需要的纹理对 3D 模型进行噪波纹理刻画和设计。

（5）Apply To Mesh（应用多边形物体）：在调整完噪波后，单击此按钮能将设置好的噪波应用到模型表面上。

（6）MaskByNoise（表面噪波）：激活该功能，物体的噪波纹理会被掩饰变淡，色彩加深。

（7）UnmaskByNoise（非表面噪波）：激活该功能，物体的噪波纹理掩饰变淡，色彩变浅。

5.6.2 3D 表面纹理雕刻案例分析

在 ZBrush 4R8 中，Surface 表面纹理雕刻卷展栏中，首次单击 Noise（噪波）功能按钮，会显示 Open、Save、Copy、3D、Uv 及 NoisePlug 等功能，如图 5-26 所示。

（1）Scale（缩放）：该属性表示对噪波大小的缩放控制。

（2）Strength（强度）：表示噪波强度大小的控制。

（3）Noise Curve（噪波曲线）：指控制噪波曲线的分布情况。

在工具箱中选择 Surface→Edit（编辑）命令，当设置属性 Scale＝80 时，噪波纹理效果如图 5-27 所示。

在工具箱中选择 Surface→Edit 命令，当设置属性 Scale＝50 时，噪波纹理效果及 Noise Curve（噪波曲线）调整如图 5-28 所示。

启动 ZBrush 集成开发环境，在工具箱中选择一个立方体造型，在主视窗工作区进行拖曳绘制；展开 Geometry 卷展栏，单击 Divide 模型细分功能按钮 5 次；展开 Surface 卷展栏，选择 Lightbox NoiseMakers→Noise→Noise04. ZNM（噪波纹理）命令，创建一个 3D 噪波纹理物体造型，如图 5-29 所示。

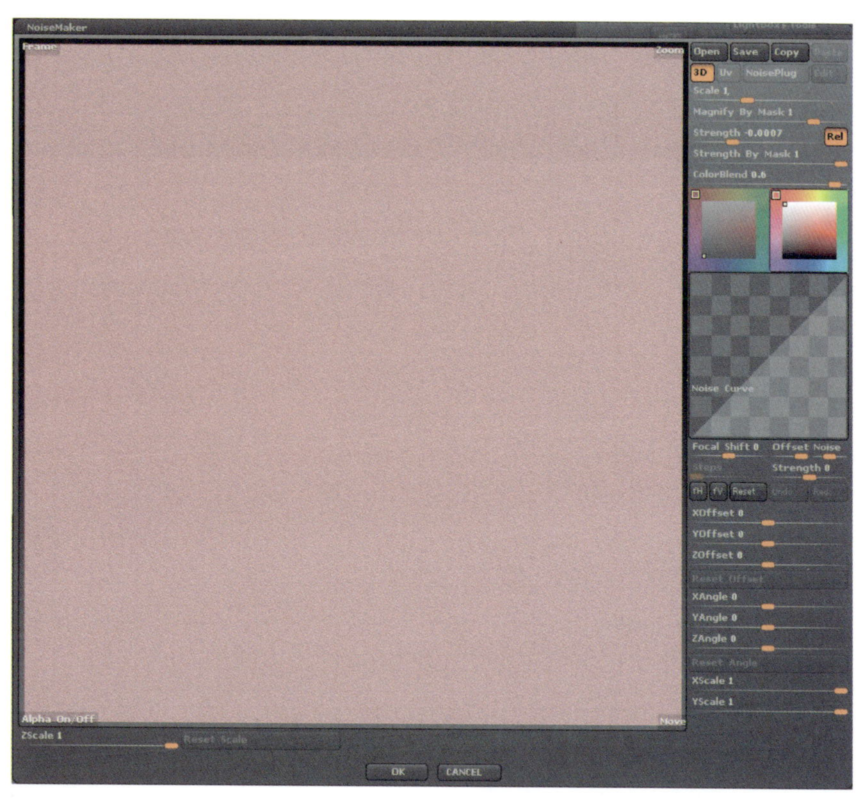

图 5-26　Noise 属性

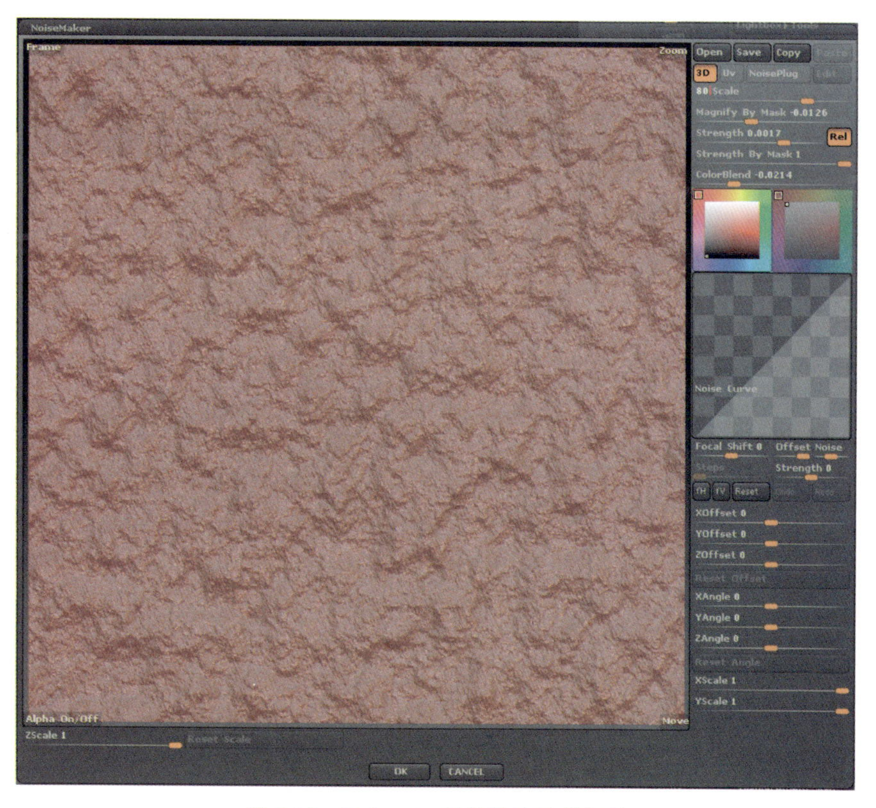

图 5-27　Scale=80 时的噪波纹理效果

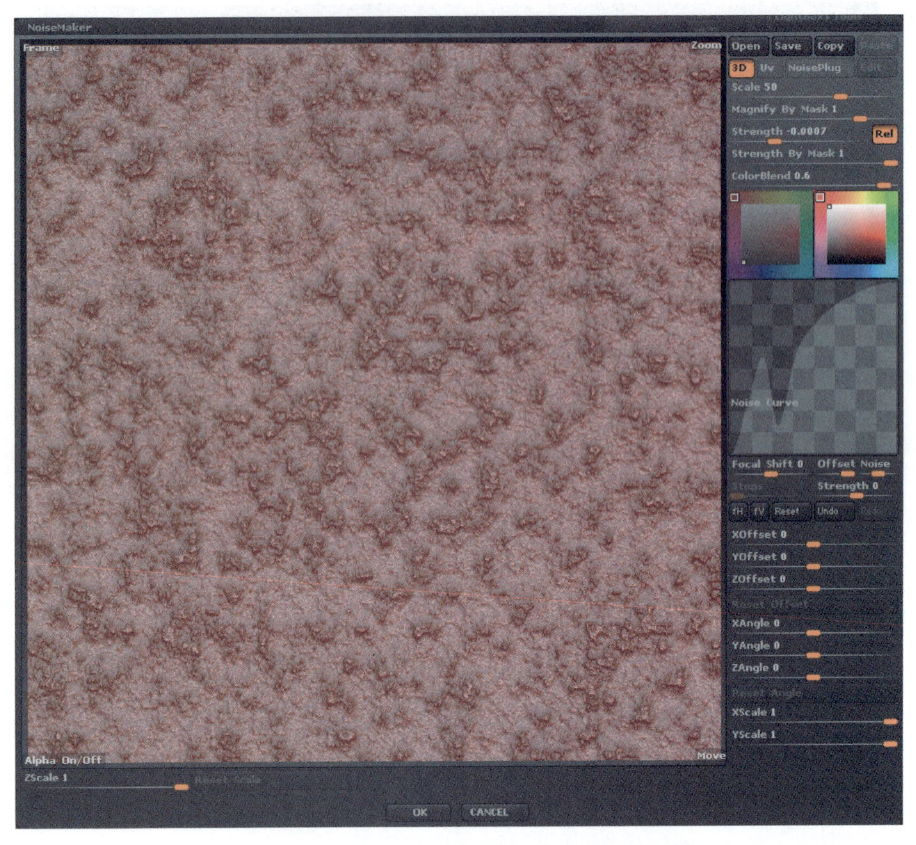

图 5-28　Scale=50 并调整噪波曲线的纹理效果

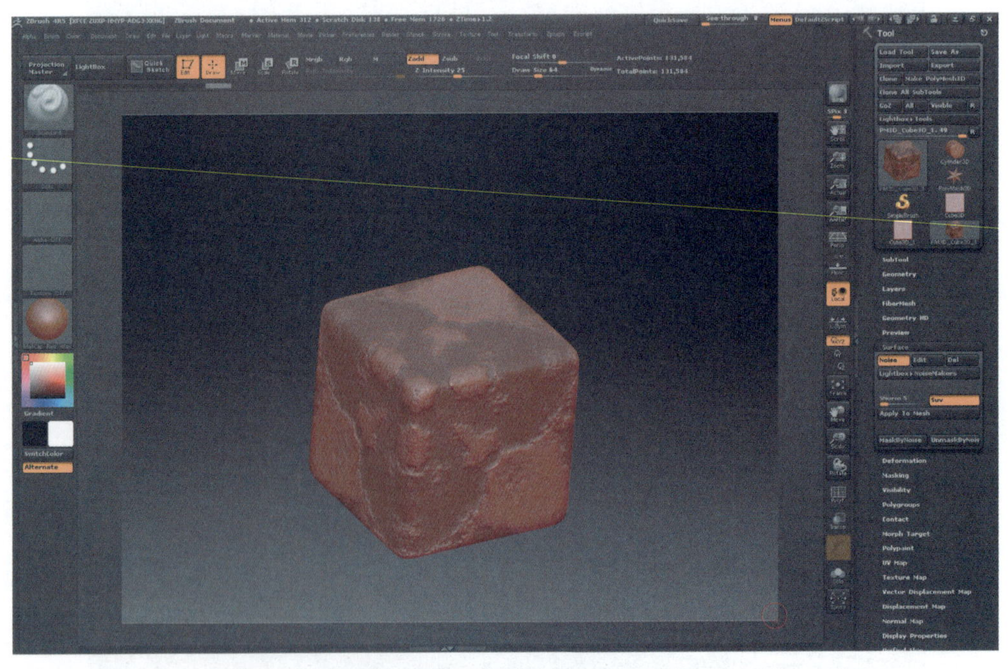

图 5-29　Surface 噪波纹理雕刻造型效果

5.7 3D模型变形设计

ZBrush中集成了很多变形控制器，这些变形控制器在三维建模和雕刻中起到关键的作用，为模型的雕刻绘制提供了极大的便利，可以极大地提高工作效率。

5.7.1 3D模型变形设计功能简述

在Tool工具箱中选择Deformation（变形）功能，包括Unify（还原）、Mirror（镜像）、Polish（光滑）、Relax（松弛）、ReSym（重置轴）等，如图5-30所示。

（1）Unify：控制物体的大小，当单击此按钮时，物体的大小将还原为ZBrush默认大小值。

（2）Mirror：镜像物体将按照所选中的轴向进行镜像。

（3）Polish：该选项用来光滑模型，在对物体细节进行编辑，而因物体的细节过于繁多或琐碎时，通过该命令可以删除一些不必要的细节。

（4）Polish By Groups（组光滑）：该选项同Polish功能相同，光滑效果更显著。

（5）Relax：对过于密集的网格线部分进行松弛处理，在高精度模型制作过程中使用该命令有时会产生错误的计算。

（6）ReSym：重置对称的轴向。

（7）Offset（偏移）：控制模型的整体偏移量。

（8）Rotate（旋转）：控制模型或部分表面的旋转。

（9）Size（尺寸）：控制模型或部分表面的尺寸缩放。

（10）Bend（弯曲）：控制模型的弯曲变形，该属性提供的变形是刚性的变形效果。

（11）SBend（光滑弯曲）：控制模型的柔和弯曲变形效果，以不同角度的弯曲变形改变模型的效果。

（12）Skew（扭曲）：控制模型歪曲偏离的扭曲效果，同Bend效果类似，不同点在于Skew变形只是偏移，而Bend变形成弧形。

（13）SSkew（光滑扭曲）：指光滑控制模型的扭曲偏移变形效果，可以设计不同角度的偏移效果。

（14）Flatten（磨平）：表示沿着物体某个轴向进行磨平处理。

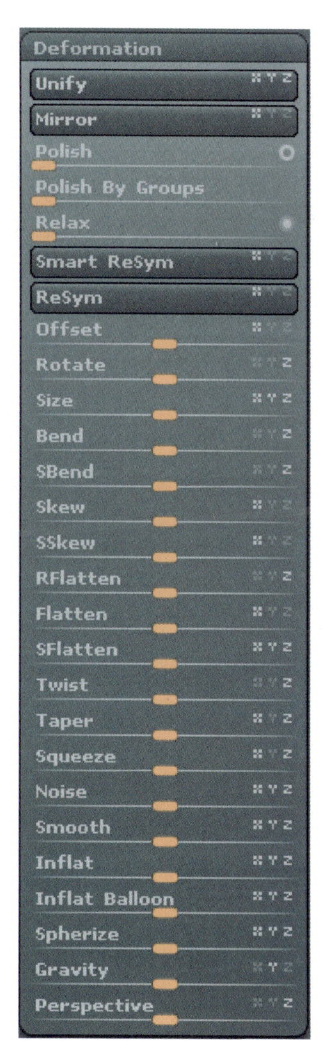

图5-30 Deformation变形功能属性

（15）SFlatten（光滑磨平）：指沿着物体单个轴向进行光滑磨平处理。

（16）Twist（扭曲）：沿着各个轴向旋转扭曲成一束的效果，可以沿着不同轴向扭曲成一束的效果。

（17）Taper（锥形）：表示把物体在 Y 轴上下两端沿着各个轴向进行缩放的变形。

（18）Squeeze（挤榨）：指将物体在 Y 轴中间沿着各个轴向进行缩放的变形。

（19）Noise（噪波）：表示噪波纹理叠加效果。

（20）Smooth（光滑）：是指光滑表面的纹理细节，用来剔除多余的、不必要的细节操作。

（21）Inflat（膨胀的）：表示物体造型表面向外均匀扩张，使物体造型变胖。

5.7.2　3D 模型变形案例分析

（1）光滑弯曲变形：在 Deformation 卷展栏中调节 SBend 滑块，效果如图 5-31 所示。

图 5-31　光滑弯曲变形效果

（2）磨平变形：在 Deformation 卷展栏中调节 Flatten 滑块，效果如图 5-32 所示。

（3）光滑磨平处理：在 Deformation 卷展栏中调节 SFlatten 滑块增加数值，效果如图 5-33 所示。

（4）噪波纹理叠加：在 Deformation 卷展栏中调节 Noise 滑块增加数值，效果如图 5-34 所示。

（5）向外均匀扩张：在 Deformation 卷展栏中调节 Inflat 滑块增加数值，效果如图 5-35 所示。

图 5-32　磨平效果

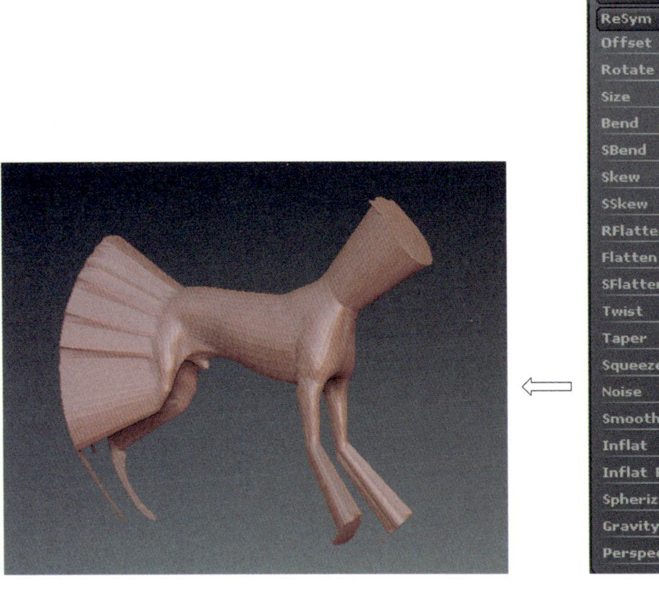

图 5-33　光滑磨平效果

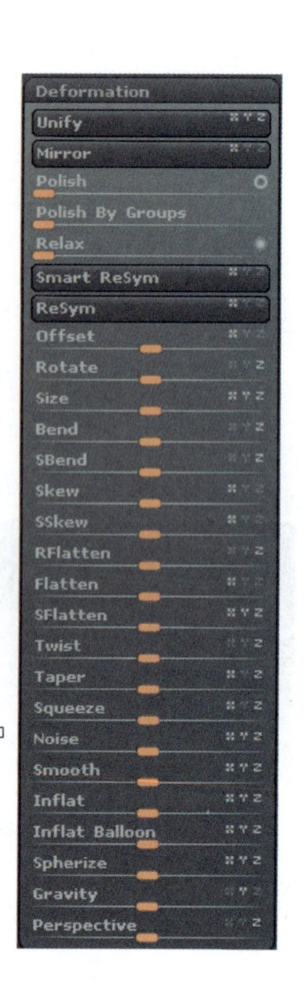

图 5-34　噪波效果

图 5-35　膨胀效果

5.8 3D蒙版设计

在 ZBrush 中对高精度模型进行精细雕刻时，通常需要使用 Mask(蒙版)工具对造型进行遮罩处理，以便进行更精细的雕刻。如巨蟒身上鳞片纹理的雕刻绘制，需要改变每一个鳞片之间的衔接，此时可以根据 3D 模型自身的结构生成 Mask(蒙版)。

5.8.1 3D蒙版设计功能简述

在 ZBrush 中，在视图窗口中创建 Masking(蒙版)后，在 Tool 工具箱中展开 Masking 卷展栏，通过属性设置可以对模型进行蒙版编辑操作。Masking 卷展栏如图 5-36 所示。

(1) ViewMask(查看蒙版)：激活此按钮，可以在视图窗口中查看选中的 Mask。

(2) Inverse(反转)：单击此按钮，可以对 Mask 进行反转操作，按住 Ctrl 键在空白区域单击同样可以实现反选效果。

(3) Clear(清除)：单击此按钮，可以实现在选中区域进行清除蒙版操作。

(4) MaskAll(全部)：可以将当前正在编辑的模型进行全部蒙版处理。

(5) BlurMask(模糊蒙版)：当蒙版处于局部选中状态时，该功能可以对蒙版进行过渡处理。该功能在配合变形器时经常被用到，被蒙版遮住的部分不受变形器的控制。

(6) SharpenMask(锐化蒙版)：该功能与 BlurMask 功能相反，是将模糊了的边界蒙版进行锐化处理。

(7) Mask Ambient Occlusion(创建 AO 效果)：该功能可将 AO(环境光吸收)效果转换为蒙版。

(8) Occlusion Intensity(OCC 强度)：控制 OCC 吸收光的强度。

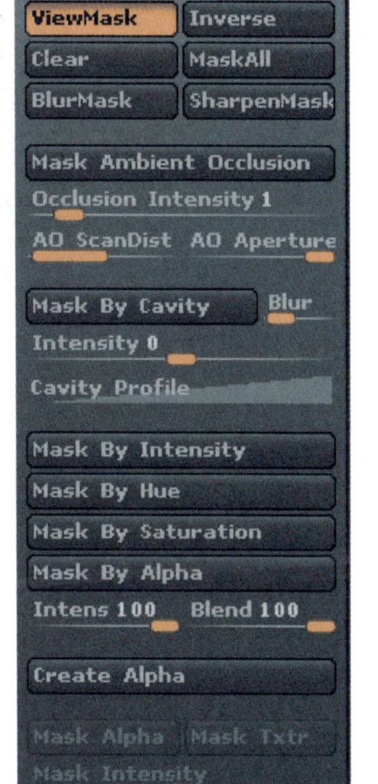

图 5-36 Masking 卷展栏

(9) AO ScanDist(二次 AO 传播距离)：该属性值调节灰度衰减范围。

(10) AO Aperture(AO 缝隙)：该属性值调节 AO 缝隙深度范围。

(11) Mask By Cavity(创建来自几何形体)：指根据几何形体的起伏结构创建蒙版。

(12) Intensity(强度)：依据几何形体转化的强度创建蒙版。

(13) Cavity Profile(曲线示意图)：根据几何形体起伏定义灰度曲线图。

(14) Mask By Intensity(通过强度创建)：单击此按钮，通过模型顶点着色的黑白信息的强度创建蒙版。

(15) Mask By Hue(通过色相创建)：单击此按钮，通过模型顶点着色的色相信息创建蒙版。

(16) Mask By Saturation(通过色彩饱和度创建)：单击此按钮，通过模型顶点着色的色彩饱和度创建蒙版。

(17) Mask By Alpha(通过 Alpha 创建)：单击此按钮，通过模型顶点着色的 Alpha 信息创建蒙版。

5.8.2 3D 蒙版案例分析

1. Mask 应用案例

在 ZBrush 4.0 中，Mask 的使用是通过快捷键来操作的，按住 Ctrl+Alt 组合键，进入笔刷为 MaskPen 的蒙版工作状态，笔触为 FreeHand 手绘状态；然后在主视窗工作窗口中按住 Ctrl 键拖曳鼠标，释放后会看到模型上被框选部分的颜色变为了深灰色。

选择 Light Box→Dog. ZTL 造型，在左侧托盘中选择材质为 MatCap White01，选择笔刷为 MaskPen 蒙版工作状态，笔触为 FreeHand 手绘状态；在工具箱中选择 Geometry→Divide 模型细分，然后按住 Ctrl 键用光标进行蒙版绘制，效果如图 5-37 所示。

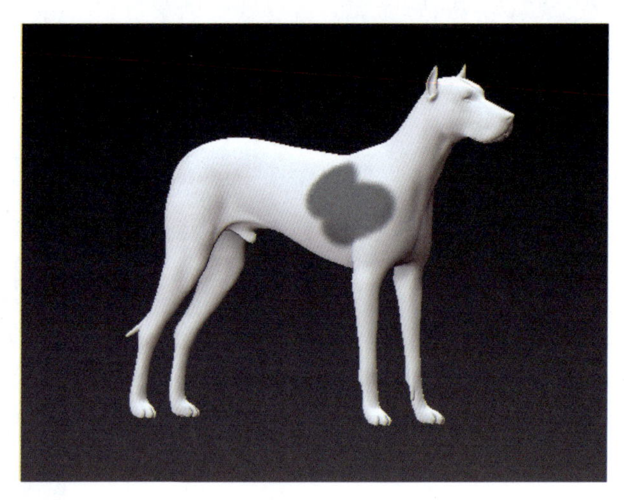

图 5-37 利用 Masking 绘制模型

2. Mask 和变形控制器配合使用的案例

利用 Mask 的 BlurMask 属性，结合变形控制器功能绘制，会发现物体被蒙版遮挡的部分不受变形控制器的控制。操作过程如下。

① 启动 ZBrush 集成开发环境，在 Light Box 热盒中选择 Dog. ZTL 造型，在左侧托盘中选择材质为 MatCap White01，选择笔刷为 MaskRect 蒙版工作状态，笔触为 FreeHand 手绘状态。

② 在主视图工作区中按住 Shift 键调整模型视角为正面，按住 Ctrl 键绘制一个矩形框蒙版，释放鼠标后发现选框中选中和未被选中部分间的衔接处很生硬；在工具箱中展开 Masking 卷展栏，单击 BlurMask 模糊蒙版按钮，使模型的蒙版衔接处变得平滑，如图 5-38 所示。

③ 在工具箱中展开 Deformation 卷展栏，调节 Flatten 滑块，被蒙版遮住的部分没有被磨平，而是被保护起来，如图 5-39 所示。

图 5-38　蒙版衔接处由生硬变为平滑

图 5-39　物体被蒙版遮挡部分不受变形器的控制

5.9　3D 模型局部显示设计

5.9.1　3D 模型局部显示设计功能简述

3D 模型局部显示设计即 Visibility 卷展栏实现的功能，在对模型进行编辑时，Visibility 卷展栏中的属性控制模型的局部显示效果。该卷展栏根据 Mask 蒙版进行操作，如图 5-40 所示。

(1) HidePt(隐藏未被蒙版区域)：该功能将模型的蒙版区域进行隔离显示。

(2) ShowPt(显示未被蒙版区域)：该功能将隐藏的模型显示出来。

(3) Grow(向外扩展)：该功能将模型的显示部分向隐藏部分扩展。

(4) Shrink(向内扩展)：该功能将模型的隐藏部分向显示部分扩展。

(5) Outer Ring(中间部分)：该功能用来使模型要显示蒙版的过渡区域。

图 5-40　Visibility 卷展栏

5.9.2 3D模型局部显示案例分析

① 启动ZBrush集成开发环境，在Tool工具箱中选择球体造型，在左侧托盘中选择笔刷为MaskPen蒙版工作状态，笔触为FreeHand手绘状态。

② 在主视图工作区中按住Ctrl键在球体上绘制一个蒙版；然后在工具箱中展开Masking卷展栏，单击BlurMask模糊蒙版按钮，使模型的蒙版衔接处变得平滑，如图5-41所示。

③ 在工具箱中展开Visibility卷展栏，单击HidePt（隐藏未被蒙版区域）功能按钮，被蒙版遮住的部分被保留下来，如图5-42所示。

图5-41 蒙版衔接处变得平滑

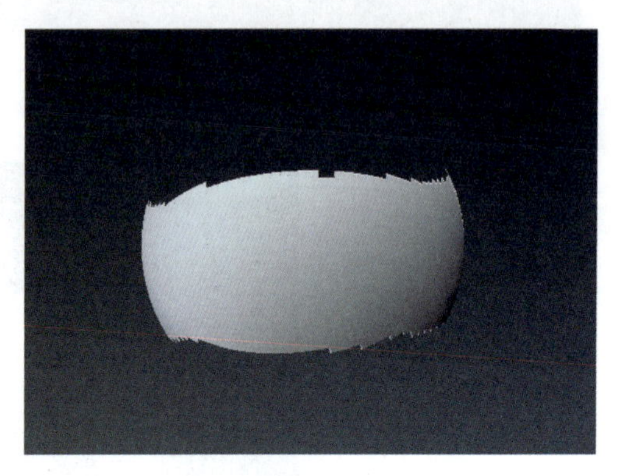

图5-42 3D模型局部显示效果

5.10 3D模型分组设计

3D模型分组设计即PolyGroups卷展栏实现的功能，该卷展栏控制模型的分组功能，如图5-43所示。在ZBrush中为了给模型赋予不同的颜色或不同材质，通常在编辑时为模型分配不同的组别，这样既可以选择组的方式对模型进行材质绘制，也可以方便对材质颜色纹理的编辑。

图5-43 PolyGroups卷展栏

5.10.1 3D模型分组设计功能简述

3D模型分组设计（PolyGroups）卷展栏属性描述如下。

（1）Auto Groups（自动分组）：该功能会将当前显示的模型表面随机分配到一个组级中。

（2）Auto Groups With UV（根据UV自动分组）：该功能会按照UV断开的情况将物体分配至不同的组别。

（3）Groups Visible（组显示）：默认状态下，不同组别的显示只有在线框显示的状态下能观察，当组别颜色显示和其他组别显示接近时单击此按钮，能重新分配一个组别给该组。

（4）From Polypaint（来源于顶点着色）：指模型将根据用

户绘制的顶点着色效果进行分组。

(5) From Masking(来源于蒙版)：指模型根据用户绘制的蒙版进行分组。

(6) PToler、MToler(顶点着色容差、蒙版容差)：控制在渐变时分组具体在什么位置上。

5.10.2 3D模型分组案例分析

PolyGroups 卷展栏在材质分配时经常被用到，本节通过案例介绍其工作流程。

① 启动 ZBrush 集成开发环境，选择工具栏中的 3D 笔刷中的球体造型，在画布中拖曳创建球体模型，材质设置为 MapCap White01 白色进入 Edit 编辑状态，选择工具箱中的 Make PolyMesh3D 功能；在工具箱中展开 Geometry 卷展栏，单击 Divide 按钮将几何体细分为 3 级。

② 在集成开发环境的左侧托盘中选择 Alpha 笔刷，在球体上绘制。其中左侧托盘中笔刷设置为 Mask Pen，笔触设置为 DragRect，Alpha 设置为▨，材质设置为 MapCap White01 绿色，如图 5-44 所示。

③ 开启右侧的模型线框显示功能 PolyF，在 PolyGroups 卷展栏中单击 From Masking 按钮，ZBrush 自动根据模型的 Mask(蒙版)情况将模型进行分组；然后按住 Ctrl+Shift 组合键单击球体紫色部分，将紫色部分进行单独显示。

④ 单击 Color 菜单下的 Fill Object 设置模型颜色，或按空格键进行相同操作。

⑤ 在空白处按 Ctrl+Shift 组合键单击，将隐藏的模型显示出来；然后为视图中的模型添加材质。

⑥ 按住 Ctrl+Shift 组合键在空白处单击，最终的效果如图 5-45 所示。

图 5-44 在模型上绘制 Alpha 效果

图 5-45 最终模型绘制效果

5.11 顶点着色设计

Polypaint 控制 ZBrush 中最重要的部分物体着色。在 ZBrush 中对物体着色分为两类，一类是通过贴图绘制编辑处理；另一类是利用 Colorize(变色)功能对模型进行顶点着色，也就是利用 Polypaint(顶点绘制)卷展栏属性设置进行模型顶点着色，Polypaint 卷展栏如图 5-46 所示。

图 5-46　Polypaint 卷展栏

5.11.1　顶点着色设计功能简述

Polypaint（顶点着色绘制）功能的原理是根据顶点着色来计算，当用户将模型细分级别降低时，绘制的图像会变模糊。

Polypaint（顶点着色绘制）卷展栏属性描述如下。

（1）Colorize（变色）：只有在该按钮被激活时，模型的顶点着色系统才被开启。

（2）Grd（梯形渐变）：默认开启该模式，模型的颜色边缘不会出现硬边。

（3）Polypaint From Texture（贴图顶点着色绘制）：当贴图被开启时，能将模型的贴图颜色转换为顶点着色。

（4）Polypaint From Polygroups（多变组顶点着色绘制）：可以将模型组的颜色转换为顶点着色。

5.11.2　顶点着色案例分析

顶点着色设计案例进程如下。

① 启动 ZBrush 集成开发环境，在工具栏中选择 3D 笔刷中的 Plane 平面造型，单击 Make PolyMash3D 按钮，在视图窗口拖曳，如图 5-47 所示。

② 在工具箱中展开 Geometry 卷展栏，设置 Divide 几何体模型细分为 3 级。

③ 在视图窗口的左侧托盘中选择 Alpha 笔刷，在平面上绘制。其中左侧托盘中设置为标准笔刷，笔触设置为 DragRect，选择 →Make Alpha→Alpha Invers 命令，最终 Alpha 设置为 。

④ 在工具箱中展开 Polypaint 卷展栏，激活 Colorize 按钮，设置笔刷强度适当，在创建的平面上绘制，如图 5-47 所示。

图 5-47　Alpha 顶点着色绘制效果

⑤ 如果此时在视窗中不拖曳 Alpha 效果，在主菜单中选择 Color→Fill Object 命令可显示效果，如图 5-48 所示。

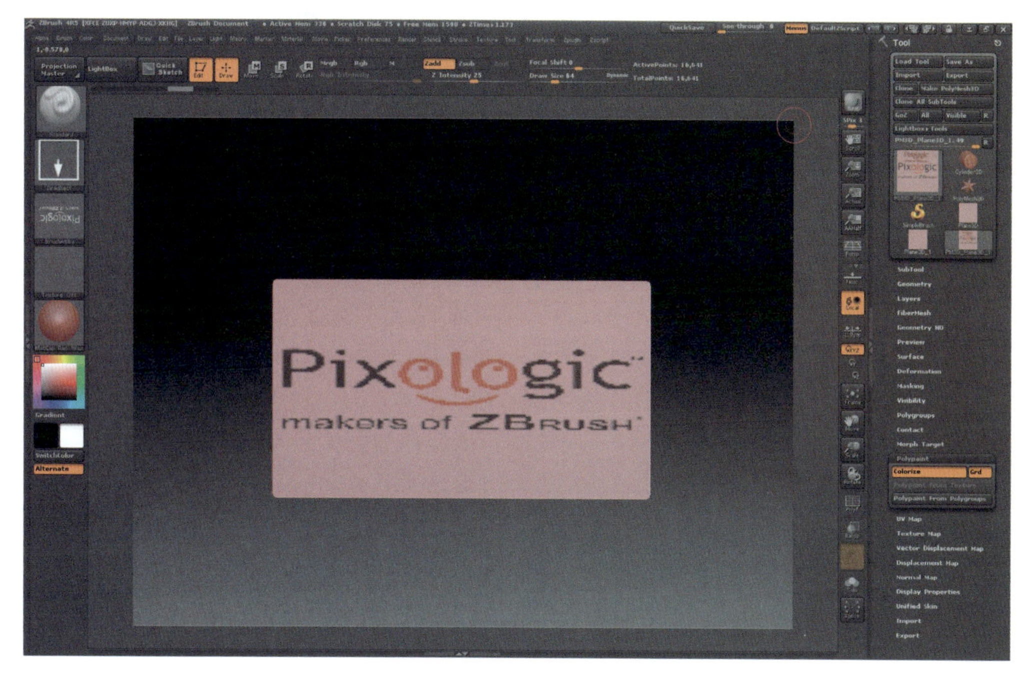

图 5-48 Polypaint 顶点着色绘制效果

5.12 投影变形设计

5.12.1 投影变形设计功能简述

Morph Target 投影变形设计可以让用户释放淡化模型网格与 Pinch、Move 或其他笔刷产生的多边形交叉现象。

Morph Target 卷展栏如图 5-49 所示。

图 5-49 Morph Target 卷展栏

(1) StoreMT(存储投影变形):单击此按钮,表示存储高级投影变形模型。

(2) Switch(转换):可以将模型存储的细节转换到同等级别的细分模型表面。

(3) DelMT(删除投影变形):表示将存储的模型细节删除,删除投影的映射。

(4) Morph(转换强度):调节该滑块,可以控制模型转换的细节的强度。

(5) Morph Width(转换宽度):调节该滑块,可以控制模型转换的细节的宽度。

(6) Morph Height(转换高度):调节该滑块,可以控制模型转换的细节的高度。

(7) Morph Dist(转换距离):调节该滑块,可以控制模型转换的细节的距离。

(8) Project Morph(映射转换):调节该滑块,将模型的细节映射到同等级模型上去的强度。

5.12.2 投影变形案例分析

① 启动 ZBrush 集成开发环境，在 Light Box 热盒中选择一个模型，在工具栏中设置模型细分等级为最高。

② 在工具箱中展开 Morph Target 卷展栏，单击 StoreMT 功能按钮。

③ 降低两级模型细分，选择 Tool→Geometry→Delete Higher 命令，删除更高级别细分。

④ 在视图工作区左侧选择 Smooth 笔刷平滑网格交叉部分。

⑤ 细分两次或更多次，让模型返回与原来相同的细分等级上。

⑥ 在视图工作区右侧的工具箱中展开 Morph Target 卷展栏将 Project Morph 设置为 100，即可将原来的模型映射到现在的平滑网格上，从而得到一个比较整齐的网格效果。

5.13 UV Map 设计

在 ZBrush 中编辑模型时，也存在 UV 概念，即曲面设计中的 U 方向和 V 方向。UV Map 功能是 ZBrush 自带的 UV 编辑器，用于实现曲面建模方式。

5.13.1 UV Map 设计功能简述

图 5-50 UV Map 卷展栏

UV Map 卷展栏如图 5-50 所示，属性介绍如下。

(1) Delete UV(删除 UV)：单击此功能按钮可以删除 UV。

(2) Morph UV(转换变形 UV)：该功能可将视图窗口中的模型和 UV 进行相互变形转换。该功能与阴影盒配合使用时，可以展开或恢复阴影盒。

(3) UV Map Size(UV 贴图大小)：调节该滑块可以设置 UV 贴图尺寸大小，其默认值分别为 512、1024、2048 以及 4096；也可以输入相应数值。

(4) UV Map Border(UV 贴图边距)：该滑块控制 UV Map 的边距尺寸大小。

(5) Uvc(圆柱 UV)：该功能表示模型按圆柱形展开 UV。

(6) Uvp(平面 UV)：该功能表示模型按平面形展开 UV。

(7) Uvs(球形 UV)：该功能表示模型按球形展开 UV。

(8) UVTile(方形 UV)：该功能表示模型将按每个 UV 大小进行均化。

(9) AUVTile、PUVTile 以及 GUVTile、ZBrush 提供的 3 种自动分 UV 的方式。

5.13.2 UV Map 案例分析

① 启动 ZBrush 集成开发环境，在工具栏中选择 3D 笔刷中的球体造型，在视图窗口中拖

曳绘制。

② 在主菜单中单击 Edit 按钮，在工具栏中单击 Make PolyMesh3D 功能按钮。

③ 展开 UV Map 卷展栏，选择 Morph UV 功能，将一个球体转换为一个平面，如图 5-51 所示。

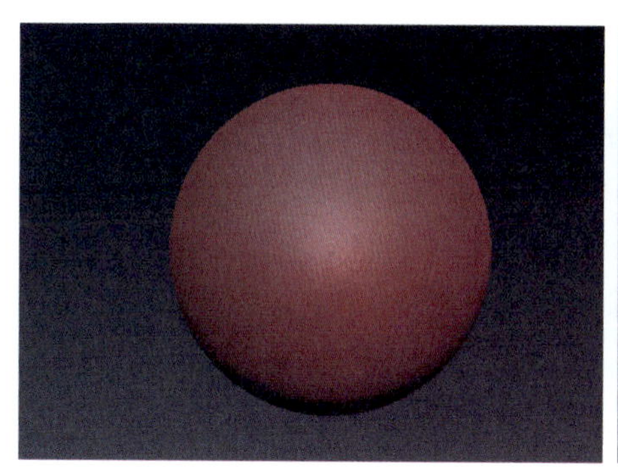

图 5-51 转换变形 UV 效果

5.14 拓扑结构

在工具栏选择 Z 球时，在工具箱中才能展开 Topology 卷展栏，如图 5-52 所示，属性说明如下。

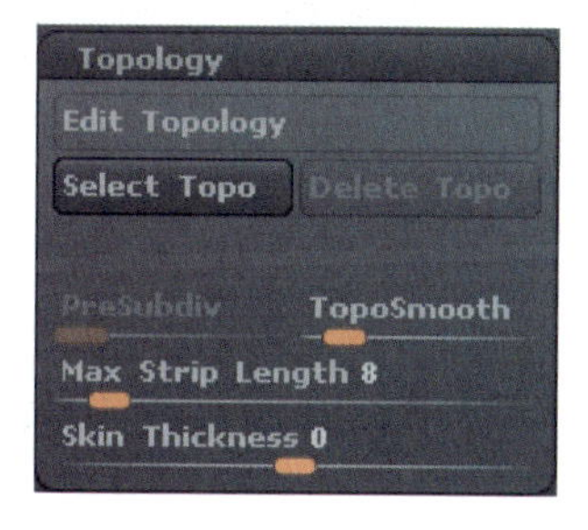

图 5-52 Topology 卷展栏

(1) Edit Topology（编辑拓扑结构）：在选定的模型上编辑新的拓扑结构。

(2) Select Topo（选择拓扑）：选定模型作为拓扑网格。

(3) Delete Topo（删除拓扑）：删除正在编辑的拓扑结构。

(4) PreSubdiv（拓扑细分）：控制拓扑生成的新网格在预览时的细分级别。

(5) TopoSmooth（拓扑平滑度）：控制拓扑生成的新网格的平滑度。

(6) Max Strip Length（最大链接长度）：控制拓扑自动填充的连接长度。

(7) Skin Thickness（蒙皮厚度）：控制拓扑生成网格的厚度。

5.15 3D 造型投影设计

Projection（投影）卷展栏配合拓扑结构联合应用，可以实现 3D 造型投影设计。只有当选择工具箱中的 Z 球功能时，才会看到 Projection 卷展栏。

5.15.1 3D造型投影设计功能简述

Projection 卷展栏如图 5-53 所示，属性功能描述如下。

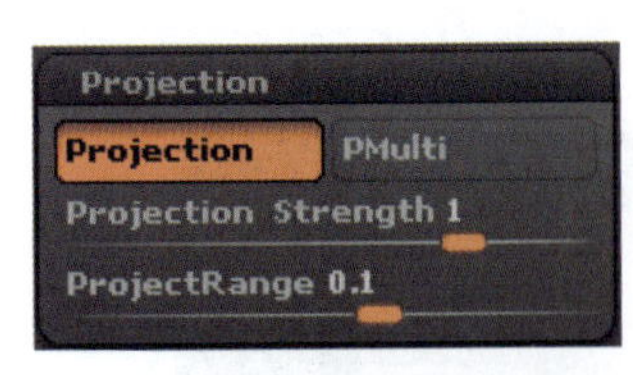

图 5-53 Projection 卷展栏

（1）Projection（投影）：特点是按 A 键预览模型蒙皮时，将把源模型的表面细节投影到拓扑网格上。

（2）PMulti（多重投影细节）：将细节更加完美地进行保留，同时投影所消耗的时间也增加。

（3）Projection Strength（投影强度）：控制投影源模型表面的细节数量。

（4）ProjectRange（投影范围）：控制模型投影的范围。

5.15.2 3D造型投影案例分析

3D 造型投影设计需要将 Projection 卷展栏与拓扑结构配合使用，先在工具箱中选择 Z 球功能创建一个 3D 模型，再结合 Projection 功能进行创建造型，具体过程如下。

① 启动 ZBrush 集成开发环境，在工具栏中选择 3D 笔刷中的 Z 球功能，在视图窗口中创建一个 3D 造型。

② 展开 Projection 卷展栏，单击 Projection 功能按钮，按 A 键。

③ 在工具栏中单击 Make PolyMesh3D 功能按钮，然后选择 Geometry→Divide 进行几何细分，效果如图 5-54 所示。左侧为“Z”球设计效果，右侧图像为几何细分后的设计效果。

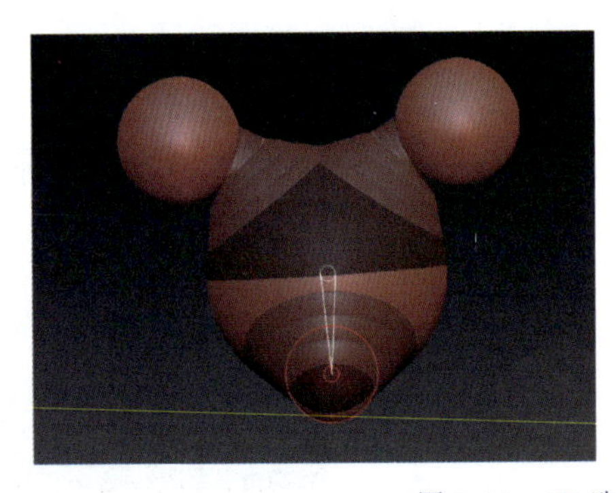

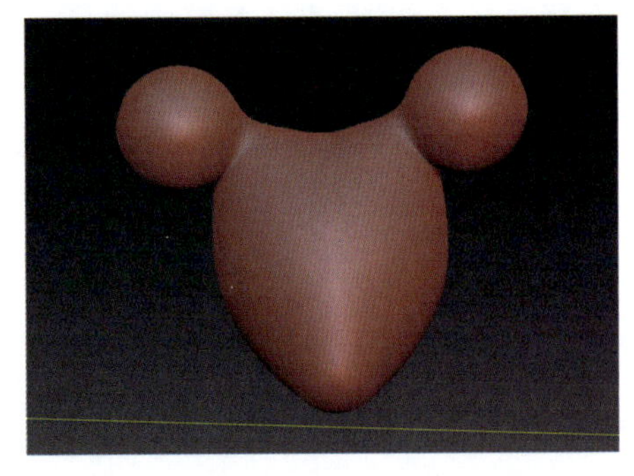

图 5-54 3D 造型投影设计效果

第 6 章　Z球设计

本章将介绍 Z 球的概念及应用，帮助读者了解 ZSphere（Z 球）的特性、创建和编辑，掌握参数属性的控制、转换网格操作及对 Z 球产生物体的控制。

6.1　Z 球基础知识

Z 球是一个非常强大的 ZBrush 建模工具，可以很容易地创建一种骨骼链接球体，并可通过移动肢体位置创建出各种 3D 建模姿势。

6.1.1　Z 球的含义

Z 球是利用球体在三维空间进行拖曳创建自由连接全方位立体建模的一种形式，可以随意在"根球"上面沿不同方向延展球体，也可以在 Z 球的任何位置添加球体造型构建 3D 组合模型。就像小朋友玩泥巴一样，用户可以随心所欲地利用 Z 球来创建 3D 模型。

Z 球体模型由根 Z 球、Z 球链以及子 Z 球构成，根 Z 球是初始状态的原始球体，Z 球链是两个 Z 球之间的链接部分，像骨骼一样，由一端指向另一端，尖头的一端代表子级，中间部分是 Z 球的链接部分，另一端是根 Z 球。Z 球基本结构如图 6-1 所示。

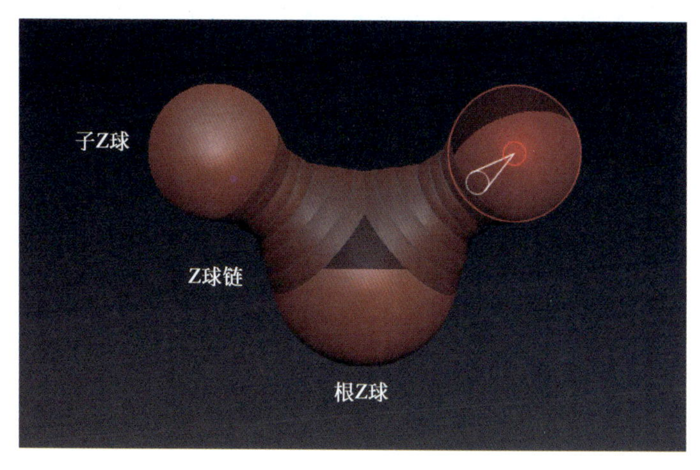

图 6-1　Z 球基本结构

Z 球模型可自适应蒙皮设计，即 Z 球体模型能通过蒙皮来创建 Z 球，形成真实的多边形网格，该网格构成标准的 3D 物体，该模型能进一步被雕刻、建模修改、绘制纹理或输出到其他应用程序。每个 Z 球模型都由有规律的球体组合和耦合球体连接起来组成，Z 球可以有子级，耦合球体没有子级，它们只是简单地显示有规律的球体互相之间的关系以及确定编辑命令的有效性。当鼠标指针在 Z 球上时，它将变成红色或绿色圆环；当在耦合球体上时它变为橙色的方形。在 Edit Object 编辑模式下选择 Frame 多边形的网格显示模式，可以方便预览模型结构。

6.1.2 Z 球设计简述

Z 球设计过程包括 Z 球创建、编辑、修改、移动、旋转以及缩放等多种操作。在 ZBrush 中，可以利用 Z 球创建、编辑和修改 3D 物体造型。

在 ZBrush 集成开发环境中，在工具栏中选择 3D 笔刷，选择 Z Sphere 造型，在视图窗口中单击拖曳即可创建出一个“根 Z 球”。

创建根 Z 球后，进入编辑模式，在视图窗口中，将鼠标指针放在已经创建好的根 Z 球上任意位置进行拖曳，指针接近水平或垂直位置显示绿色圆环时，表示在根 Z 球的水平和垂直方向创建了子 Z 球。当指针为红色时，仍然可以添加子 Z 球，但当是自适应蒙皮时不能添加子 Z 球。

在“根 Z 球”上移动鼠标指针创建 Z 球进行绘制，也可以在耦合球体上单击即可添加 Z Sphere（Z 球体）子球体，如图 6-2 所示。

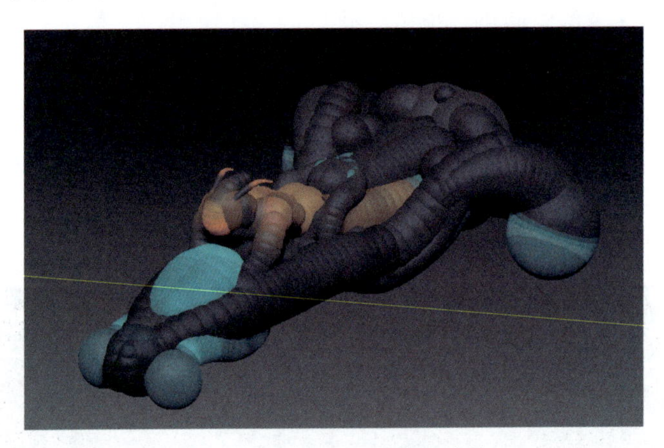

图 6-2　创建 Z 球 3D 模型效果

在 Z 球耦合球体上按住 Alt 键单击要删除的子球体，删除子球体；如果子 Z 球没有下一个子级球体，会直到删除根 Z 球为止。

6.1.3 Z 球模型蒙皮

创建好 Z 球模型后，可利用 Z 球模型自适应蒙皮设计，在 Edit Object 模式下，可以在任何时间按 A 键进入自适应蒙皮网格预览状态，即多边形 Z 球预览模式，如图 6-3 所示。再次按 A 键，即返回 Z Sphere 视图窗口的 Z 球编辑状态。按 Shift＋F 组合键可以开启模型线框显示模式。

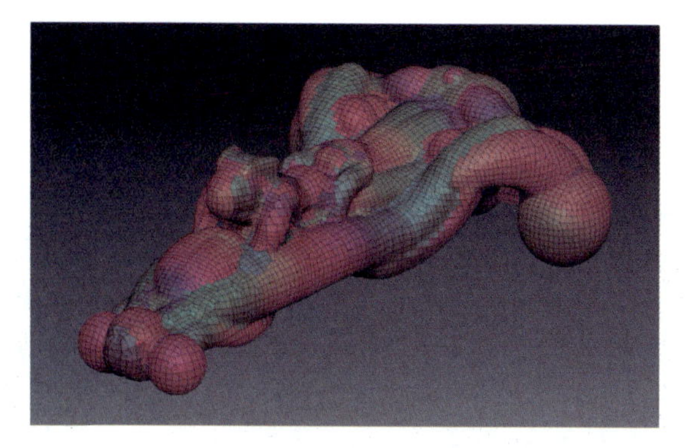

图 6-3　Z 球 3D 模型蒙皮网格预览效果

6.2　Z 球的设计

在 ZBrush 中利用 Z 球进行模型设计时，首先要创建一个根 Z 球，然后进入 Edit 编辑模式利用 Z 球绘制模型。Z 球的基本编辑功能包含移动、旋转以及缩放等，用户还可以利用 Z 球常用设计技术对造型进行雕刻设计。

6.2.1　Z 球的基本操作

从 Tool 工具箱中选择 Z Sphere 功能，在视图窗口中会看到一个红色的双色调球体。然后进入 Z 球编辑模式，利用 Move（移动）、Scale（缩放）以及 Rotate（旋转）工具对 Z 球进行位置移动、旋转和缩放操作，以调整出需要的形状。观察可发现，“Z 球”类似于其他三维建模软件中的骨骼功能。

1. 移动

实现 Z 球移动有两种方式，一种是只选中 Z 球移动；另一种是选中 Z 球连带下面的子 Z 球一起移动。移动 Z 球的快捷键为 W。拖曳任一子 Z 球，可以改变灰色 Z 球链的长度。拖曳 Z 球链，可以改变 Z 球链的位置。按住 Alt 键拖曳灰色连接球，整个子链会整体调整形状。

第 1 种方式：在工具箱中选择 Move 功能后，选中视图窗口模型中的某个 Z 球，直接拖动使模型变形。

第 2 种方式：在工具箱中选择 Move 功能后，选中视图窗口中的根 Z 球，按住 Ctrl 键直接拖动使其连带下面的子 Z 球整体移动，如图 6-4 所示。

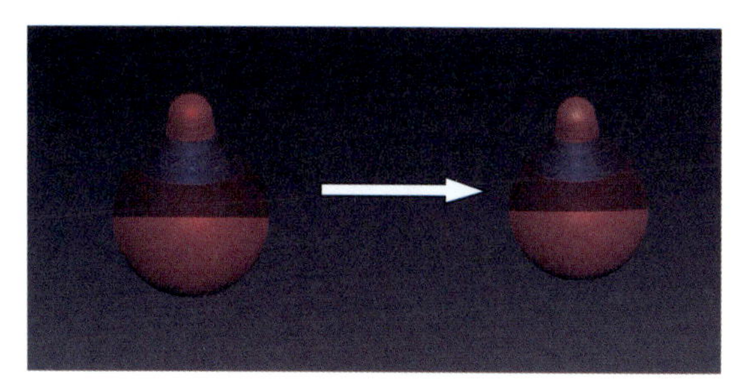

图 6-4　移动根 Z 球效果

在Z球子级之间移动时，会出现一个黄色圆圈标示，它将自己吸附到所控制的Z球上，黄线指示子级Z球的方向。移动Z球子球时，可以按A键预览自适应蒙皮网格效果，如图6-5所示。

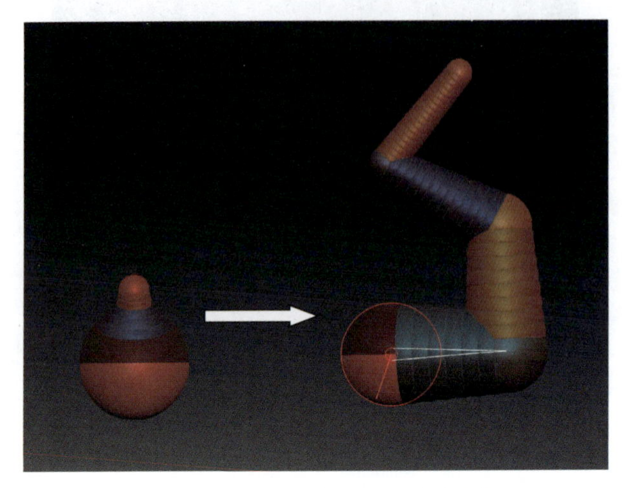

图6-5　移动Z球子球和子球链设计效果

2. 缩放

启动ZBrush集成开发环境，在工具箱中选择Scale缩放功能，在Z球体上拖曳调整球体大小(当拖拉时按住Alt键能引起子级和本身所有子级的缩放，但耦合链保持相同的长度)，如图6-6所示。

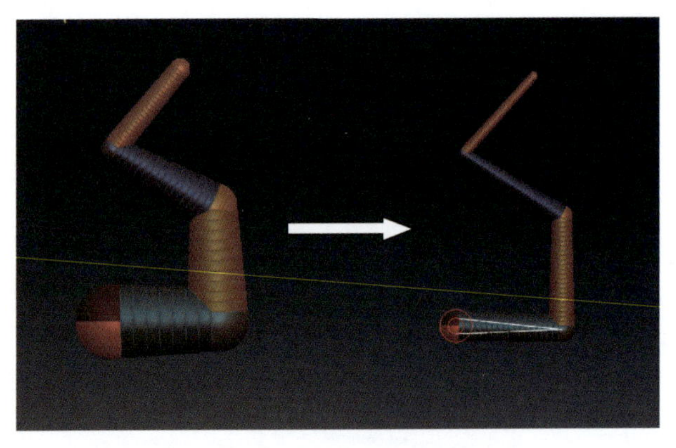

图6-6　Z球模型缩小效果

切换到Z球的缩放模式的快捷键为E，在Z球上拖曳能改变Z球模型的大小，拖曳Z球链能够改变整个子链。按住Alt键拖曳能够同时缩放从连接链开始的第一个Z球和所有子链。如果Z球链的第一个Z球有别的子链，此命令不能执行。

3. 旋转

在球体上拖曳可使模型沿某个旋转轴旋转，模型中的某个各部分与它的父级是耦合的，所有子级以组的方式旋转。在连接球体上拖曳可沿父级Z球轴向旋转，子球体作为一个组移动和旋转。可以按住Shift键拖曳引起45°角吸附旋转，也可以按住Alt键在耦合球体上单击

Z 球上某个关节球节点后进行拖曳旋转，如图 6-7 所示。

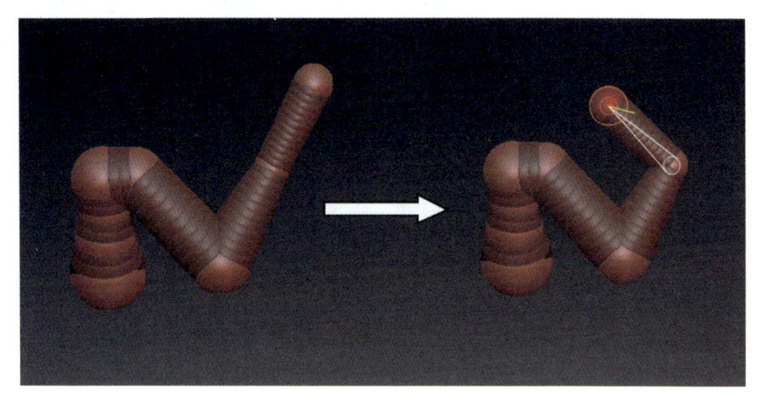

图 6-7　Z 球模型旋转设计效果

切换到 Z 球的旋转模式的快捷键为 R，在 Z 球模型上旋转，会以 Z 球模型自身轴向旋转，此球所有子链被带动旋转；按住 Alt 键旋转，所有子球会同时旋转。按 A 键蒙皮后，可以看到旋转 Z 球可使整条 Z 球链扭曲。拖曳 Z 球链可以影响所有子链的位置，旋转范围以父球为轴心做 360°旋转。

如果要创建与根 Z 球相同大小的子 Z 球，在 Edit 编辑状态下按住 Q 键即可从 Z 球拖曳出一个新的 Z 球，并可以调节新球的大小。按住 Shift 键拖曳能够添加一个和父级大小相同的新球。

6.2.2　Z 球设计常用技术

Z 球设计常用技术包括对称绘制、负球、引力球、突变网格、Z 球蒙皮等。

对称绘制是 Z 球设计常用的技术之一，自然界中有很多对称的物体造型，如人类、动物、植物等。对称绘制能够保障物体左右两侧严格一致，并可极大提高建模和雕刻的工作效率。

6.2.3　对称绘制设计

首先启动 ZBrush 集成开发环境，在工具箱中选择 3D 笔刷，选择 Z 球绘制功能，在视图窗口拖曳绘制根 Z 球，按住 Shift 键导正根 Z 球位置，然后单击 Edit 按钮进入 Z 球编辑状态。

选择 Transform→Activate Symmetry 命令，或者按 X 键进入 Z 球对称绘制工作状态，属性设置如图 6-8 所示。

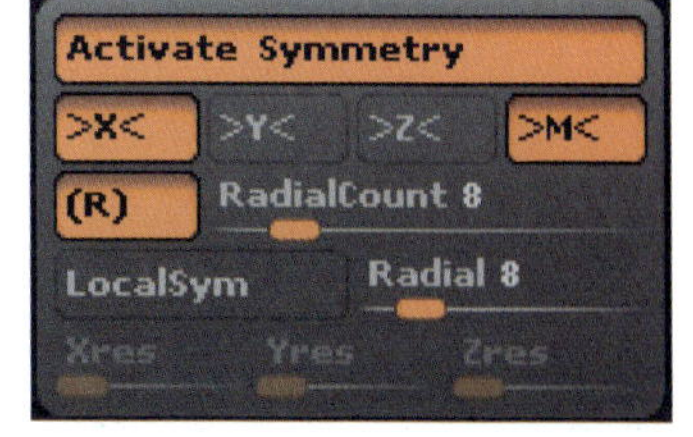

图 6-8　Z 球模型对称绘制属性设置

在视图窗口中找到根 Z 球，在根 Z 球上拖曳鼠标可以绘制出对称造型。在对称绘制中，可以按照不同的轴向，分别实现 X、Y、Z 三个轴向的对称绘制效果，如图 6-9 所示。

Z 球对称绘制过程中，选择 Y 对称绘制镜像，在 Transform 调控板中单击 R 功能按钮，设置 RadialCount＝8，即可同时对称绘制 8 个子 Z 球，如图 6-10 所示。

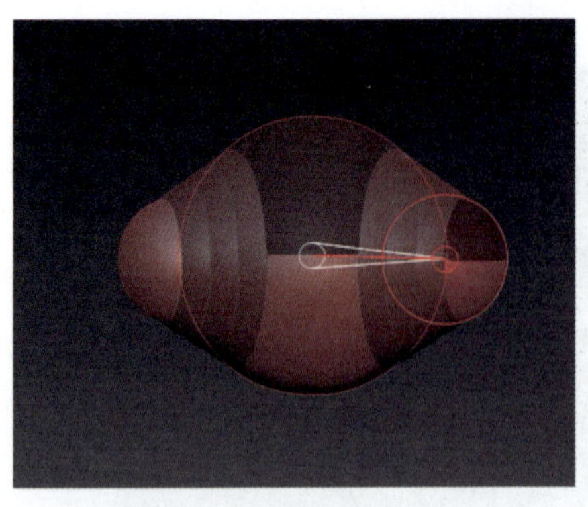
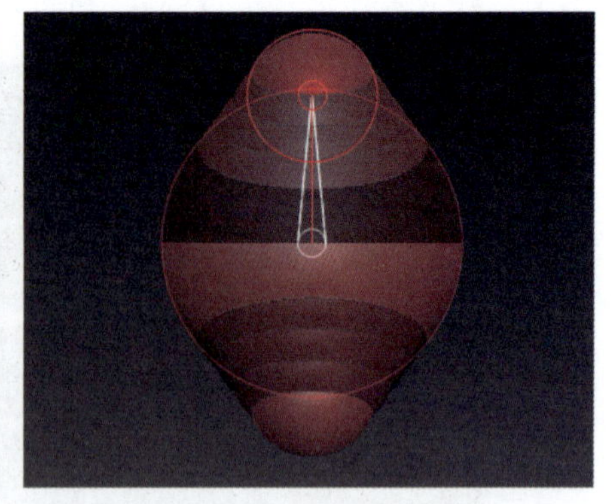

图 6-9　Z球模型沿 X、Y 轴向对称绘制设计效果

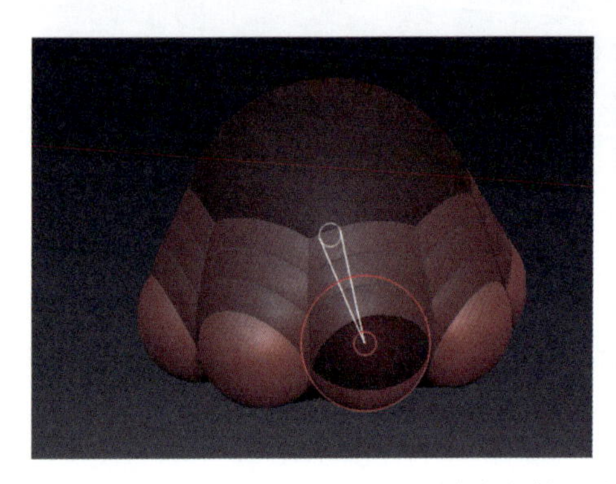
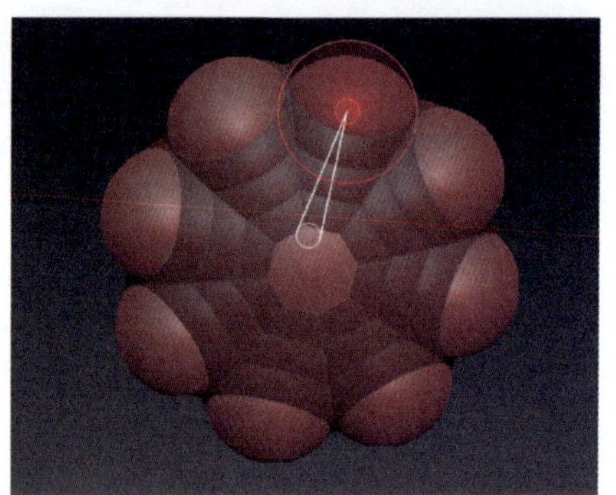

图 6-10　同时绘制 8 对称子 Z 球设计效果

6.2.4　负 Z 球设计

一般情况下创建的 Z 球都是“正球”或“凸球”，正球创建模型是堆积而成的造型，和球体结构相同。而“负 Z 球”在模型中是向里凹陷的，其拓扑结构是向模型内部挤压的状态。

利用 Z 球对造型进行设计时，在工具箱中选择 Z 球造型，在视图窗口中进行拖曳，并导正 Z 球位置，然后进行绘制。在绘制负 Z 球时，在工具箱中要先将 Draw 绘制功能调整为 Move 移动功能。

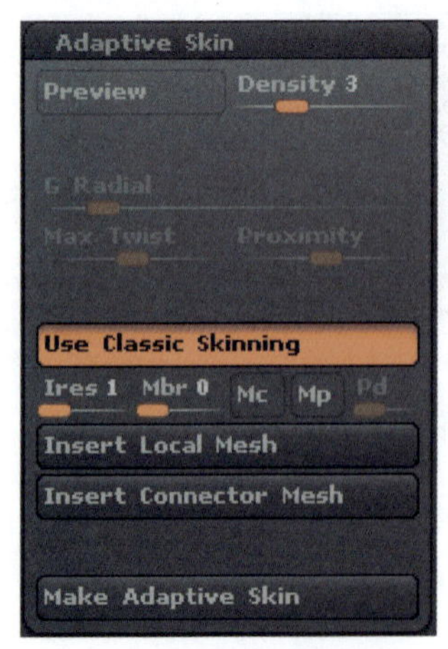

图 6-11　自适应皮肤功能参数设置

ZBrush 4.0 中新增加了“蒙皮转化”设置功能，在工具箱中的 Adaptive skin 卷展栏中单击 Use Classic Skinning 经典蒙皮功能按钮，调整其参数为 Density＝3、Ires＝1，Mbr＝0，其他不变即可，如图 6-11 所示。

例如负 Z 球对称绘制蒙皮转化过程如下所述。

① 启动 ZBrush 集成开发环境，在工具箱中选择 3D 笔刷，选择 Z 球造型，在视图窗口中进行拖曳，并导正 Z 球位置，然后单击 Edit 编辑功能按钮，对 3D 模型进行绘制。

② 启动 Z 球对称绘制功能：在主菜单中选择 Transform→Activate Symmetry 命令，默认按 X 轴对称绘制。

③ 在模型上绘制负 Z 球：在工具架中将 Draw 绘制功

能调整为 Move 移动功能，进行负 Z 球绘制工作。

④ 模型自适应蒙皮转化设置：在工具箱中展开 Adaptive skin 卷展栏，单击 Use Classic Skinning 经典蒙皮功能转换按钮，调整其参数为 Density=5、Ires=1、Mbr=1，其他不变，效果如图 6-12 所示。

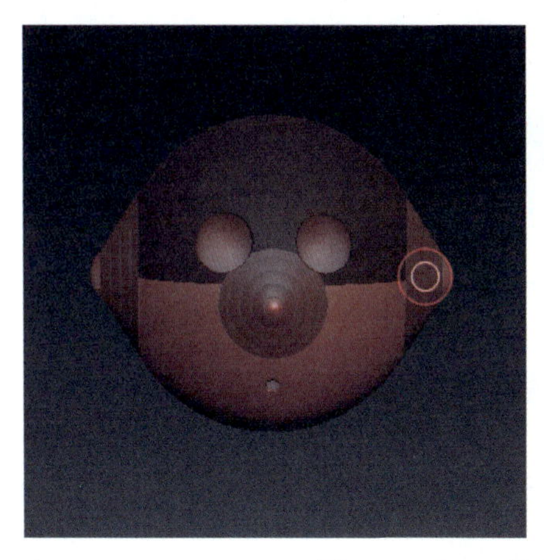

图 6-12　负 Z 球对称绘制蒙皮转化效果

6.2.5　引力球设计

在 ZBrush 中选择 Edit→Draw 命令，然后按住 Alt 键单击一个 Z 球链，如果该 Z 球链下只有一个 Z 球，那么这个 Z 球将会转变成一个 Attractor ZSphere(引力 Z 球体)。在预览引力球时，引力球不会以网格形式显示，它会对父球产生拉扯作用，使得小球网格发生变化，如图 6-13 所示。

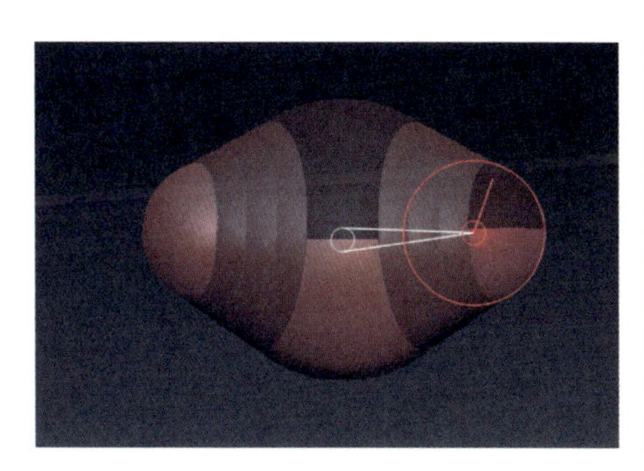
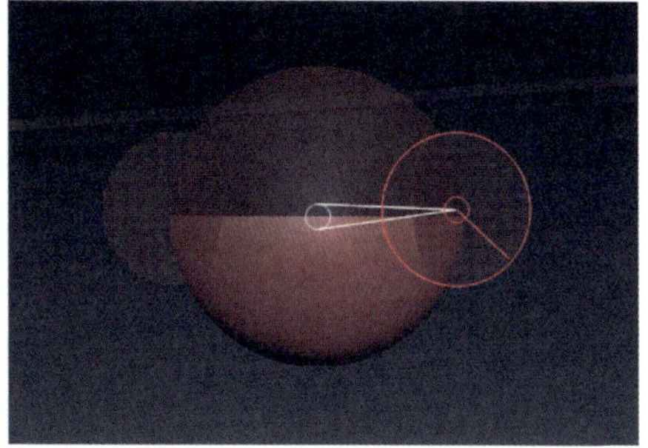

图 6-13　Z 球变为引力球设计效果

提示：Attractor ZSphere 只工作在自适应蒙皮模式中，如果创建的是统一的蒙皮，它们会将模型显示为突变网格部分的几何体。

引力球设计案例分析如下。

① 启动 ZBrush 集成开发环境，在工具箱中选择 Z Sphere Z 球造型创建 3D 模型。

② 在视图窗口创建根 Z 球，选择对称绘制功能，在根球上绘制 3D 模型。

③ 选择 Edit→Draw 命令，按住 Alt 键单击一个 Z 球链，显示引力球效果，如图 6-14 所示。

④ 模型蒙皮转化设计，在工具箱中展开 Adaptive skin 卷展栏，单击 Preview 预览功能按钮显示 3D 网格模型，按 A 键，再展开 Adaptive skin 卷展栏，单击 Use Classic Skinning 经典

蒙皮功能转换按钮，再次按 A 键，如图 6-15 所示。

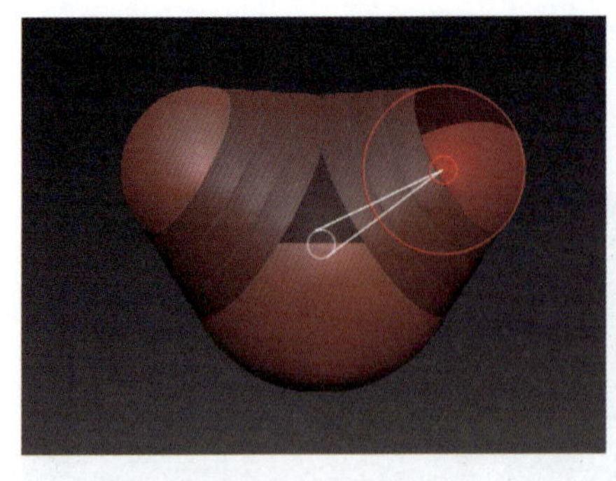 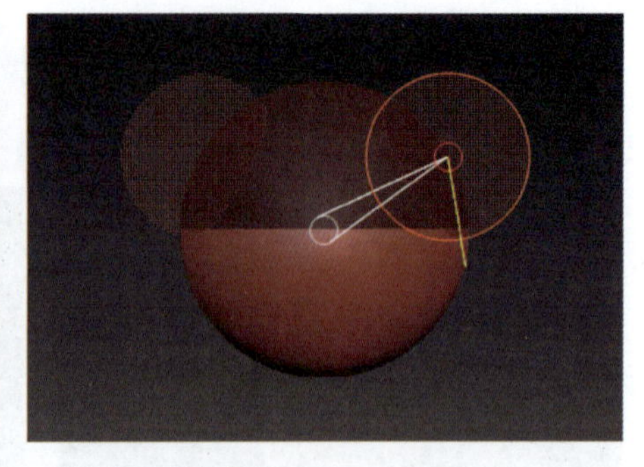

图 6-14　Z 球变为引力球设计效果

 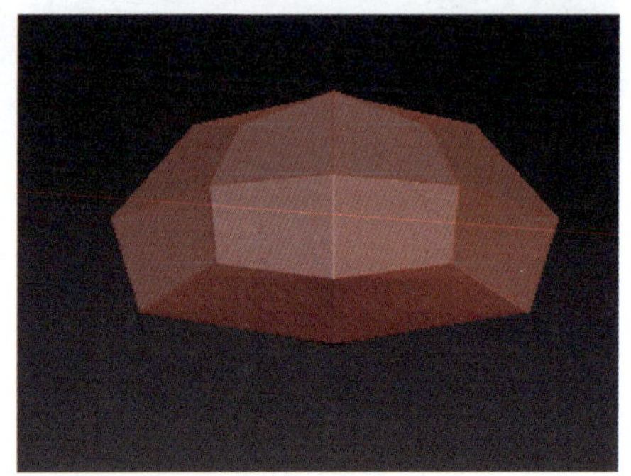

图 6-15　Z 球变为引力球蒙皮转化效果

6.2.6　突变网格设计

在 Edit 和 Draw 模式下，按住 Alt 键单击一个 Z 球链时，如果该 Z 球链下还有子链球存在，那么这个 Z 球链将会转变成断开的突变网格，子链球与父球的模型断开。而该 Z 球也变得透明，并且不产生网格模型，也不产生引力作用。此时整个网格模型从中间分开，看上去变成两个独立模型，实际依然是一个模型物体。该功能只有在经典蒙皮模式下才能实现，经常用于在一个物体内创建多个物体并进行编辑建模。

利用 Z 球网格突变技术设计 3D 模型效果的突变网格案例分析如下。

① 启动 ZBrush 集成开发环境，在工具箱中选择 3D 笔刷中的 Z 球造型，在视图窗口中拖曳创建一个根 Z 球，并导正根 Z 球位置。

图 6-16　绘制 3D 模型效果

② 进入 Z 球编辑状态，单击 Edit 按钮启动 Z 球编辑功能。

③ 选择 Transform→Activate Symmetry 命令，开启 Z 球对称绘制功能，在根球上绘制 3D 模型，如图 6-16 所示。

④ 在 Edit 和 Draw 模式下，按住 Alt 键单击一个 Z 球链，实现 Z 球网格突变设计，如图 6-17 所示。

⑤ 按住 A 键观察 3D 模型设计效果，选择

Geometry→Divide 命令，对模型进行几何体细分 3 次完成，Z 球蒙皮效果，如图 6-18 所示。

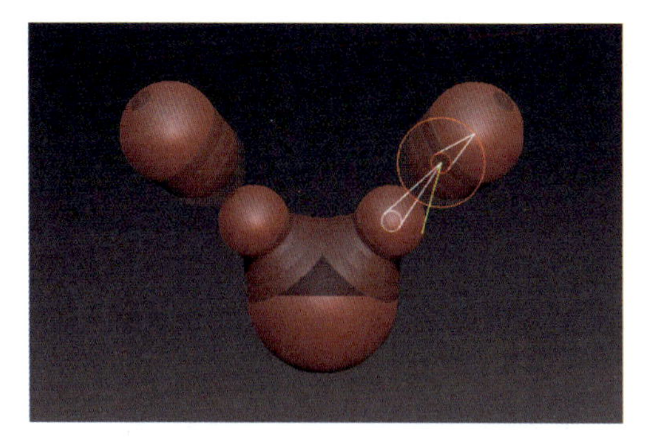

图 6-17　Z 球变网格突变设计效果

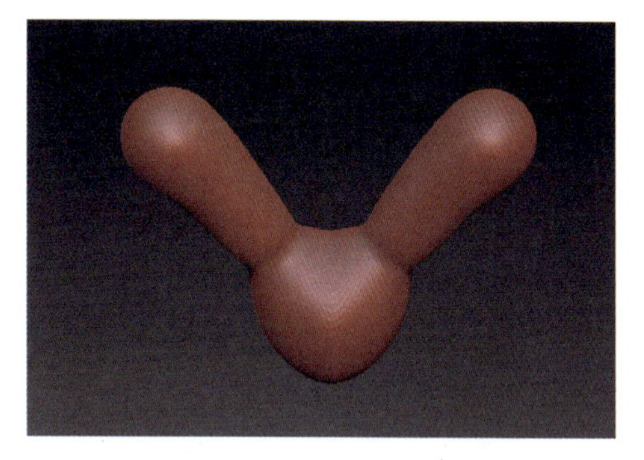

图 6-18　Z 球变网格突变蒙皮转化设计效果

6.2.7　Z 球蒙皮设计

Z 球蒙皮设计是在 Z 球设计的基础之上对 3D 模型进行优化的过程。Z 球蒙皮设计是构造 3D 模型的方法和技术，目的是创建出一个多边形网格模型，并对 3D 模型进行雕刻与创作，最终实现网格蒙皮处理，即创建精美的高端模型。

ZBrush 提供了两种蒙皮工具，一种是 Unified Skin（统一蒙皮），另一种是 Adaptive Skin（自适应蒙皮），每种方法有各自独特的属性。在工具箱中可以找到这两个功能。

1）统一蒙皮

通常，统一蒙皮通过高多边形计算表现出“像软糖”的现象，如果一个 ZSphere（Z 球体）与在模型中大小的 ZSphere 相比非常小，它在蒙皮过程中将丢失细节，ZSphere 的位置就相对不重要。当网格将蒙皮创建基本外形，这个网格有助于非常紧密地紧裹 ZSphere，当希望创建“自定义原始的”和进一步调整模型分配同样的多边形时，使用统一蒙皮是非常优秀的。Unified Skin 属性参数设置如图 6-19 所示。

图 6-19　统一蒙皮属性设置

（1）Preview（预览）：单击该功能按钮，可在视图窗口中预览 Z 球模型的网格效果，按 A 键可快速转换 Z 球模型到网格模型。

（2）SDiv（光滑细分）：对模型的光滑细分程度进行调节。

（3）Resolution（密度）：确定使用 Make Unified Skin 按钮下一个创建使用的表面分辨率，数值越高，意味着在蒙皮过程中保持更多细节，而且引起高多边形计算，默认值 128，取值范围 8～256。

（4）Smooth（光滑度）：模型表面的平滑程度。

（5）Sdns（球体不透明度）：确定当模型蒙皮时在各个 Z 球之间使用耦合球体的多少，数值越高，引起越光滑的蒙皮，数值为 0 值时会使 Z 球产生不连贯的球体模式，默认值 0，取值范围为 0～100。

（6）Polish Surface（抛光表面）：对模型的表面抛光处理，默认值 0，取值范围为 0～100。

（7）Border（边界）：模型的衔接部分边界调整，默认值 4，取值范围 0～10。

（8）Allow Tri（允许三角面）：在模型转换时允许三角面和四边形。

（9）Make Unified Skin（产生统一蒙皮）：单击这个按钮，使用上面的表面属性为基本设置在 Tool 调控板里创建出新的统一蒙皮物体。

2）统一蒙皮案例分析

① 启动 ZBrush 集成开发环境，在工具箱的 3D 笔刷中选择 Z 球，在视图窗口中拖曳创建根 Z 球，单击 Edit 按钮进入 Z 球编辑状态。

② 在根 Z 球上拖曳子 Z 球绘制需要的 3D 模型，如图 6-20 所示。

③ 在工具箱中展开 Unified Skin 卷展栏，单击 Make Unified Skin 功能按钮，即可在工具箱中创建一个 3D 蒙皮造型。单击工具箱的 3D 蒙皮造型，如图 6-21 所示。

图 6-20　Z 球建模设计

图 6-21　Z 球统一蒙皮效果

3）自适应蒙皮

自适应蒙皮通常是低多边形计算，而且极度地保持多边形网格的结构，当它在多边形结构蒙皮网格上有直接的影响时，Z 球体的方位非常重要。这个网格没有蒙皮时能预览，而且在预览时能雕塑或纹理。雕塑和纹理后，当心 Z 球体的运动可能需要考虑动画或产生的角色变化，由于它典型的低多边形计算和均匀的网格分布为输出到其他程序中使用提供了便利，所以自适应蒙皮非常有用。

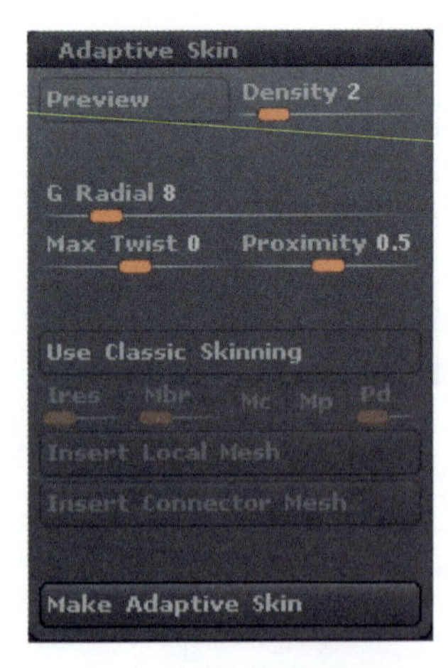

图 6-22　自适应蒙皮属性设置

如果要添加纹理和变形到预览的自适应网格里，最重要的是预览网格节点之后不要改变，添加或消除 Z 球或改变设置，都会引起预览里所有网格雕塑细节丢失，并且纹理不再正确地包裹；不过 Z 球能在合理的范围内移动。Adaptive Skin（自适应蒙皮）属性参数设置如图 6-22 所示。

（1）Preview（预览）：如果要对模型进行蒙皮，单击该按钮可以看到模型的网格形状，不需要实际蒙皮；也可以通过按 A 键切换查看从 Z 球视图转化的预览网格模型，再次按 A 键即可回到 Z 球编辑状态。

（2）Density（密度）：确定蒙皮网格多边形分辨率，表示模型的细分级别数量，数值越高，模型的面数越多，默认值 2，取值范围为 1～4。

（3）G Radial（全局半径密度）：控制模型转化时的分段数。

（4）Max Twist（最大扭曲）：表示 Z 球所能承受的最大旋转角度。

（5）Proximity（接近度）：控制 Z 球转换时面之间的接近程度。

（6）Use Classic Skinning（经典蒙皮）：表示开启 ZBrush 中的蒙皮方式。

(7) Ires(交叉分辨率)：控制构建自适应蒙皮，当一个Z球有多个子球时，设置该参数可以增加Z球的分段数。即当蒙皮时会导致模型的每个Z球体能变成低分辨率或高分辨率部分，这个滑块确定Z球体在变成网格之前高分辨率子级的多少。

提示：要对网格进行较好的控制，还能通过在Transform调控板里调节Xres(X分辨率)、Yres(Y分辨率)和Zres(Z分辨率)滑块完成。

(8) Mbr(曲率)：用来控制Z球链分支处产生的过渡效果，该值越大，过渡越平滑，但变形也较大。当模型网格较多时使用Mbr弯曲整个网格，而不是局部时使用它最合适。

(9) Mc：使模型折叠的面展开时过渡变得平缓，会减少模型的面数，丢失细节。Mp同Mc相反。

(10) Make Adaptive Skin(产生自适应蒙皮)：单击该按钮，可根据上面设置的参数进行拓扑模型，并将拓扑出来的模型放在Tool中创建出一新的自适应蒙皮物体。

4) 自适应蒙皮案例分析

① 启动ZBrush集成开发环境，在工具箱的3D笔刷中选择Z球，在视图窗口中拖曳创建根Z球，单击Edit按钮进入Z球编辑状态。

② 在根Z球上拖曳出子Z球绘制需要的3D模型，类似简单人体3D造型，如图6-23所示。

③ 在工具箱中展开Adaptive Skin卷展栏，单击Preview功能按钮，对3D模型进行蒙皮预览处理，也可以单击Make Adaptive Skin功能按钮创建自适应蒙皮造型，如图6-24所示。

图6-23　Z球人体建模设计

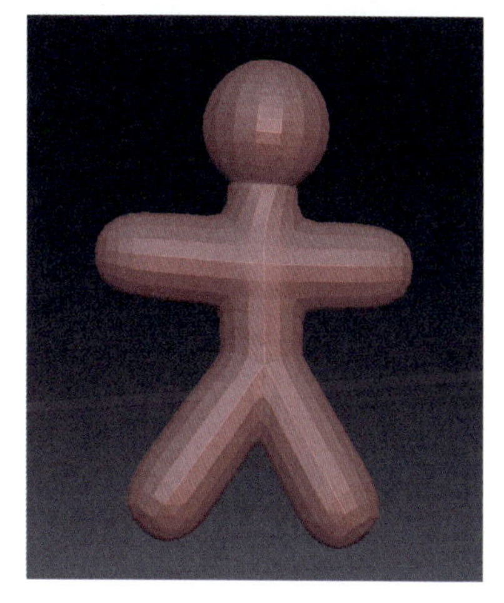

图6-24　Z球自适应蒙皮效果

6.3　Z球案例分析

在ZBrush中利用Z球对3D模型进行设计、雕刻以及制作，可以快速创建游戏中的各种角色模型，如游戏的主角、配角、NPC、怪物等。ZBrush为角色建模提供了高效、方便、快捷的手段，是传统建模软件无法比拟的。

在ZBrush中利用Z球进行模型设计时，首先要创建一个根Z球，然后进入编辑模式绘制球体模型。为了限制在同一时间编辑只影响单个球体，可以改变DrawSize参数为1。在根Z

球上绘制需要的 3D 模型后，再对模型进行创作和雕刻实现高精模型设计。

6.3.1 创建卡通章鱼

在 ZBrush 高端模型雕刻中，常用手段是利用 Z 球设计游戏角色的 3D 模型，本案例将使用 Z 球创建一个卡通章鱼造型，帮助读者熟悉 Z 球基本操作和多边形编辑以及对称绘制技术等。

① 启动 ZBrush 集成开发环境，在工具箱的 3D 笔刷中选择 Z 球造型对模型进行绘制。

② 在视图窗口中创建根 Z 球，在根 Z 球上方绘制章鱼头部。

③ 在主菜单中选择 Transform→Activate Symmetry 命令开启对称绘制功能，并单击 R 按钮，设置 RadialCount 为默认值 8，绘制章鱼触角，如图 6-25 所示。

④ 蒙皮设计，按 A 键进行蒙皮转换，在工具箱中选择 Make PolyMesh3D 功能，在卷展栏中选择几何细分 3 级，完成蒙皮设计，如图 6-26 所示。

图 6-25　Z 球章鱼建模设计

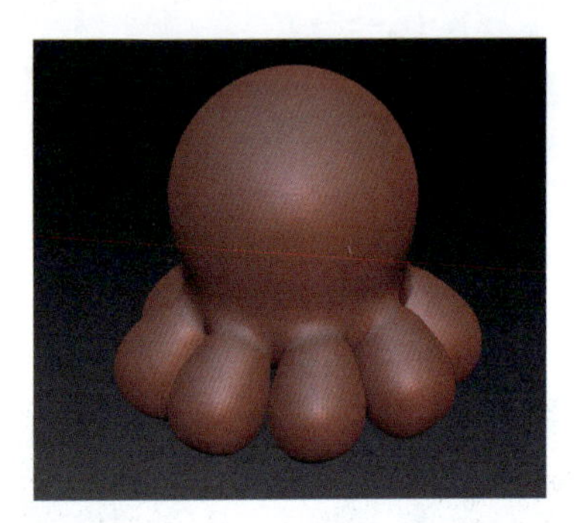

图 6-26　章鱼蒙皮几何细分效果

6.3.2 创建卡通虫

在 ZBrush 高端模型雕刻中，可利用 Z 球移动、旋转和缩放设计模型，并生成多边形网格蒙皮造型；使用 Move（移动）笔刷 Standard（标准）笔刷可以调整模型的形状和细节。

① 启动 ZBrush 集成开发环境，在工具箱中选择 3D 笔刷中的 Z 球造型，在视图窗口中拖曳创建一个根 Z 球，单击 Edit 按钮进入 Z 球编辑状态。

② 利用 Z 球基本编辑方式（如移动、旋转和缩放）设计 3D 模型，然后在主菜单中选择 Transform→Activate Symmetry 命令开启对称绘制功能，创建卡通虫的头部、身体、四肢、触须以及尾部等部位，如图 6-27 所示。

图 6-27　Z 球模型卡通虫设计

③ 在视图窗口中按住 A 键进行蒙皮处理，给 Z 球蒙上多边形。

④ 在工具箱中选择 Make PolyMesh3D 转换为多边形网格功能，将模型转换为多边形网格，如图 6-28 所示。

图 6-28　卡通虫蒙皮网格设计效果

6.3.3　创建蚂蚱造型

本案例将使用 Z 球创建一个蚂蚱造型，利用 Z 球基本操作和 Z 球设计技巧完成模型的形状与细节创作。

① 启动 ZBrush 集成开发环境，在工具箱中选择 3D 笔刷中的 Z 球造型，在视图窗口中拖曳创建一个根 Z 球，单击 Edit 按钮进入 Z 球编辑状态。

② 蚂蚱模型的身体呈扁或圆柱形，触角一般长于身，后足发达善跳跃。先创建出蚂蚱身体、一对翅膀、3 对足腿节，再根据蚂蚱的形体结构、尺寸和比例关系设计模型，如图 6-29 所示。

图 6-29　Z 球蚂蚱模型设计效果

③ 在创建完成 Z 球模型后，在视图窗口中按住快捷键 A 进行蒙皮处理给 Z 球蒙上多边形；然后将模型转换为多边形网格，再在工具箱中选择 Make PolyMesh3D 转换为多边形网格功能，如图 6-30 所示。

图 6-30　蚂蚱蒙皮网格设计效果

6.4　Z 球精细雕刻设计

ZBrush 4.0 以后的版本中增加了一个 ZSketch 素描雕刻功能，该功能为艺术家提供了一种用不完的雕刻素材（泥巴）。Z 球建模主要依靠子球、引力球或负球来创建模型，而 ZSketch 素描雕刻功能是在已经建好的 Z 球模型上进行加工和创作，艺术家可以像使用喷枪一样在 Z 球模型表面上进行喷涂和雕刻。

6.4.1　ZSketch 素描雕刻设计

在 Tool 工具箱中选择 ZSketch 素描雕刻功能，在 Z 球编辑模式下选择 ZSketch→EditSketch 命令启用素描雕刻编辑功能，进入 ZSketch 编辑模式，Z 球模型会变为返灰显示，Z 球模型不受编辑，此时可以在 Z 球模型上拖曳鼠标进行精细雕刻。ZSketch 卷展栏如图 6-31 所示。

图 6-31　ZSketch 卷展栏

（1）EditSketch（素描雕刻编辑）：表示在 Z 球模型表面上进行精细的雕刻编辑工作。

（2）ShowSketch（显示素描雕刻）：指显示对 Z 球模型表面完成的雕刻效果。

（3）Min Dist（最小距离）：表示在素描雕刻过程中堆积物之间的最小距离，默认值为 0.1，取值范围为 0～1。

（4）Optimize（优化）：指优化雕刻模型。

（5）Bind（绑定）：表示 Z 球与骨骼绑定，便于调整 Z 球模型的姿态。

（6）SoftBind（软绑定）：表示软绑定的大小，可以进行调整、设置和约束。

（7）Reset Binding（重定义绑定）：表示再次定义绑定，重定义绑定。

在转入 ZSketch 素描雕刻功能模式时，Brush 笔刷工具也会发生变化，单击左侧托盘中的笔刷功能，属性设置显示如图 6-32 所示。

图 6-32　ZSketch 属性设置

在 ZSketch 素描雕刻编辑模式下，模型会像挤牙膏一样在 Z 球模型表面进行雕刻绘制。ZSketch 提供了几种笔刷模式，包含 Armature（牙膏状）、Bulge（隆起的）、Sketch 1（素描 1）、Sketch A（素描 A）、Smooth 1（光滑 1）、Smooth 2（光滑 2）、Smooth 3（光滑 3）以及 Smooth 4（光滑 4）。

6.4.2　Z 球模型与骨骼绑定案例分析

利用 ZSketch 素描雕刻技术可以对 Z 球模型进行精细雕刻与设计，同时也可以绑定骨骼调整造型的姿态。

① 启动 ZBrush 集成开发环境，在工具箱的 3D 笔刷中选择 Z 球造型。

② 利用 Z 球创建一个卡通人体模型，如图 6-33 所示。

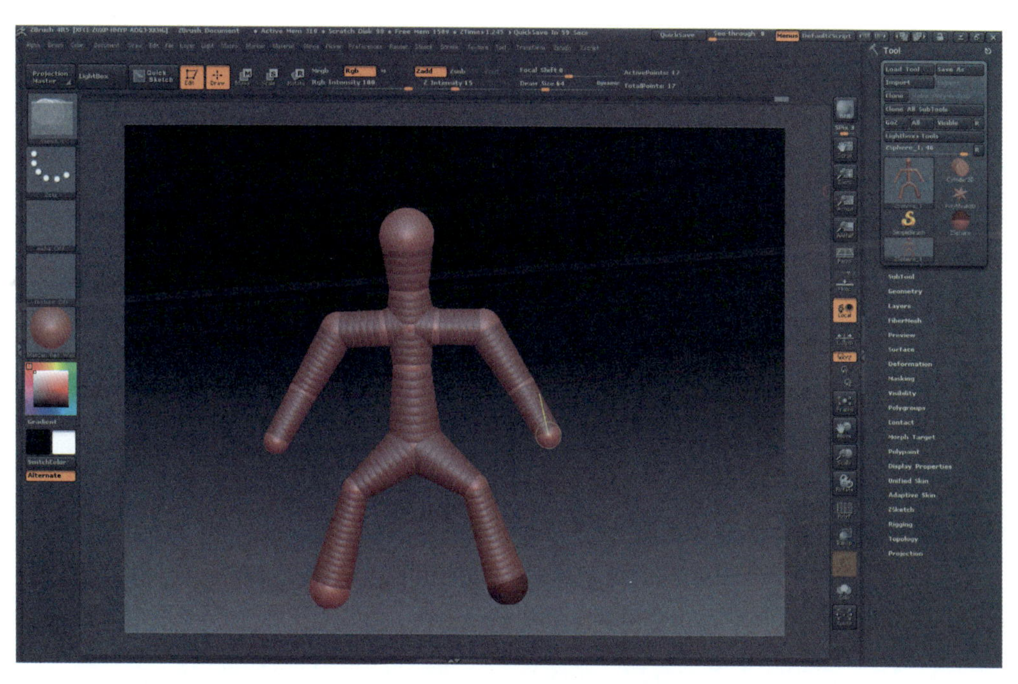

图 6-33　创建一个 Z 球卡通人体模型

③ 在 Tool 工具箱中展开 ZSketch 素描雕刻卷展栏，选择 EditSketch 素描雕刻功能，对 Z 球卡通人体模型进行精细雕刻和绘制；然后利用素描雕刻笔刷对 Z 球进行绘制，并调整笔刷尺寸大小，如图 6-34 所示。

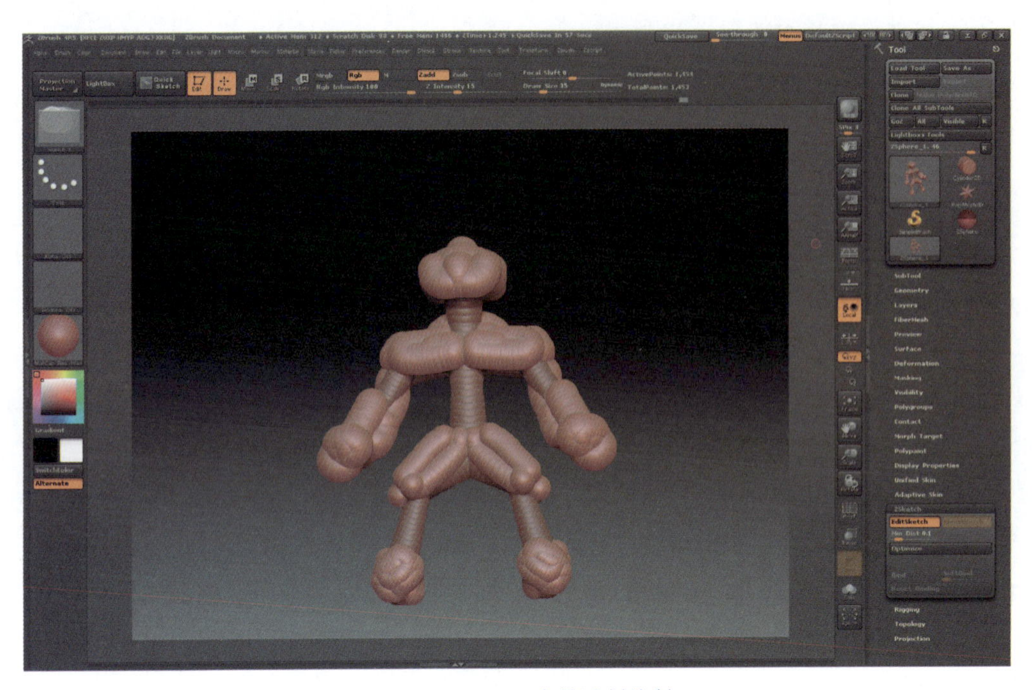

图 6-34　ZSketch 素描雕刻绘制

④ 在 ZSketch 卷展栏中选择 EditSketch 素描雕刻功能，然后单击 Bind 绑定功能按钮，效果如图 6-35 所示。

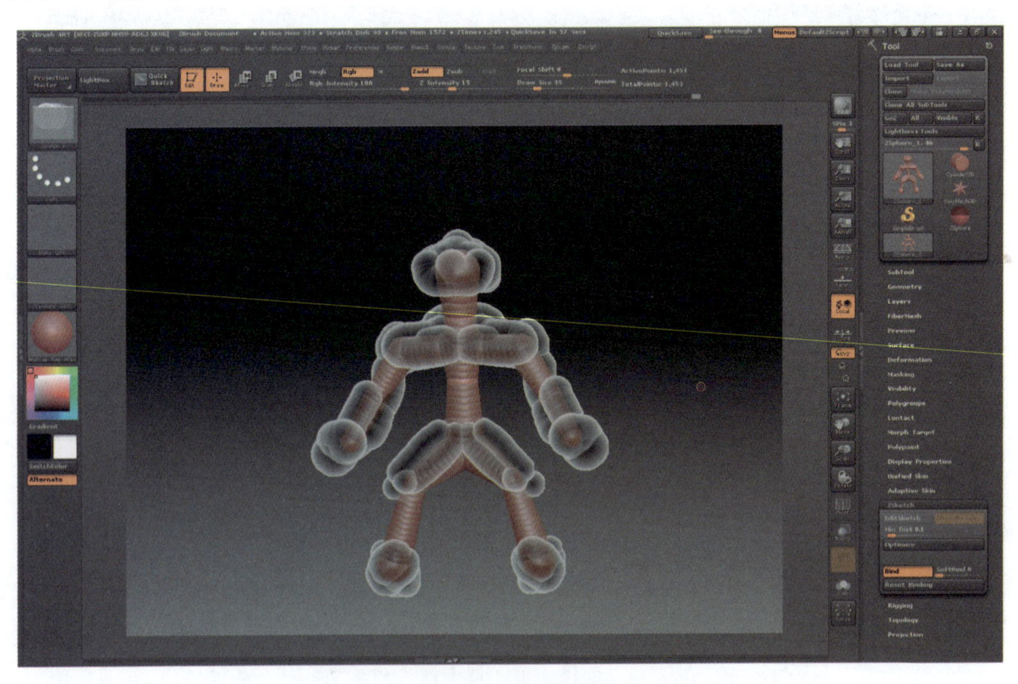

图 6-35　Z 球与 ZSketch 素描雕刻绘制绑定

⑤ 按快捷键 W 调整卡通人物模型的姿态，也可以按 A 键进行蒙皮处理，观察模型网格设计效果。调整完以后继续雕刻，再次单击 EditSketch 素描雕刻功能键按钮，如果想继续调整模型姿态，可以单击两次 Bind 绑定功能按钮或单击一次 Reset Binding 重定义绑定功能按钮，

效果如图 6-36 所示。

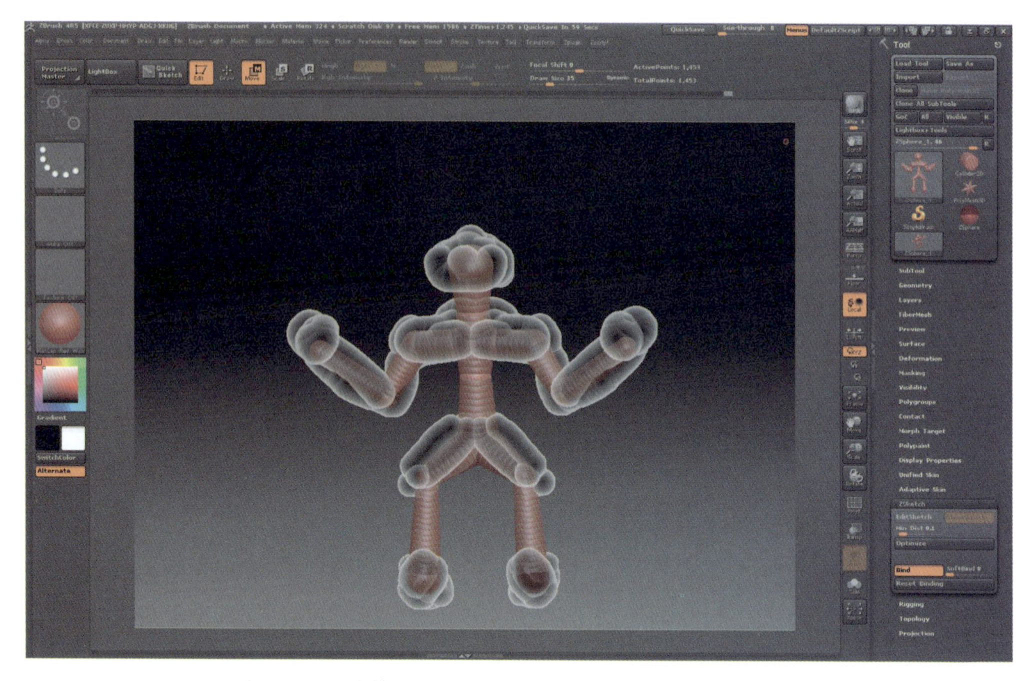

图 6-36　Z 球精细雕刻绘制与 ZSketch 绑定同时调整姿态

第7章　纹理材质与色彩

在 ZBrush 中可以对模型添加各种纹理、材质与色彩，使雕刻的 3D 模型更加艳丽夺目，主要包括纹理绘制、模型着色绘制、投射大师、材质以及聚光灯纹理绘制等功能。

7.1　纹理绘制

ZBrush 集成开发环境中提供了丰富的纹理、材质球，并预置在左侧托盘中和工具箱中。在完成各种模型的创作和雕刻后，要对模型进行着色、纹理绘制和渲染，模型的纹理绘制主要通过纹理贴图实现，纹理图像绘制一般应用在几何体造型上。

7.1.1　纹理绘制设计

创建一个 3D 模型后，在工具箱中展开 Texture Map 卷展栏，其中显示了纹理图像属性设计参数，如图 7-1 所示。

图 7-1　Texture Map 纹理图像属性设置

(1) Texture On(纹理开关)：表示模型的置换纹理图像处于开启状态。

(2) Clone Txtr(克隆纹理)：将当前纹理图像进行克隆，克隆后的纹理图像可以在 Texture 纹理图中找到。

(3) New Txtr(新纹理)：创建一个空白的新的纹理图像。

(4) Fix Seam(固定缝合)：指固定纹理在绘制过程中的缝合处理。

(5) Transparent(透明)：纹理图像设置为透明。

(6) Antialiased(反锯齿)：对纹理图像进行反锯齿处理。

(7) Fill Mat(填充材质)：在模型上绘制纹理图像。

(8) Fill Color(填充颜色)：在模型上填充颜色。

(9) Fill Grad(填充渐变)：在模型上填充渐变。

(10) Create(创建)：指创建一个纹理图像。

7.1.2　纹理绘制案例分析

在完成 3D 模型的创作和雕刻任务后，需要对造型进行一些纹理绘制和渲染，可以根据设计需要绘制一些纹理贴图。

① 启动 ZBrush 集成开发环境，在工具栏中选择 Spher3D 球体模型，在视图窗口中拖曳绘制。

② 在主菜单中选择 Edit 命令。在 Tool 工具箱中单击 Make Polymesh3D 按钮转换为 3D 模型。

③ 在 Tool 工具箱中展开 Texture Map 纹理绘制贴图功能卷展栏，单击 Texture 预览窗口，显示所有纹理图像，选择其中一幅需要的图像，如图 7-2 所示。

图 7-2　Texture Map 纹理属性设置与纹理图

④ 在 Texture Map 纹理卷展栏中选择 Fill→Fill Mat 命令填充纹理图像。将该纹理图像绘制到球体模型上，如图 7-3 所示。

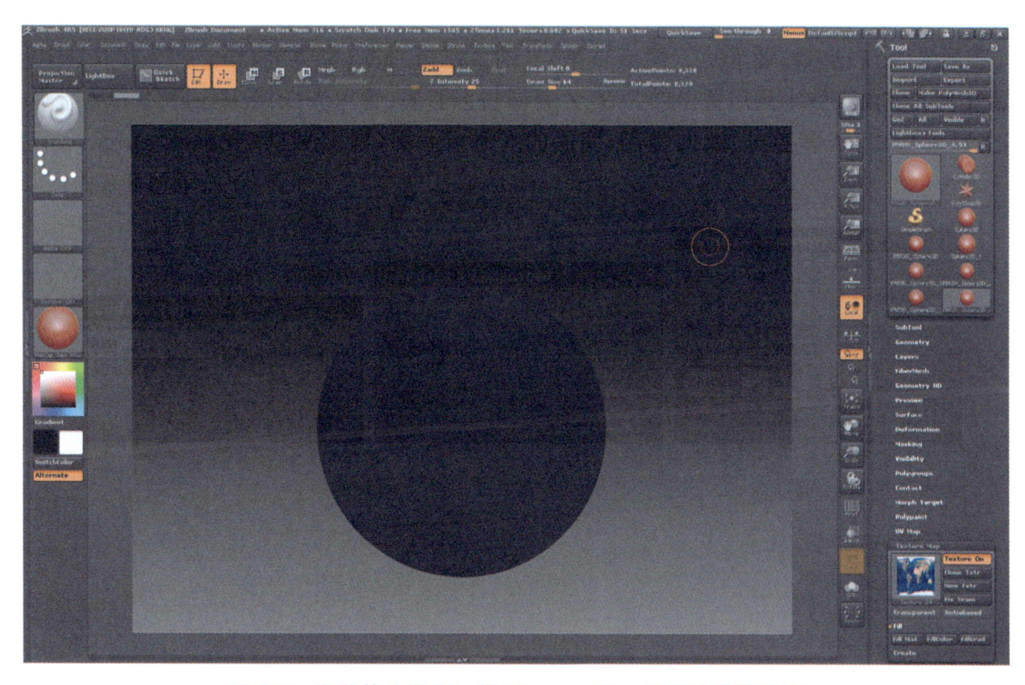

图 7-3　在球体上绘制一张 Texture Map 地图纹理效果图

7.2　模型着色绘制

模型着色绘制是 ZBrush 提供的一个特殊绘制技法，是将颜色绘制在模型表面。模型的面数越多，绘制的颜色越丰富。

7.2.1 模型着色设计

3D模型着色设计可以直接在模型表面绘制各种颜色，绘制完毕后还可以把绘制的颜色转换到纹理贴图上，或输出到其他软件使用。

ZBrush 允许用户直接在模型上绘制各种颜色，而 ZBrush 新增功能是将模型着色和真实纹理照片投射相结合，通过投射的方式将图片映射到模型上再进行模型纹理绘制。在 Tool 工具箱中展开 PolyPaint 卷展栏，如图 7-4 所示。

图 7-4 PolyPaint 模型着色属性设置

(1) Colorize（变色）：控制模型着色的开关按钮，开启此按钮可以对模型进行着色。

(2) Grd（梯度）：表示设置颜色之间带有渐变的过渡颜色，更加细腻，默认状态下此按钮处于激活状态，再次单击此按钮过渡消失。

(3) Polypaint From Texture（来自纹理模型着色）：表示将纹理贴图转换为模型着色，该属性只有当开启 Texture 贴图时才能启用。

(4) Polypaint From Polygroup（来自多边形模型着色）：为 ZBrush 中创建的模型进行着色，将颜色信息传递到模型上。

Polypaint 模型着色就是在 3D 模型上绘制各种颜色，单击 Colorize 按钮开启顶点着色。Polypaint 模型着色的方法和笔刷是一样的，只不过它是画颜色，而笔刷是画凹凸。在选择模型着色时，要开启 RGB 按钮，把工具栏中的 Zadd 或 Zsub 功能关掉，如图 7-5 所示。

图 7-5 Polypaint 着色属性控制设置

7.2.2 模型着色案例分析

首先利用 Z 球创建模型蒙皮后对其进行着色处理或者导入一个 3D 模型，然后即可对模型进行着色绘制。

① 启动 ZBrush 集成开发环境，在工具箱中选择 Z 球，创建 3D 模型后蒙皮形成网格模型。

② 在左侧的托盘中选择 Material→MatCap White01 命令应用白色材质。在工具栏中单击 Edit 按钮，再单击 Make PolyMesh3D 按钮转换为 3D 模型。

③ 在工具箱中展开 Polypaint 卷展栏，单击控制模型着色的开关按钮 Colorize。

④ 在工具栏中调整绘制方式，开启 RGB 按钮，关闭 Zadd 或 Zsub 功能。

⑤ 在 ZBrush 集成开发环境左侧的颜色托盘中选择需要的颜色，然后直接在 3D 模型上涂抹。Polypaint 模型着色时绘制的精度和模型的细分面数有关，模型越精细，色彩越细腻，如图 7-6 所示。

图 7-6　斑点狗模型着色设计效果

7.3　投射大师

Project Master(投射大师)设计是对贴图进行映射的过程,投射大师让用户可以采用Photoshop或其他图形编辑软件对当前视图窗口中的模型进行纹理贴图绘制,然后通过投影的方式将纹理图像投射到模型表面。

7.3.1　投射大师属性

Project Master是对贴图进行映射设计,在工具箱中可以进行Project Master投射大师功能属性设置,如图7-7所示。

图 7-7　Project Master投射大师参数设置

（1）Colors(颜色)：该属性功能被自动关闭，可以手动开启该功能。

（2）Shaded(渲染)：该功能为可选项，选中该功能表示可以进行渲染。

（3）Material(材料)：选中表示材质可以进行映射。

（4）Double Sided(双面)：表示双面投影设计。

（5）Fade(褪色)：该功能被自动关闭。

（6）Deformation(变形)：指在投影过程中进行变形设计。

（7）DROP NOW(放弃)：表示放弃3D绘制，转入2D绘制过程。

7.3.2 投射大师案例分析

Project Master 可以对模型的贴图进行编辑，直接以贴图方式存储纹理信息，设计过程如下。

① 启动ZBrush集成开发环境，在工具栏中选择3D球体。

② 在左侧的Material材质中，选择MatCap White01白色材质01，在视图窗口中拖曳创建一个白色3D球体。

③ 选择Edit编辑命令，在工具栏中单击Make polyMesh3D按钮转换为3D模型。在工具箱中展开Geometry卷展栏，将几何体细分为3级，如图7-8所示。

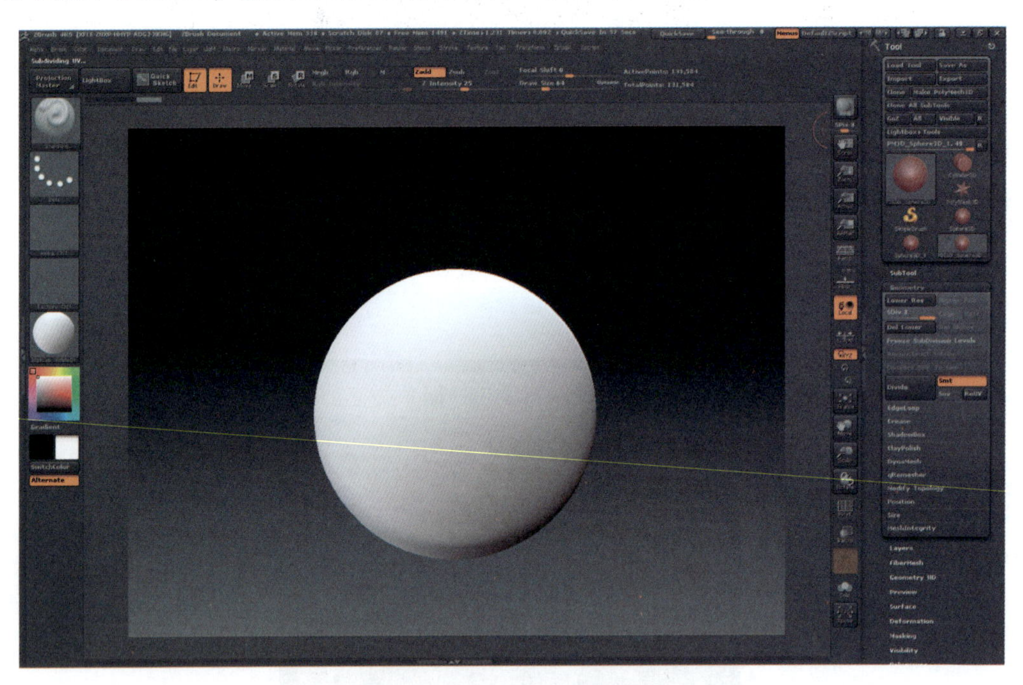

图7-8　白色3D球体细分3级

④ 在工具箱中展开Project Master卷展栏，单击DROP NOW按钮，此时ZBrush会自动转入二维编辑状态，如图7-9所示。

⑤ 在工具栏中选择DecoBrush装饰笔刷，也可以在左侧托盘中选择Texture纹理图像功能，调整笔刷大小Draw Size为512，对2D模型进行“旋转”绘制，如图7-10所示。

⑥ 返回3D模型编辑状态，按快捷键G，弹出“Project Master”对话框，单击PickUp Now按钮，在视图窗口中可以看到模型上已经绘制了一张纹理图像，如图7-11所示。

图 7-9　Project Master 投射大师参数设置

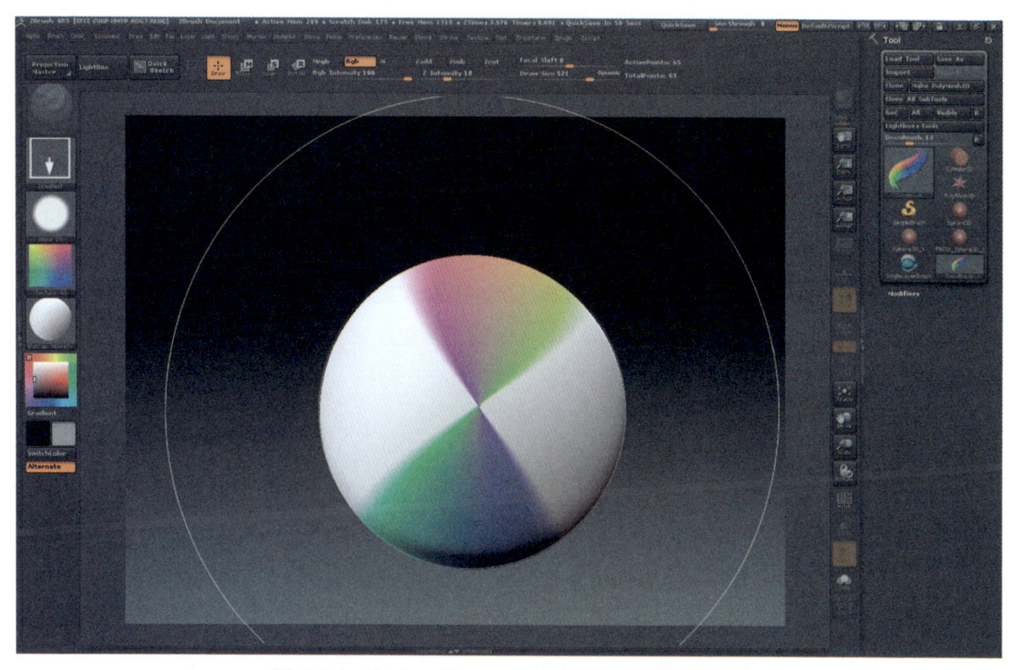

图 7-10　Project Master 投射大师模型绘制过程

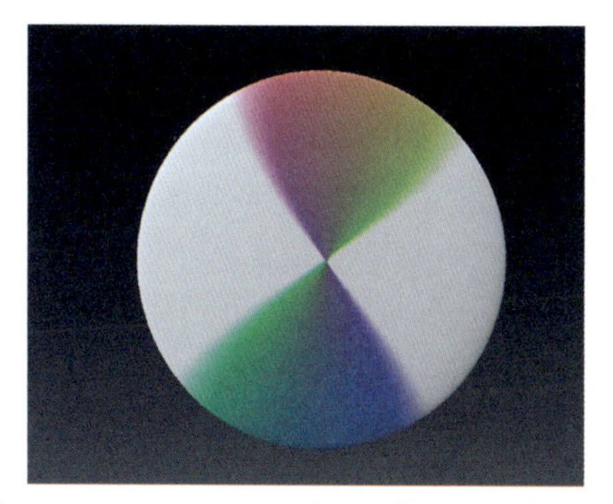

图 7-11　Project Master 在 3D 模型上的绘制效果

7.4 材　质

ZBrush 集成开发环境中提供了丰富的材质球，大体上可以分为两大类，一类是 MatCap Materials（捕捉材质），另一类是 Standard Materials（标准材质）。在左侧的托盘中选择 Material 材质功能设置，最上面显示 Quick Pick 快速选择栏如图 7-12 所示。

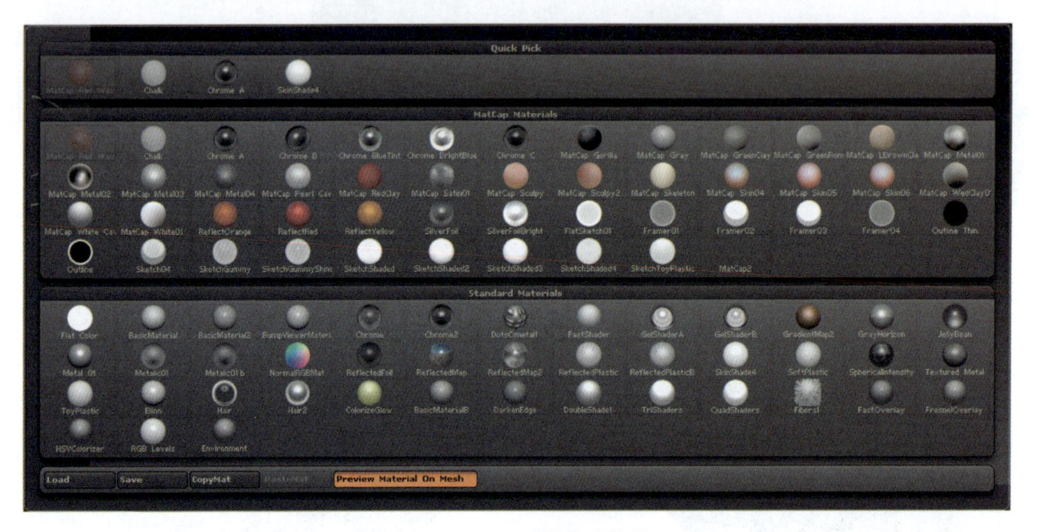

图 7-12　Material 材质功能设置

7.4.1 标准材质

1. 标准材质简述

启动 ZBrush 集成开发环境，在画布左侧托盘中选择 Materials→Standard Materials 标准材质，可显示全部的 ZBrush 标准材质球。ZBrush 标准材质球包括 Flat Color、Basic Material、Basic Material2、BumpViewer Material、Chrome、Chrome2、DotsOmetal1、FastShader、GelShader8、GrayHorizon、JellyBean、Metal01、Metalic01、Metalic01b、NormalRGBMat、ReflectedFoil、ReflectedMap、ReflectedMap2、ReflectedPlastic、ReflectedPlasticB、SkinShader4 及 SoftPlastic 等。

ZBrush 材质有如下所述 5 种基本 Materials，其他 Materials 都是由这 5 种 Materials 衍生而来的。

（1）Flat Color Material：严格意义上它不是一个真正的材质，它没有阴影效果，没有其他材质属性，纯白色，自发光，像白炽灯的效果。

（2）Fast Shader Materials：它只有两个属性，分别是漫反射和环境光，最初用在要求只有简单的阴影的 3D 模型上。

（3）Basic Materials：基本材质，构成了大部分 Standard Materials，主要有 ToyPlastic Materials、DoubleShaded Materials、TriShaded Materials、QuadShaded Materials 等，这些材质除了阴影通道的个数不一样，材质属性都是一样的。

(4) Fiber Materials：类似于从材质贴图表面上长出来很多 3D 毛发一样的效果，在默认情况下，“毛发”是沿着贴图表面法线长出来的，所以在一个模型球体上，如果使用 Fiber Material 材质球，“毛发”是始终垂直于球体表面长的，Fiber Material 的属性在 Material 卷展栏中可以调整。

(5) MatCap Materials：全称 Mat Capture Materials(Mat 捕捉材料)，它利用不同的 Image Map 来模拟灯光照射到不同表面上的效果，因为灯光被 Image Map 所吸收，所以更改灯光的选项是不会影响到灯光打到物体表面上的效果的；同时还可以利用 MatCap Tool 制作用户自己的 MatCap Materials 来模拟真实世界中的各种表面。

2. 标准材质案例分析

ZBrush 材质都可以赋予模型，而且也可以同时赋予一个 3D 模型。使用标准材质创建一个 3D 模型并赋予不同材质的具体设计步骤如下。

① 启动 ZBrush 集成开发环境，在 ZBrush 画布中调入一个六角星 3D 模型。

② 为模型选择一种材质，在左侧托盘中选择 Materials → Standard Materials → NormalRGBMat 基本的材质球类型。

③ 在工具栏中选择 Edit 编辑功能，关闭 Zadd 功能，打开 M 功能按钮；或在菜单栏中选择 Color 命令后单击 Fillobject 功能按钮，将材质 NormalRGBMat 完全赋予六角星模型。

④ 也可以使用笔刷在 3D 模型上需要改变材质的区域绘制，随着笔刷的移动，选中的材质球会出现在 3D 模型上绘制的区域，效果如图 7-13 所示。

图 7-13　3D 模型标准材质绘制效果

7.4.2 捕捉材质

1. 捕捉材质简述

在创建完成 3D 模型后可以直接选择该功能对其进行材质绘制。捕捉材质有两个重要用途，一是用于实时展示模型效果，通过使用 MatCap Materials，可以将真实世界的纹理和照明应用到模型上，从而得到高仿真的材质和光照效果；二是在雕刻制作过程中使用与雕刻物体相仿的材质进行雕刻，随时对模型进行修改，实现在雕刻过程中的全程控制。当在左侧托盘中选择任意一个 MatCap Materials 捕捉材质，同时在主菜单中选择 Material→Modifiers 命令进行属性修改，如图 7-14 所示。

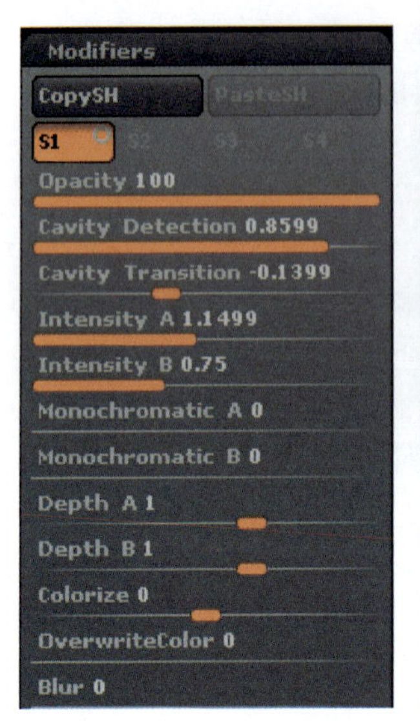

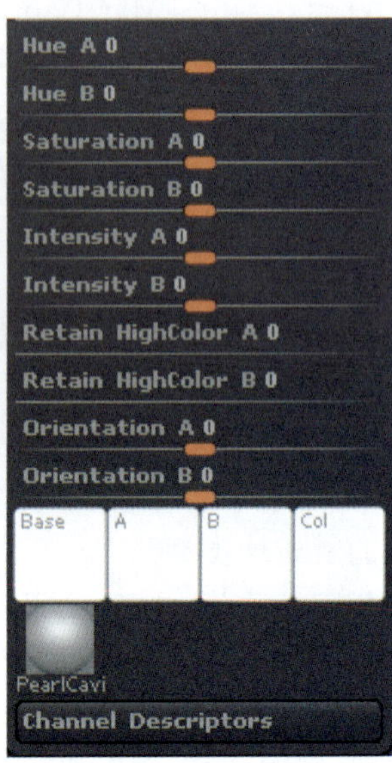

图 7-14 MatCap Materials 属性设置

（1）CopySH（复制材质）：将当前选择的捕捉材质复制一份。

（2）PasteSH（粘贴材质）：将复制的捕捉材质粘贴到当前选中的捕捉材质中。

（3）Opacity（不透明度）：该属性控制捕捉材质的不透明度。

（4）Cavity Detection（孔洞检查）：控制模型材质的凸起和凹陷的表面之间产生的扭曲和孔洞柔和或锐利的程度，当该值超过 0 时，A 和 B 的设置都将被应用到模型上。

（5）Cavity Transition（孔洞过渡）：当 Cavity Detection 值大于 0 时，控制模型凸起和凹陷的过渡程度，可控制模型产生更柔和或更锐利的细节效果。

（6）Intensity A（强度 A）：控制模型上的明暗度，数值越大，模型整体越亮，其默认值为 1.1499。

（7）Intensity B（强度 B）：控制模型上的明暗度，数值越大，模型整体越亮，其默认值为 0.75。

（8）Monochromatic A（单色 A）：控制凸起区域的颜色，设置最高值时，该区域的颜色值转换为灰色。

（9）Monochromatic B（单色 B）：控制凹陷区域的颜色，设置最高值时，该区域的颜色值转换为灰色。

（10）Depth A（深度 A）：该属性影响凸起部分的渲染效果，使得到的效果呈现更多或更少的凸起或凹陷，并且会影响渲染时镜面反射以及高光的效果。

（11）Depth B（深度 B）：该属性影响凹陷部分的渲染效果，使得到的效果呈现更多或更少的凸起或凹陷，并且会影响渲染时镜面反射以及高光的效果。

（12）Colorize（着色）：可以对捕获的材质进行调色，该属性控制调色后的变色情况。

（13）OverwriteColor（重新读取颜色）：该属性控制自定义颜色和捕获颜色的融合程度。

（14）Blur（模糊）：该属性控制捕获的材质表面颜色的模糊程度。

另外还可以对 Hue A(色调 A)、Hue B(色调 B)、Saturation A(饱和度 A)、Saturation B(饱和度 B)、Intensity A(强度 A)、Intensity B(强度 B)、Retain HighColor A(保持高的色彩 A)、Retain HighColor B(保持高的色彩 B)、Orientation A(取向 A)、Orientation B(取向 B)以及 Channel Descriptors(通道描述符)等属性进行设置。

2. 捕捉材质案例分析

使用 MatCap 材质创建一个 3D 模型并赋予不同材质的具体设计步骤如下。

① 启动 ZBrush 集成开发环境,在 ZBrush 的画布中调入一个齿轮 3D 模型。

② 为模型选择一个 MatCap 材质,在画布左侧托盘中选择 Materials→MatCap Materials→Chrome BrightBlueTint 材质球类型。

③ 在工具栏中选择 Edit 编辑功能,关闭 Zadd 功能,打开 M 功能;或在菜单栏中选择 Color 命令后单击 Fillobject 功能按钮,将材质 Chrome BrightBlueTint 完全赋予齿轮模型。

④ 也可以使用笔刷在 3D 模型上需要改变材质的区域绘制,随着笔刷的移动,选中的材质球会出现在 3D 模型上绘制的区域,如图 7-15 所示。

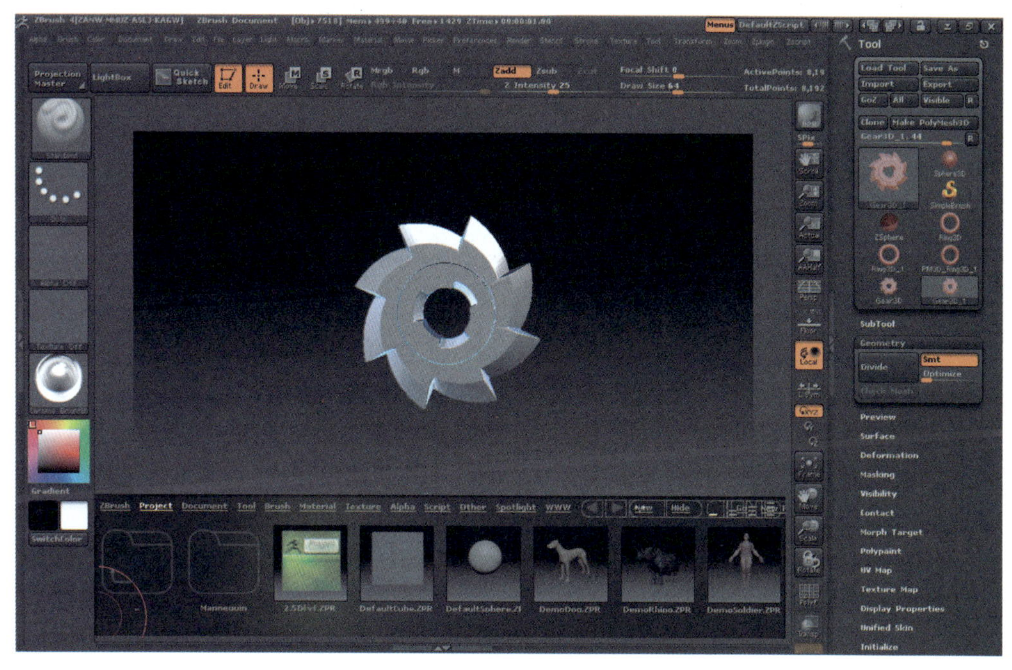

图 7-15　3D 模型 MatCap 材质绘制设计效果

7.5　聚光灯纹理绘制

Spotlight(聚光灯)纹理绘制是 ZBrush 4.0 新增加的功能模块,该功能集成在 LightBox(热盒)中,可以对 3D 模型进行纹理绘制。Spotlight 聚光灯纹理绘制功能轮盘中包含 Paint 着色、强度、色相、饱和度、对比度、模糊、克隆、涂抹、还原画笔、网格选择、旋转、缩放、透明度、图像比例以及图层等功能项。

7.5.1 聚光灯纹理绘制功能简述

当 Spotlight 轮盘出现时，单击轮盘的中心点，可以移动轮盘；单击轮盘中心的空白处，可以使轮盘和纹理图像一起移动。Spotlight 聚光灯纹理绘制功能描述如图 7-16 所示。

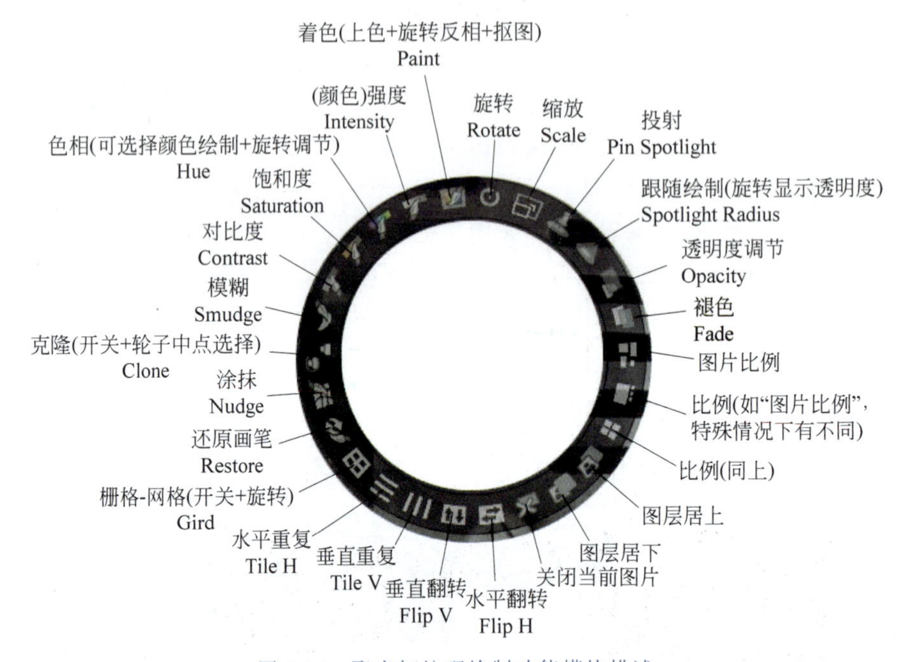

图 7-16 聚光灯纹理绘制功能模块描述

(1) Paint(着色)：该功能对纹理图片进行重新着色，如上色绘制、旋转反相、抠图等操作。

(2) Indensity(强度)：表示颜色的强度，控制纹理图像整体的亮度。

(3) Hue(色相)：色彩的颜色，如红色的色相就是红色，绿色的色相就是绿色，蓝色色相就是蓝色。通过调整色相，可以使图像的颜色在各种颜色之间相互转换。如纹理图像是红色的，通过调整可以调整为蓝色、绿色等。

(4) Saturation(饱和度)：是指色彩的鲜艳程度，饱和度越高，色彩越鲜艳；当饱和度为 0 时，图像的色彩就是灰度图像（平常所说的黑白图像），当饱和度为 255 是全彩纹理图像。

(5) Contrast(对比度)：指不同颜色之间的对比，是对画面颜色明暗的调整。对比度越高，图像越僵硬；越低就越模糊，通常调整到中间就可以了。

(6) Smudge(模糊)：对纹理图像进行模糊处理。

(7) Clone(克隆)：复制纹理图像画面像素。

(8) Nudge(涂抹)：对纹理图像进行涂抹处理。

(9) Restore(还原)：还原画笔。

(10) Gird(网格)：通过拖曳控制为纹理图像添加网格或棋盘格等。

(11) Tile H(H 向翻转)：将纹理图像进行水平翻转。

(12) Tile V(V 向翻转)：将纹理图像进行垂直翻转。

(13) Pin Spotlight(投射)：选择该功能，可以在模型上投射纹理贴图。

使用 Spotlight 对模型纹理图像进行相应处理时，按快捷键 Shift+Z 表示开关 Spotlight 功能，按 Z 开关进入映射模式，按住 Ctrl 键点选相当于自动抠图，按住 Alt 键点选表示手动抠图。

7.5.2 聚光灯纹理绘制案例分析

在主菜单中选择 Texture 命令，导入素材图片，然后在调控板中单击图标（上边有+ −标识），Spotlight 聚光灯纹理就显示出来了。然后进入编辑模式，保持工具栏的 RGB 功能是打开的，这样颜色就能画上去。也可以通过选择 LightBox→Texture 命令后双击某个纹理图标显示 Spotlight 聚光灯纹理。

用户也可以自己导入 *.jpg 图像，添加进去后调整相关参数，通过按 Z 键在绘图模式和 ZBSpotlight 模式间切换，将图像材质直接绘制到模型上。如果模型已经画好了 UV，就可以在工具箱里面直接将 UV 材质图像导出，这个功能是 ZBrush 4.0 新增的功能，画贴图精准，而且操作快捷。

① 在完成 3D 模型的雕刻，或为一个立方体造型绘制纹理后，可利用 Spotlight 功能在 ZBrush 中进行纹理图像绘制，第一步就是调整好模型位置，在 Texture 菜单下导入想要进行绘制的纹理图像素材后按 Shift+Z 快捷键，或者单击 Spotlight 功能的开启按钮。

② 功能开启后会同时出现 LightBox 的显示，通常做一个角色的贴图时会用到很多组图片，结合 LightBox，就可以很轻松地把文件夹指定给 ZBrush，方便调入贴图素材。

③ 打开 Spotlight 聚光灯纹理绘制工具，调节图片的位置、大小、样式，还有图片颜色。

④ 选择 Edit→Draw→Mrgb 命令启用材质颜色绘制模式。

⑤ 调整好 Spotlight 聚光灯纹理绘制工具后，按 Z 键进入映射，并对模型应用 IMG_4752.jpg 材质，即可得到非常好的贴图效果，如图 7-17 所示。

图 7-17 Spotlight 聚光灯纹理轮盘绘制纹理设计效果

7.5.3 雕刻凹凸纹理造型案例分析

1. 利用 Spotlight 在模型上雕刻凹凸纹理造型

① 在模型上绘制贴图，按快捷键 Shift+Z 键，在工具栏中设置 Rgb 模式、Mrgb(材质颜色绘制)模式、M(单独材质绘制)模式等，参考图 7-17。

② 按快捷键 Shift+Z 键，在模型上绘制凹凸造型，并在工具栏中选中 Zadd(正向雕刻)或 Zsub(反向雕刻)功能，参考图 7-18。

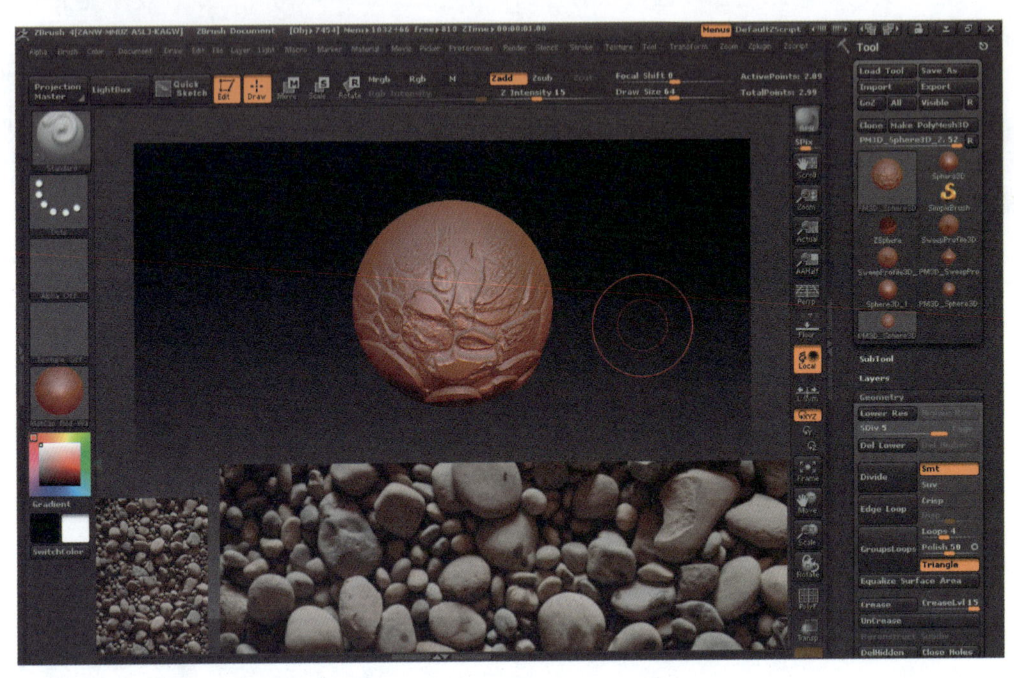

图 7-18　绘制凸凹造型纹理设计效果

2. 在 3D 模型中雕刻凹凸纹理造型

① 启动 ZBrush 集成开发环境，选择 Sphere3D_1 球体造型。

② 在画布中拖曳创建一个球体。

③ 选择 LightBox→Textrues→IMG_4752.jpg 纹理材质。

④ 双击该纹理材质图标，显示 Spotlight 聚光灯纹理绘制轮盘。

⑤ 调整 Spotlight 聚光灯纹理绘制参数。

⑥ 在工具栏中选择 Edit→Draw→Zadd 命令添加正向雕刻模式。

⑦ 按 Z 键在绘图模式和 ZBSpotlight 模式间切换，将图像材质直接绘制到模型上，如图 7-18 所示。

第 8 章　灯光与渲染

在 ZBrush 中可对模型添加各种纹理、材质与色彩，还可添加灯光与渲染效果，使雕刻的模型更加艳丽夺目。灯光与渲染主要包括背景纹理、灯光效果、渲染效果、Movie 功能设计以及动画设计等设置。

8.1　背景纹理

在创建各种模型之前，要对游戏背景进行设计，突出对游戏角色的刻画，衬托游戏的各种角色、道具以及游戏场景等效果。

8.1.1　背景纹理设计

在主菜单中选择 Light→Background 命令打开卷展栏，可对背景属性参数进行设置，如图 8-1 所示。

(1) On(开关)：游戏场景背景的开关按钮，默认状态下开关处于开启状态。

(2) Zoom(缩放)：可以将背景图像进行缩放，默认值为 1，取值范围为 1～10。

(3) Image(图片)：通过该窗口可以导入所需要的背景纹理图片。

(4) Exposure(曝光)：表示背景图像曝光效果，默认值为 1，取值范围为 0.01～1000。当该值为 0.01 时，背景为黑色；当该值为 1000 时，背景为白色。

(5) Gamma(γ)：是希腊字母 γ，表示输出背景图像信号的失真程度，默认值为 1，取值范围为 0.01～10。

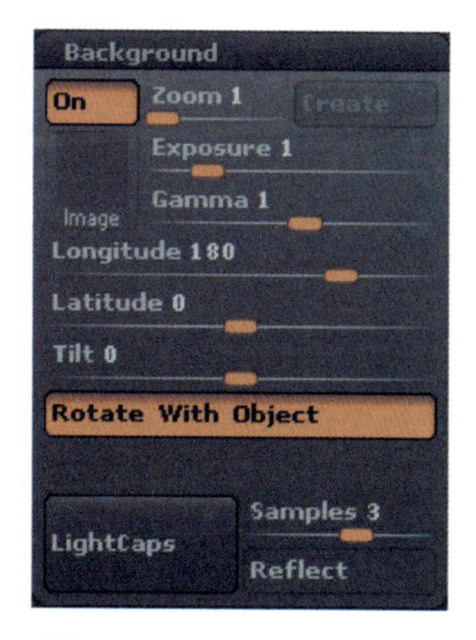

图 8-1　Background 卷展栏

(6) Longitude(经度)：表示背景图像的经度，默认值为 180，取值范围为－360～360。

(7) Latitude(纬度)：表示背景图像的纬度，默认值为 0，取值范围为－90～90。

(8) Tilt(倾斜)：指背景纹理图像的倾斜程度，默认值为 0，取值范围为－180～180。

(9) Rotate With Object(旋转对象)：在场景背景中旋转对象模型，默认状态下按钮处于开启。

(10) LightCaps(光罩)：在背景纹理图像上创建光罩。

（11）Samples(取样)：光罩取样，默认值为 3，取值范围为 0～5。

（12）Reflect(反射)：在背景纹理图像中光的反射强度。

8.1.2　全景图案例分析

若要在 ZBrush 中创建一个全景图背景效果，在完成 3D 模型的创作和雕刻任务后，还需要创建一个 3D 空间背景纹理效果图，再根据设计需要绘制全景效果纹理贴图。

① 启动 ZBrush 集成开发环境，在主菜单中选择 Light→Background 命令启动背景设计功能，单击 Create 按钮创建一个新的背景。

② 在 Background 卷展栏中单击 Image 图标导入背景图像，选择 Texture 01 全景图，如图 8-2 所示。

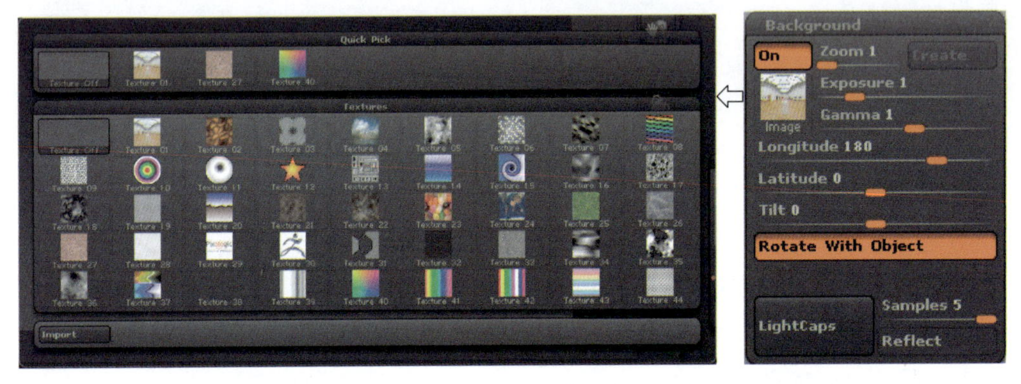

图 8-2　选择 Background 背景纹理全景图

③ 在 Tool 工具箱中选择 3D 笔刷 Sphere3D 球体，在左侧托盘中选择 Materiler→MatCap White01 白色捕捉球，再在视图窗口中拖曳绘制。

④ 在 Tool 工具箱中展开 Texture Map 纹理绘制贴图卷展栏，导入一个地图图像纹理，再选择 Fill→Fill Mat 命令填充地图纹理图像，将该纹理图像绘制到球体模型上。

⑤ 在 Tool 工具箱中选择 Deformation→Rotate 命令旋转轴 X、Y、Z 3 个轴，在全景图中将地球位置调整端正，如图 8-3 所示。

图 8-3　在全景图背景纹理图中调整球体纹理效果

8.2 灯光效果

在 ZBrush 场景中，灯光效果的设计是对环境渲染的重要技法，能够突出雕刻造型的艺术效果，渲染游戏场景的氛围。ZBrush 灯光效果主要包括 Sun（太阳光）、Point（点光源）、Spot（聚光灯）、Glow（辉光源）等，效果各不相同，太阳光源相当于平行光源，点光源、聚光灯以及辉光源相比于太阳光源多了一个半径。这些光源通过 Lights Placement（放置）卷展栏设置确定光源的位置。

8.2.1 灯光效果设计

在 ZBrush B 可以计算光源的位置、强度以及明暗效果等，可以通过拖曳球体上的橘黄色块控制灯光照射角度，形成正面光、侧面光、背面光等。Light（灯光）效果参数属性设置如图 8-4 所示。

（1）Intensity（强度）：控制当前选中灯光的强度，默认值为 0.85，取值范围为 0～10。

（2）Ambient（环境光）：该参数控制物体整体的亮度和环境光的偏色，默认值为 3，取值范围为 0～100。

（3）Distance（距离）：表示光照的距离，默认值为 100，取值范围为 0～100。

（4）Shadow（阴影）：开启灯光阴影渲染效果。

（5）Sss（透光）：激活该按钮并渲染时，在模型的透明处突显模型的透光颜色。

除上述参数外，Light 效果属性还包括 Background、LightCap、LightCap Adjustment、LightCap Horizon、Lights Type、Lights Placement、Lights Shadow 以及 Environment Maps 等。

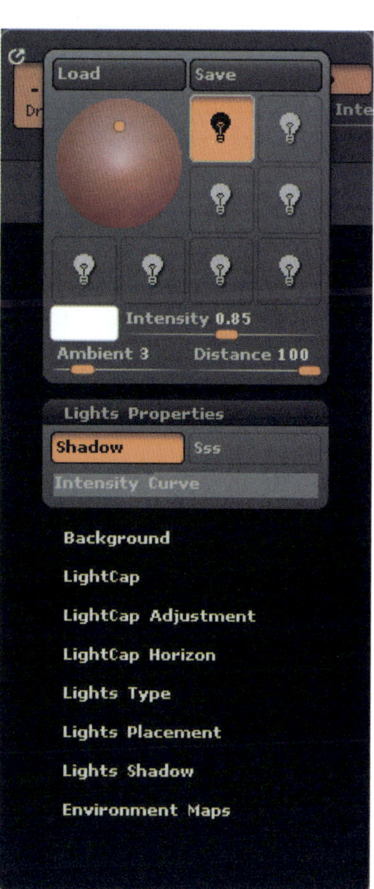

图 8-4　Light 效果属性设置

8.2.2 灯光效果案例分析

在 ZBrush 中，可以利用灯光渲染游戏场景中的各种角色，设置不同的光线照射物体，选择需要的灯光类型、位置、灯光阴影以及环境映射等，产生艺术设计效果。

启动 ZBrush 集成开发环境，在主菜单中选择 Light 灯光功能，在调控板中可以调用 LightCap、LightCap Adjustment、LightCap Horizon、Lights Type、Lights Placement、Lights Shadow 以及 Environment Maps 等命令。

（1）LightCap（灯头）属性设置包括打开、存储、Diffuse（漫反射光）、Specular（镜面反射光）、创建灯光、删除灯光、Strength（光的强度）、Shadow（阴影）、Aperture（光圈)、Opacity(不透明度)、Falloff(衰减)、Exposure(曝光)、Gamma(希腊字母 γ)、Blend Mode(混合模式)等，可以通过调整灯头位置渲染设计效果，如图 8-5 所示。

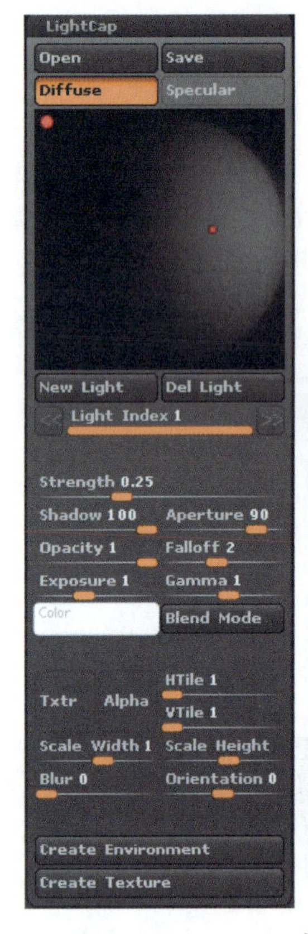

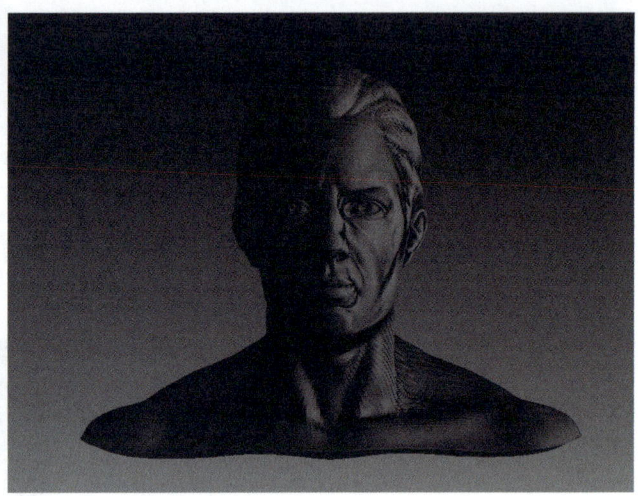

图 8-5　LightCap 属性功能设置及效果

(2) LightCap Adjustment(灯头调整)属性包括 Exposure(曝光)、Gamma(希腊字母 γ)、Hue(色调)、Saturation(饱和度)、Intensity(强度)、Retain Highlights(保留调整数据)等。调整 Saturation=1 时显示的效果如图 8-6 所示。

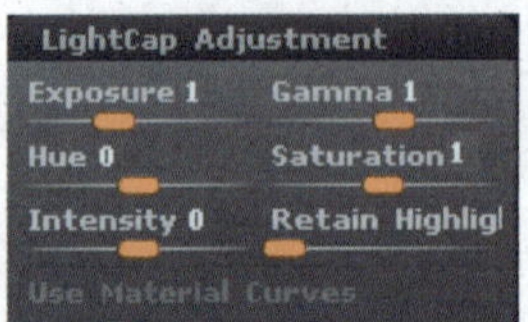

图 8-6　LightCap Adjustment 属性功能设置及效果

(3) LightCap Horizon(灯光范围界限)属性包括 Longitude(经度)、Latitude(纬度)、Horizon Opacity(不透明度)等,调整 Horizon Opacity=0.5 时显示的效果如图 8-7 所示。

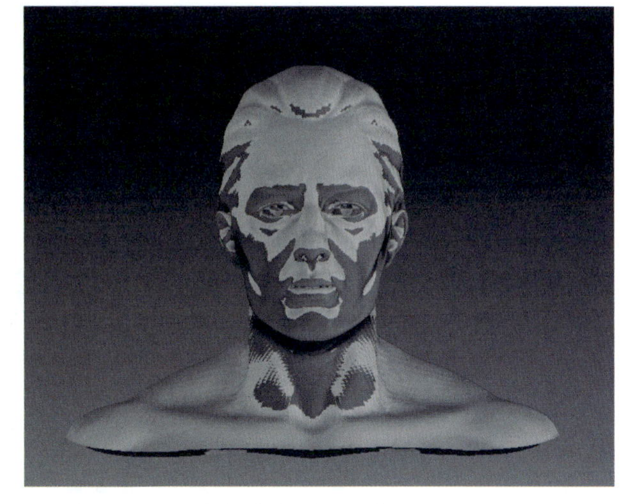

图 8-7　LightCap Horizon 属性功能设置及效果

(4) Lights Type(灯光类型)属性包括太阳光(平行光源)、点光源、聚光灯、辉光源等。

(5) Lights Placement(灯光位置)属性通过调整 X、Y、Z 的位置以及半径来放置各种光源。

(6) Lights Shadow(灯光阴影)属性包括光的强度、阴影曲线、长度等,可以设置灯光阴影效果,如图 8-8 所示。

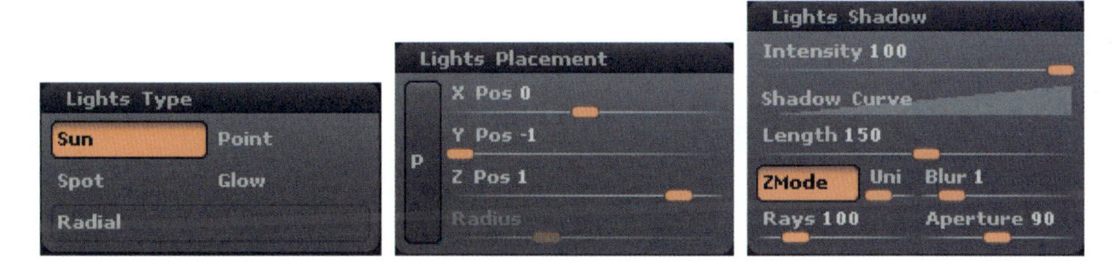

图 8-8　灯光类型、位置、阴影属性

8.3　渲染效果

在 ZBrush 中,渲染技术在游戏角色设计中起到非常重要的作用,主要包括 Cursor(光标)、Render(渲染)、Best(最佳渲染)、Preview(预览渲染)、Fast(快速渲染)以及 Flat(平面渲染)等属性设置,还包括 Render Properties(渲染性能)、BPR RenderPass(通过 BPR 渲染)、BPR Transparency(BPR 透明度)、BPR Render(BPR 渲染)、Antialiasing(反锯齿)、Depth Cue(深度曲线)及 Fog(雾)等属性,如图 8-9 所示。

8.3.1　基本渲染效果设计

基本渲染效果设计模式包括 Best、Preview、Fast 以及 Flat 属性设置。

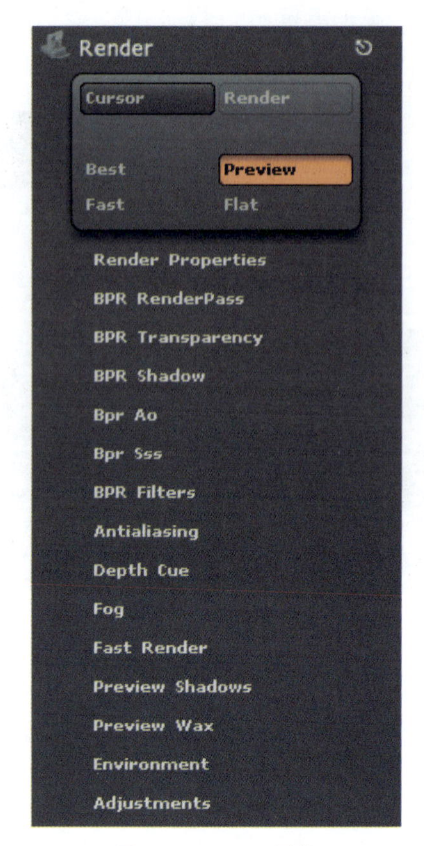

图 8-9　Render 属性

Best 属性表示最佳渲染过程，可以作为模型最终渲染效果，通常用于造型高质量的画质和图像。最佳渲染方式能渲染出细腻的光影层次变化的最佳效果，如图 8-10 所示。在最佳渲染模式下按 Esc 键可以退出最佳渲染状态。

Preview 模式下可以预览模型的阴影、灯光、色彩、纹理、深度等设计效果，如图 8-11 所示。该方式通常是 ZBrush 默认的渲染方式，有一些特殊效果只有通过最佳渲染方式实现，在最佳渲染模式下改变观测视角时，系统将自动切换到预览渲染模式，如图 8-11 所示。

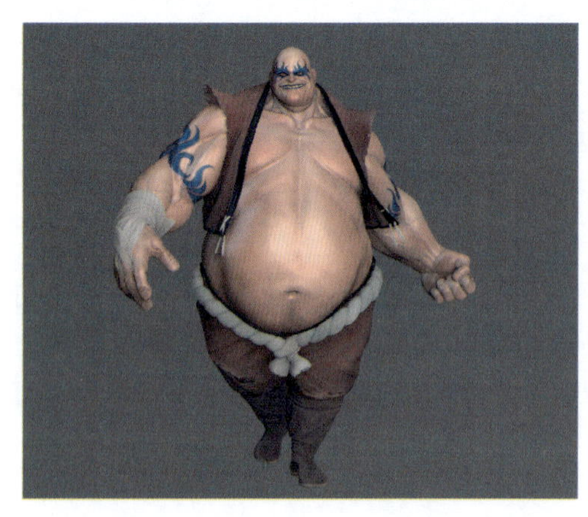

图 8-10　Best 最佳模型渲染效果

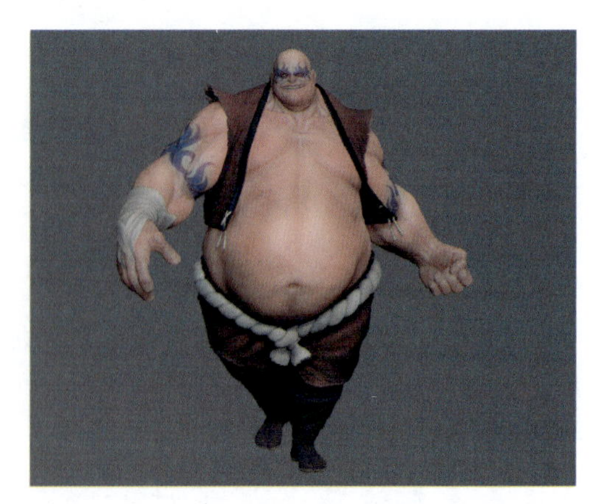

图 8-11　Preview 预览模型渲染效果

Fast 模式下不渲染任何材质效果，仅显示基本的明暗着色，能够快速显示没有材质纹理的几何表面细节，如图 8-12 所示。

Flat 模式用来查看纹理贴图效果，不显示任何造型和模型着色信息，如图 8-13 所示。

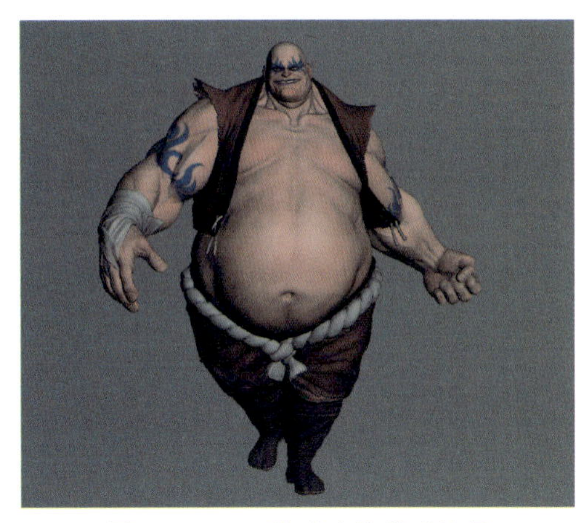

图 8-12　Fast 快速渲染模型效果

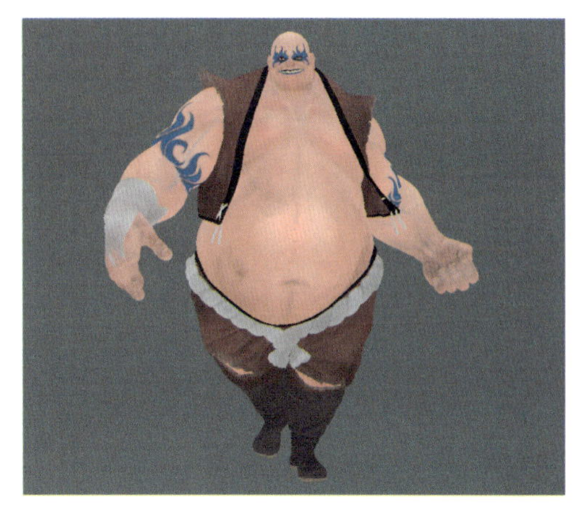

图 8-13　Flat 平面渲染效果

8.3.2　其他渲染效果设计

前面介绍了 ZBrush 提供的 4 种基本渲染方式，接下来介绍其他渲染效果设计，例如分层渲染，并对分层后的单独渲染进行属性调整。

在模型渲染选项中可以找到其他渲染技术对应的属性参数控制选项，分别为渲染性能、渲染过程、透明度控制、阴影控制、AO 渲染控制、Sss 渲染控制、抗锯齿控制、深度控制、雾渲染控制、快速渲染控制、预览阴影控制、环境控制、最终整体调节等，如图 8-14 所示。

下面介绍常用的几种渲染技术。

1. 透明度控制属性描述

BPR Transparency(BPR 透明度)功能属性如图 8-15 所示。

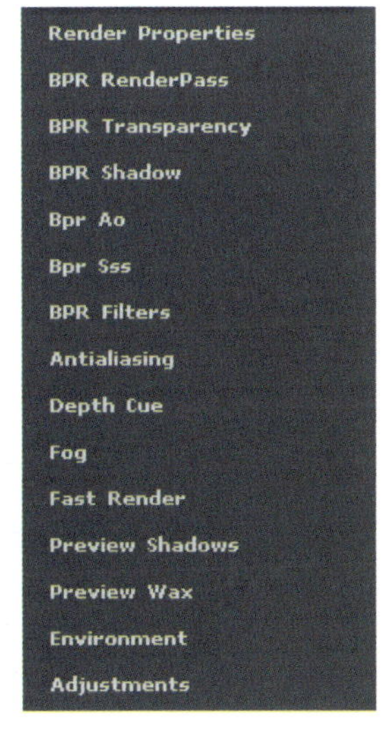

图 8-14　其他渲染技术属性

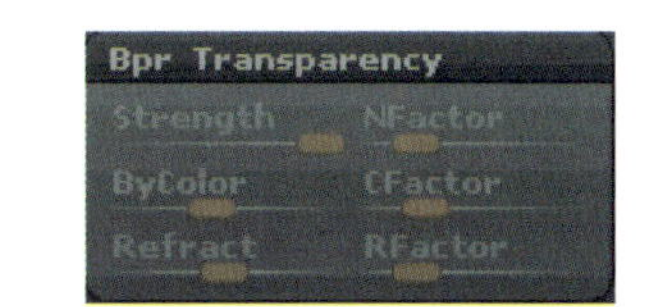

图 8-15　BPR 透明度功能属性

(1) Strength(强度)：用于控制整个模型透明物体的总体透明度的强弱。

(2) NFactor(透明因子)：表示对模型表面的法线向量进行采样，当设置该参数为0时，模型表面透明光滑；当设置该参数为1时，将对模型的法线向量进行透明度采样，正对摄像机的模型表面将完全透明，平行于摄像机的表面则完全不透明，产生阶梯状变化。

(3) ByColor(透明颜色)：表示透明物体的颜色强度，用来模拟有色透明玻璃的效果。

(4) CFactor(颜色因子)：控制透明颜色随着法线向量变化，当设置该参数为0时，所有透明都将反射设置的透明颜色；当设置该参数为1时，效果同于NFactor，颜色产生阶梯状变化。

(5) Refract(折射)：该参数设置透明物体的折射系数。

(6) RFactor(折射因子)：控制折射数值，调整随着法线向量进行变化的多少。

2. 阴影控制属性描述

BPR Shadow(阴影控制)属性如图8-16所示。

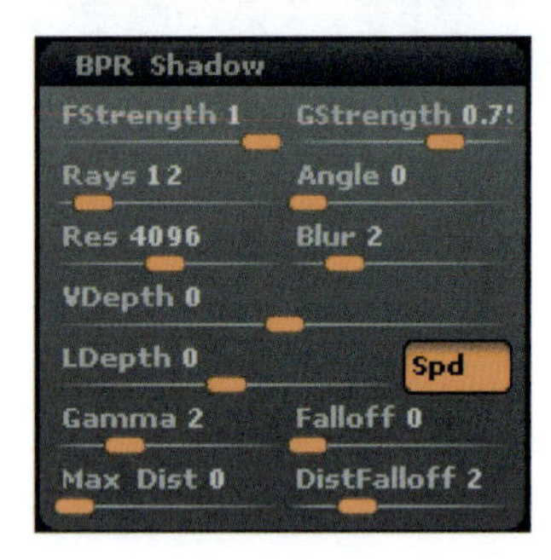

图8-16 BPR阴影控制功能属性

(1) FStrength/GStrength (强度)：用于控制模型渲染阴影的强度。

(2) Rays(射线)：用于控制产生阴影的光线数量，该值越大，阴影效果越好，模型渲染速度越慢；该值设置较小时会产生噪点。

(3) Angle(角度)：该参数控制产生阴影扩散的程度和效果。

(4) Res(精度)：控制阴影产生的精度，该参数设置数值较高时，得到的阴影比较清晰锐利；设置数值较低时，得到柔和的阴影效果。

(5) Blur(模糊)：该参数控制阴影模糊的程度，通过控制参数Angle(角度)、Res(精度)、Blur(模糊)得到比较柔和的高质量阴影效果。

(6) VDepth(深度偏移)：控制阴影在深度上的偏移，一般情况下该参数不做调整。

(7) LDepth(灯光偏移)：该参数控制受光面上的灯光偏移，不建议修改该参数。

(8) Gamma(伽马)：对渲染完成的BPR阴影效果进行整体的Gamma调节。

(9) Falloff(衰减)：对阴影衰减效果的一种渲染，默认值为0。

(10) Max Dist(最大距离)：物体阴影显示的最大距离。

(11) DistFalloff(衰减距离)：阴影衰减的距离，默认值为2。

3. 接触性照明控制属性参数描述

BPR Ambient Occlusion(接触性照明)属性参数设置，如图8-17所示。

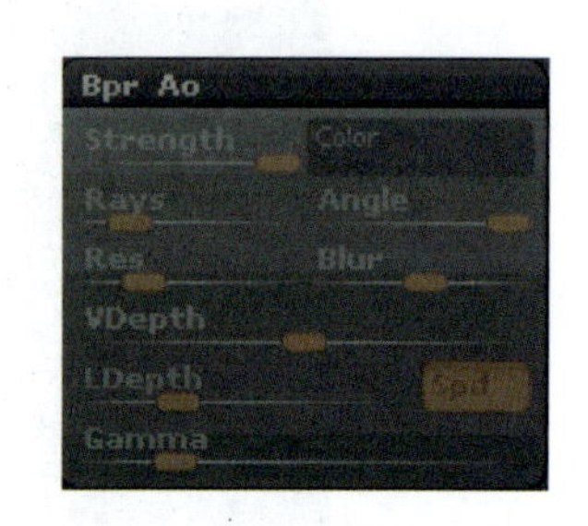

图8-17 BPR AO接触性照明控制功能属性

(1) Strength(强度)：该参数可以调节接触性强度照明的黑白强度效果。

(2) Rays(射线)：用于调节接触性照明的光线数量，该值设置较高时，得到更加柔和的AO效果。

(3) Angle(角度)：控制接触性照明产生阴影扩散的程度。

(4) Res(精度)：该参数用于控制阴影产生的精度。

(5) VDepth(深度偏移)：用于控制阴影在深度上的偏移，一般情况下该参数不做调整。

(6) LDepth(灯光偏移)：该参数控制受光面上的偏移，不建议修改该参数。

(7) Gamma(伽马)：对渲染完成的 AO 效果进行整体的 Gamma 调节，通常情况下可以在后期软件中处理。

4. 表面散射属性参数描述

BPR SubSurface Scattering(表面散射)属性参数设置控制模型的透光效果，如图 8-18 所示。

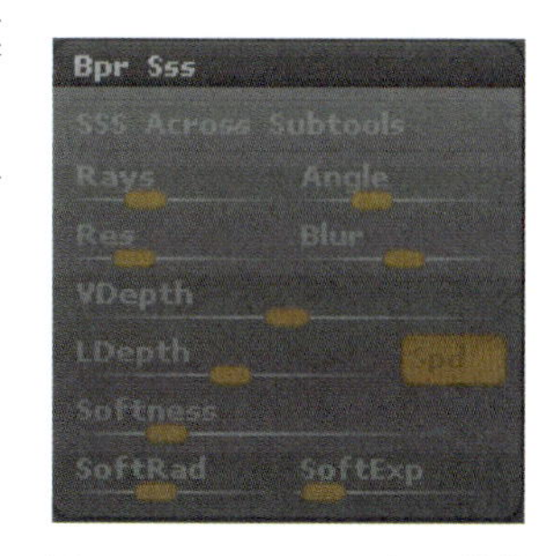

图 8-18　BPR Sss 表面散射控制功能属性

(1) SSS Across Subtools(穿过子工具)：表示在渲染 SSS 材料时，在半透明状态的边缘可以观察到挡住的其他 Subtool 工具。

(2) Rays(射线)：调整透光光线的数量。

(3) Angle(角度)：透光的角度。

(4) Res(透光精度)：调整模型的透光效果。

(5) Blur(模糊)：表示透光后模型的模糊程度。

(6) VDepth(深度偏移)：控制透光阴影在深度上的偏移。

(7) LDepth(灯光偏移)：控制透光面上的偏移。

(8) Softness(软化程度)：控制软化透光的柔软度。

5. 反锯齿属性参数描述

Antialiasing(反锯齿)功能用于控制在渲染时的抗锯齿程度。反锯齿功能属性如图 8-19 所示。

(1) Blur(模糊)：在低分辨率渲染时，控制模型边缘线的模糊程度。

(2) Edge(边缘)：控制边缘线像素过渡之间的锐利凸起，该参数过大会丢失细节，过小会使边缘锐化。

(3) Size(尺寸)：控制抗锯齿的采样尺寸，该值过大会占用更多渲染时间。

(4) Super Sample(超级采样)：控制在渲染时抗锯齿的采样。

6. 深度曲线功能属性参数描述

Depth Cue 深度曲线属性控制模型的渲染深度通道的效果，深度曲线功能属性参数如图 8-20 所示。

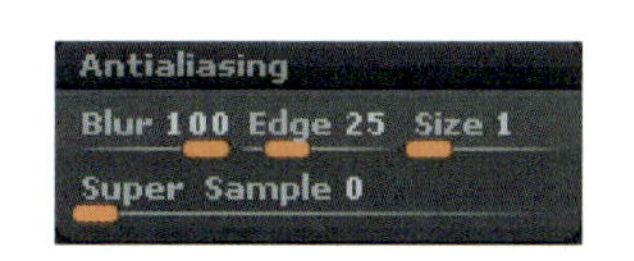

图 8-19　反锯齿功能属性

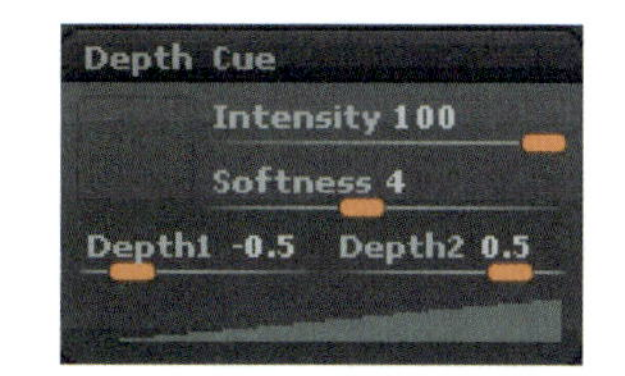

图 8-20　Depth Cue 深度曲线功能属性

(1) Intensity(强度)：控制整体渲染深度的强弱，当该值较小时，渲染出来的 Depth 通道的灰度整体下降。

(2) Softness(软化)：调节通道贴图的整体过渡的软化效果。

（3）Depth1（深度 1）：该参数定义深度的最远距离。

（4）Depth2（深度 2）：该参数定义深度的最近距离。

7. 雾功能属性参数描述

Fog（雾）即自然界中的雾气效果，在开启雾渲染后，可以在深度通道上产生一层深度颜色衰减，可以还原景深空间效果，Fog（雾）功能属性参数如图 8-21 所示。

（1）Intensity（强度）：控制整体渲染雾的强度，降低该值，雾气的透明度将会降低。

（2）Depth1（深度 1）：该参数定义雾的深度最远距离。

（3）Depth2（深度 2）：该参数定义雾的深度最近距离。

接下来的 4 个方块分别代表最远处雾的颜色、雾的贴图、雾的蒙版以及最近处雾的颜色。

8. 快速渲染功能属性参数描述

Fast Render 快速渲染功能属性参数如图 8-22 所示。

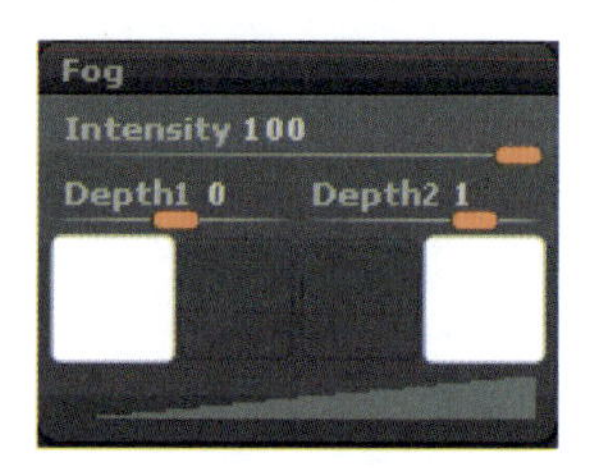

图 8-21　Fog 功能属性

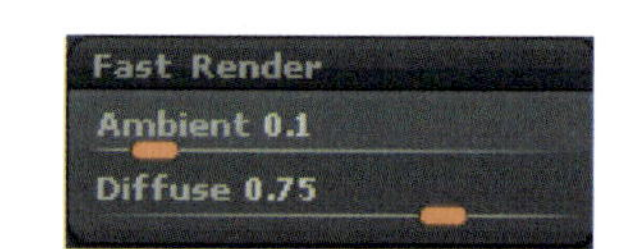

图 8-22　Fast Render 快速渲染功能属性

（1）Ambient（环境）设置在快速渲染时的环境光被模型表面反射。

（2）Diffuse（漫反射）设置在快速渲染时物体材料的漫反射光的效果。

9. 预览阴影功能

（1）Preview Shadows（预览阴影）功能属性参数如图 8-23 所示。

图 8-23　Preview Shadows 预览阴影功能属性

- ObjShadow（对象阴影）：对象阴影参数调节，默认值为 0.3，取值范围 0～1。
- DeepShadow（阴影深度）：阴影的深度，激活该功能阴影加深。
- Length（长度）：阴影的长度，默认值为 22，取值范围 16～128。
- Slope（边坡）：控制投射阴影的显示效果，默认值为 2，取值范围 0～5。
- Depth（深度）：控制阴影的深度效果，默认值为 0.2，取值范围 0～10。

（2）预览阴影设置举例如下。

① 启动 ZBrush 集成开发环境，在工具箱的 3D 笔刷中选择 Plane3D 3D 平面，在视图窗口拖曳绘制，并调整位置。

② 选择 Subtool→Append 命令添加一个球体，

③ 在主菜单中选择 Render→Preview Shadows 命令，调整对象阴影＝0.8，长度＝25，边坡＝2，深度＝0.25，阴影效果如图 8-24 所示。

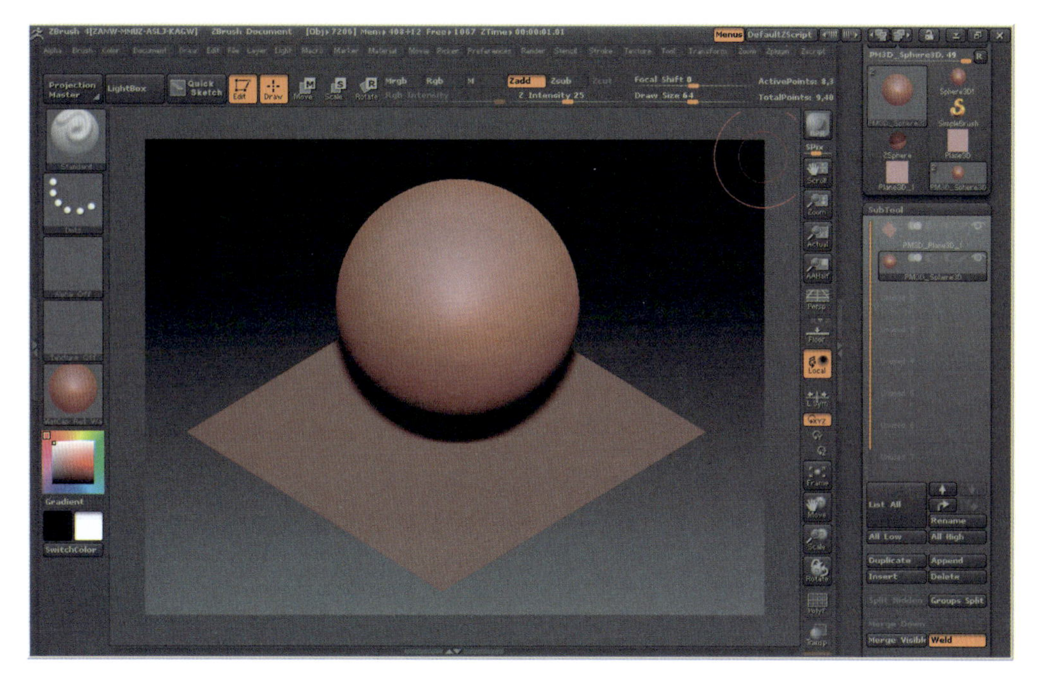

图 8-24　球体预览阴影功能属性设置效果

10. 渲染环境功能属性参数描述

Environment(渲染环境)功能包括 Off(关掉)、Color(颜色)、Txtr(纹理)、Scene(场景)等,属性参数如图 8-25 所示。

(1) Trace Distan (微小的距离):对 4 种环境中的一种进行距离调整,默认值为 50,取值范围为 0~100。

(2) Repeat(重复):渲染环境进行重复渲染的数值,默认值为 1,取值范围为 1~5。

(3) Field Of View(视野):环境渲染的视野范围,默认值为 0,取值范围为 0~180。

11. 调整渲染功能属性参数描述

Adjustments(调整)渲染功能参数包括开启调整、关闭调整、对比度、亮度、rgb 通道等。Adjustments 渲染参数如图 8-26 所示。

图 8-25　Environment(环境)渲染环境功能属性设置

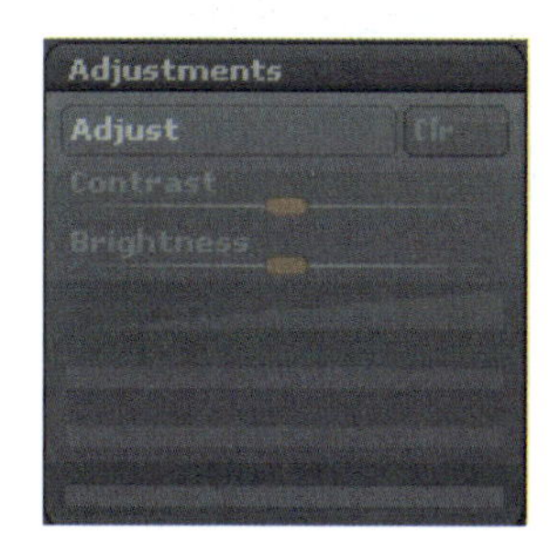

图 8-26　Adjustments 渲染参数(调整)功能属性设置

(1) Contrast(对比度):控制渲染过程中的反差,默认值为 0,取值范围为-100~100。

(2) Brightness(亮度):控制渲染过程中的明暗程度,默认值为 0,取值范围为-100~100。

(3) Rgb level(rgb 通道)：控制彩色通道曲线调整。

(4) Red level(r 通道)：控制红色通道曲线调整。

(5) Green level(g 通道)：控制绿色通道曲线调整。

(6) Blue level(b 通道)：控制蓝色通道曲线调整。

8.4 Movie 功能设计

ZBrush 雕刻制作的高精度模型面数很多，直接应用高模很难与其他三维软件进行数据交换，也很难利用 Maya 或 3ds Max 等三维软件的模型进行渲染。为此，ZBrush 为用户提供了 Movie(电影)功能，为用户制作的精美高精模型提供了展示平台。使用该功能，可以方便创作，开发人员可以更好地展示 ZBrush 雕刻制作的高模作品。

8.4.1 Movie 属性功能

在主菜单中选择 Movie 命令，打开的调控板中集成了关于影视输出的全部控制功能。包括影片的基本控制功能、视窗控制、删除功能、参数修改、时间线及片头片尾 Logo 控制等，如图 8-27 所示。

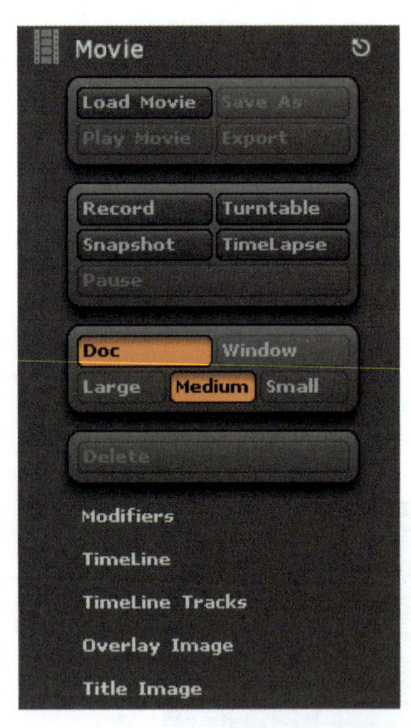

图 8-27 Movie 功能属性设置

1. 基本功能属性描述

(1) Load Movie(导入影片)：载入 ZBrush 格式的影视文件，即 *.zmv 格式影片文件。

(2) Save As(另存)：将 ZBrush 格式的 *.zmv 影视文件存储为电影文件。

(3) Export(导出)：导出 *.mov 格式的视频文件。

(4) Play Movie(播放电影)：播放 ZBrush 格式的影视文件。

(5) Record(记录)：开始录制电影。

(6) Turntable(转盘)：模型以旋转的方式被录制成电影。

(7) Snapshot(快照)：快速截取当前静帧画面。

(8) TimeLapse(时间推移)：录制影片鼠标释放的过程。

(9) Pause(暂停)：暂停录制当前的画面。

(10) Doc(文档)：录制的视频画面以整个画布区域作为捕捉对象。

(11) Window(视窗)：录制的视频画面以整个视窗区域作为录制对象。

(12) Large(大)：以大尺寸画面录制。

(13) Medium(介质)：以默认介质尺寸录制。

(14) Small(小)：以小尺寸画面录制。

2. Modifiers(修改)影片功能属性参数描述

Modifiers(修改)卷展栏中集成了对于影片的全部修改功能，包括影片的尺寸、播放速率、记录帧速率、持续时间、旋转一周的帧数、循环次数以及旋转轴向等，如图 8-28 所示。

(1) Frame Size(尺寸大小)：该属性值的大小决定最终生成影片的尺寸，默认值 0.5，取值范围 0～1。

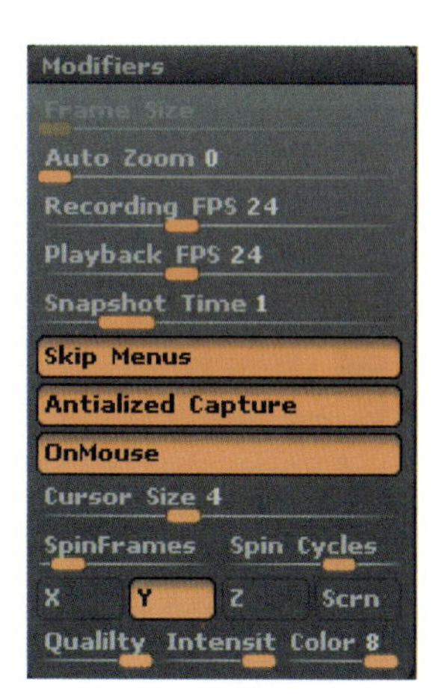

图 8-28　Modifiers(修改)电影功能属性设置

(2) Auto Zoom(自动缩放)：鼠标周围区域的显示大小由该滑块的数值决定。当该值为非零时，显示一部分视窗或文档区域，并且摄像机跟随鼠标一起移动。

(3) Recording FPS(记录帧速率)：在录制影片时的帧的速率。

(4) Playback FPS(回放帧速率)：影片播放时的帧的速率。

(5) Snapshot Time(快照持续时间)：在影片中插入的一个快照，在播放影片时该快照的持续时间。

(6) Skip Menus(跳过菜单)：跳过菜单，使其不会出现在录制的影片中。

(7) Antialized Capture(抗锯齿捕获)：表示在输出影片时进行抗锯齿，对像素级的细节进行细节模糊，它对文件的尺寸也稍有影响。默认状态为开启，该功能增加了计算机处理时间。

(8) OnMouse(只有当鼠标落下时才记录)：指记录鼠标移动的有效动作，如在控制选项上单击、雕刻和移动模型等，这些操作将被记录下来。但在屏幕周围或控制选项上移动鼠标的运动将不被记录。

(9) Cursor Size(光标大小)：在影片中增加光标尺寸，使光标变得更加鲜明和醒目。

(10) SpinFrames(自旋一次的帧数)：控制模型旋转一周所用的帧数，该参数与 Recording FPS 选项一起决定模型旋转的速度。

(11) X(X 轴旋转)：表示模型沿 X 轴旋转，一般情况下只使用一个轴向旋转模型，用户也可以同时激活多个轴向进行旋转。

(12) Y(Y 轴旋转)：表示模型沿 Y 轴旋转，通常情况下只使用一个轴向旋转模型。

(13) Z(Z 轴旋转)：表示模型沿 Z 轴旋转，通常情况下只使用一个轴向旋转模型。

(14) Scrn(屏幕)：控制模型以屏幕坐标轴为中心进行旋转。

(15) Quality(质量)：调整影片的画质。

(16) Intensit(强度)：调整影片的强度。

(17) Color(颜色)：调整影片画面的色彩。

8.4.2　Movie 案例分析

本小节介绍旋转的地球动画设计案例制作过程中 Movie 的意义和作用。具体设计步骤如下。

① 启动 ZBrush 集成开发环境，在工具栏中选择 Sphere3D 创建一个地球。

② 选择 Edit 命令进入编辑状态，在工具箱中选择 Make PolyMesh3D 转换成 3D 模型。

③ 在工具箱中选择 Texture Map 功能导入地图纹理绘制到球体上，导正地球位置，如图 8-29 所示。

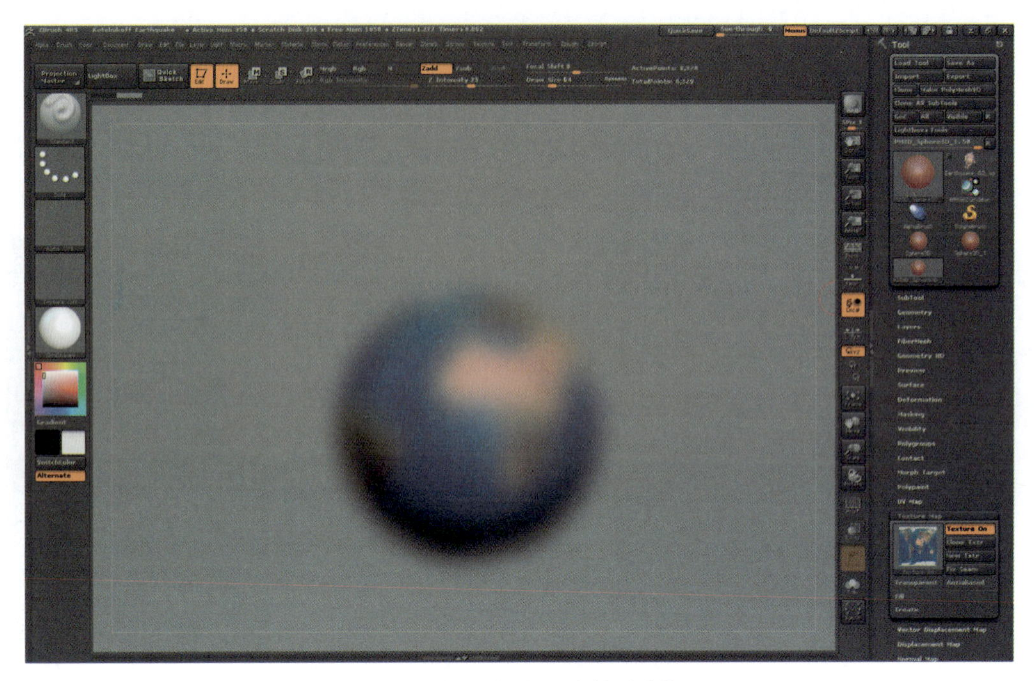

图 8-29　导入地图纹理绘制到球体上

④ 在主菜单中选择 Movie→Modifiers 修改参数功能，调整 SpinFrame＝10，选择 Z 轴为旋转轴。

⑤ 在主菜单中选择 Movie→Turntable 旋转功能，开始录制影片。

⑥ 在主菜单中选择 Movie→Play Movie 播放影片功能，将刚刚录制的影片进行播放，如图 8-30 所示。

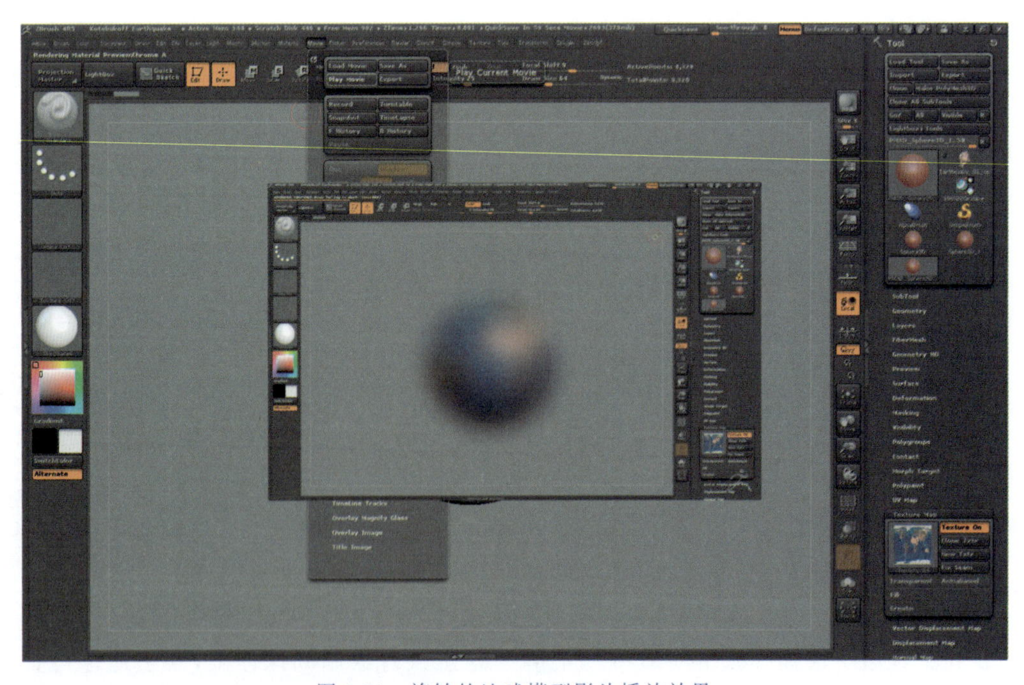

图 8-30　旋转的地球模型影片播放效果

⑦ 如果要保存录制的影片，选择 Movie→Save As 命令，将影片另存为 Movie-1. zmv。

8.5 动画设计

在 ZBrush 游戏角色设计中，一直都是以静态帧展示为主，在 ZBrush 4. x 版本后，出现了动画设计效果，即 Time Line(时间线)控制动画效果。TimeLine 用于动画影片的设计，在主菜单中选择 Movie→TimeLine→Show 命令可激活时间线动画设计功能，再次单击此按钮即关闭时间线显示。

8.5.1 动画属性设置

在 ZBrush 中，TimeLine 时间线的关键帧动画设计功能可以设置相机实现动画，还可以设置物体等各项属性，如颜色、纹理、网格显示、透明度、Z 球、爆炸以及背景等。TimeLine 时间线控制动画效果功能属性参数如图 8-31 所示。

图 8-31 TimeLine 时间线控制动画效果功能属性

1. TimeLine 时间线控制动画效果功能属性描述

(1) Load(导入)：导入关键帧动画文件。

(2) Save(保存)：保存关键帧动画，保存的文件格式为 ZBrush Movie. zmo。

(3) Show(显示)：显示 TimeLine 时间线控制动画功能设置，通过设定关键帧实现动画设计过程，显示在工具栏的下方，如图 8-32 所示。

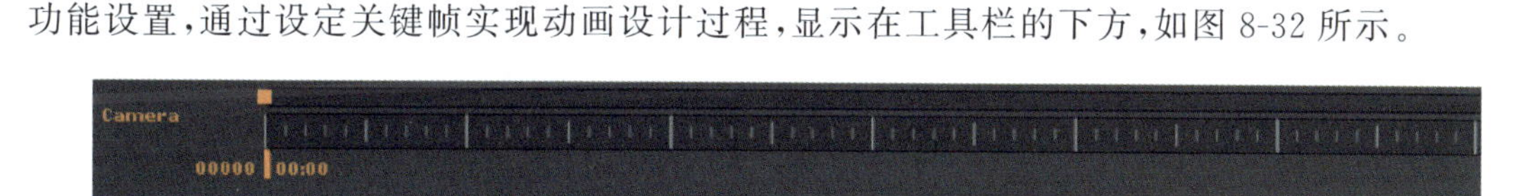

图 8-32 TimeLine 时间线控制动画功能设置

(4) ExportName(保存文件名)：保存 Mdd 文件，保存的文件为 ZBrushBakedAnimation. mdd。

(5) Go Previous(返回上一帧)：返回上一个关键帧。

(6) Go Next(下一帧)：显示下一个关键帧。

(7) TimeLine Magnification(时间线放大)：表示时间扩大率，即时间线放大的数值。

(8) Load Audio(导入音频)：音频导入，可以导入 ZBrush 允许的各种格式的音频文件。

(9) Remove Audio(移除音频)：删除音频文件。

(10) Start Playback Time(开始播放时间)：表示动画控制开始播放时间。

(11) Duration(持续时间)：表示时间线控制动画的持续时间。

2. TimeLine Tracks(时间线轨道)属性参数描述

TimeLine 时间线控制动画设计中，还有一个很重要属性参数设置，就是 TimeLine Tracks

（时间线轨道），属性参数如图 8-33 所示。

图 8-33　TimeLine Tracks（时间线轨道）属性

TimeLine Tracks 属性功能主要包括 Edit（编辑）、Link（连接）、Enable（开关）、Camera（相机）、Color（颜色）、Material（材质）、Wire Frames（线框）、Transparent（透明度）、Subtool（子工具）以及 ZSphere（Z 球）等。

（1）Edit：进入模型编辑动画状态。

（2）Link：可以同时链接几个动画属性一起变化。

（3）Enable：激活该按钮，可对几个属性同时创建动画输出。

（4）Camera：时间栏调整为摄像机状态，在场景中利用摄像机对角色运动进行动画设计，这里的相机与摄像机等价。

（5）Color：时间栏调整为 Color 颜色状态，颜色动画被激活。在 Color 模式下，可以对颜色设置关键帧动画设计。

（6）Material：时间栏调整为 Material 材质状态，可以对模型的材质进行动画设计。

（7）Wire Frames：时间栏调整为 Wire Frames 线框模式，可以对模型的网格显示创建动画设计。

（8）Transparent：时间栏调整为 Transparent 透明度模式，可以对模型的透明度进行动画设计。

（9）Explode：利用 ZBrush 中的 Xpose Amount 属性设置，实现一个角色和物体分离的爆炸动画设计效果。

其余功能与上述动画设计思想类似，这里不再一一赘述。

8.5.2　摄像机动画案例分析

本小节将设计一个摄像机动画设计效果，能够旋转、移动、飞行的昆虫模型动画设计效果。在时间线控制栏中，可以添加关键帧，也可以删除关键帧，要添加关键帧，直接在时间栏中单击即可，删除关键帧时只要选中关键帧后向时间栏外拖曳即可。

① 启动 ZBrush 集成开发环境，选择 Light Box（热盒）→Tool（工具）→ZSketch_Bug_Jdrust.ZTL 造型，再选择 Material→ChromeA 材质，然后在视图窗口中拖曳创建造型。

② 在主菜单中选择 Movie→TimeLine→Show 显示时间线动画控制功能，默认方式为摄像机动画设计状态，如图 8-34 所示。

③ 先在时间栏的起点位置单击，会产生一个橙色的圆点，分别在时间栏第 5 帧、第 10 帧、第 15 帧、第 20 帧、第 25 帧、第 30 帧单击，同时分别在各个时间帧调整模型的姿态。

④ 移动时间轴会发现造型在不断移动和变化，产生连续的旋转、移动、飞行等动画设计效果，如图 8-35 所示。

8.5.3　颜色动画案例分析

本小节将创建一个颜色动画设计效果，是对模型进行各种着色设置的一个动画设计过程。调整时间线控制状态为 Color，在时间线控制栏中添加关键帧或删除关键帧，并在每个关键帧

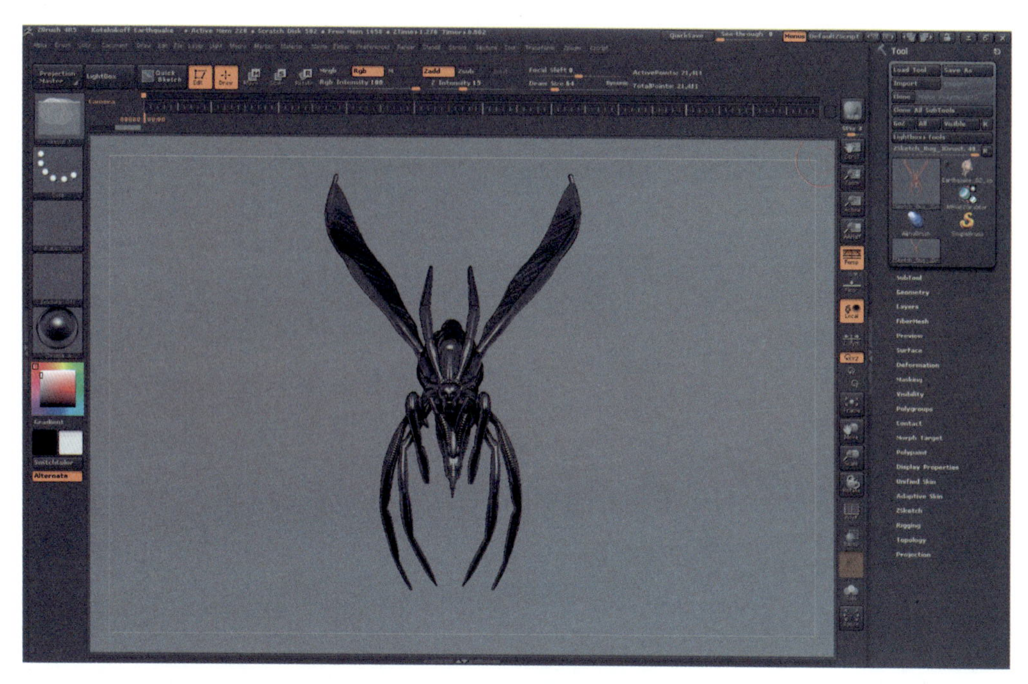

图 8-34　设置时间线动画控制

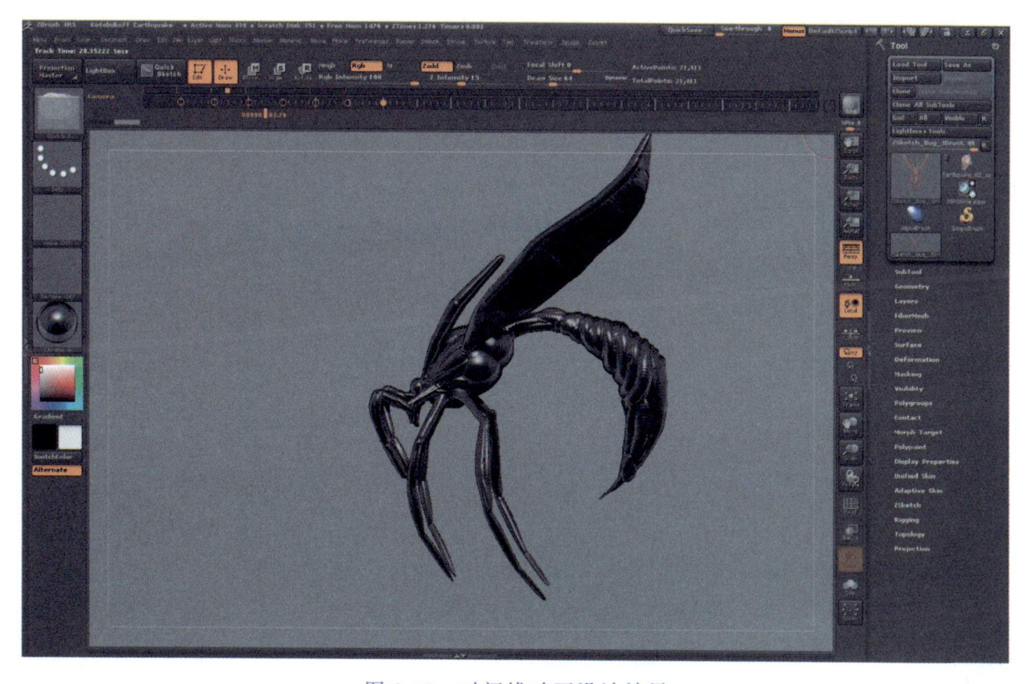

图 8-35　时间线动画设计效果

对模型添加不同的颜色，实现动画设计。

① 启动 ZBrush 集成开发环境，在 Tool 工具箱中选择导入模型。

② 在主菜单中选择 Movie→TimeLine→Show 显示时间线动画控制功能。

③ 在主菜单中选择 Movie→TimeLine Tracks→Color 命令，将时间栏调整为 Color 状态。

④ 先在时间栏的起点位置单击，产生一个橙色的圆点，在工具栏下方选择 Polypaint→

Colorize 命令，效果如图 8-36 所示。

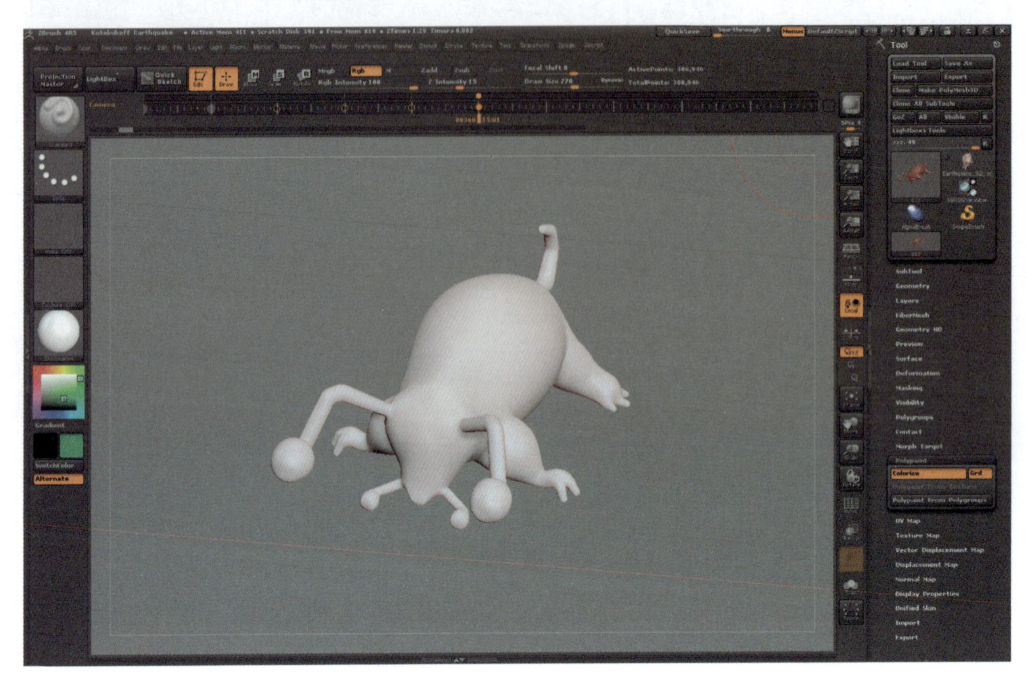

图 8-36　时间线 Color 状态动画设计

⑤ 分别在时间栏中第 10 帧、第 20 帧、第 30 帧、第 40 帧、第 50 帧单击，同时分别在各个时间帧对模型的颜色进行调整和绘制，为造型添加各种颜色。

⑥ 完成全部模型颜色绘制后，在时间线的下方移动滑块，显示为造型添加各种颜色的动画设计效果，如图 8-37 所示。

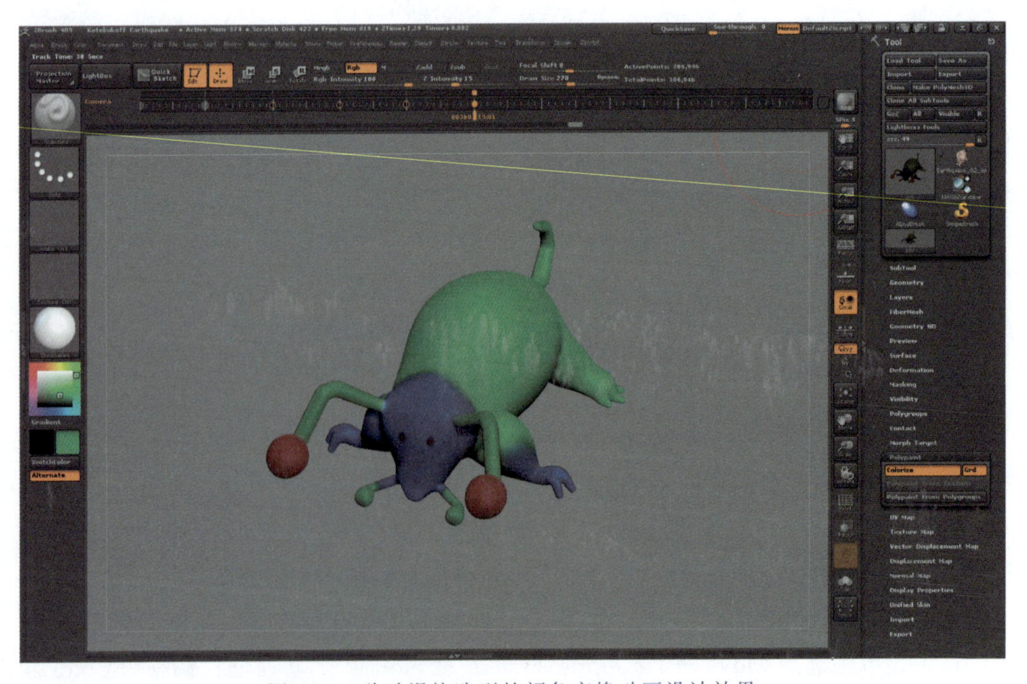

图 8-37　移动滑块造型的颜色变换动画设计效果

第 9 章 模型的拓扑结构

前文利用 Z 球创建了物体、道具、怪物以及角色等，但使用 Z 球制作的人体模型布线不能直接应用到后期的动画设计和制作中。因为模型没有按照人体的网格肌肉结构进行模型布线，利用 Z 球创建的各种三维模型必须通过 Topology 拓扑重新进行网格布线，才可应用于后期的动画处理。

9.1 网格的拓扑结构

拓扑学(topology)是近代发展起来的一个数学分支，用来研究各种“空间”在连续性的变化中不变的性质。在 20 世纪，拓扑学发展成为数学领域中一个非常重要的分支。

在拓扑学的发展历史中，有一个著名而重要的关于多面体的定理，就是欧拉定理：如果一个凸多面体的顶点数是 v、棱数是 e、面数是 f，那么它们总有这样的关系——$f+v-e=2$。

根据多面体的欧拉定理可以得出这样一个有趣的事实：只存在五种正多面体，它们是正四面体、正六面体、正八面体、正十二面体、正二十面体。

数字 CG 中的模型都是通过拓扑的方式进行表现和计算的，拓扑结构根据不同需求而不同，这在 CG 动画制作中起着重要的作用。

9.1.1 模型拓扑结构设计原则

在 ZBrush 中制作模型和在现实中制作雕塑是不同的，在计算机上使用数字雕刻软件制作三维模型方便快捷，但也存在一些限制，如大数据的处理问题。计算机发展到今天，虽然运算速度很快，数据处理能力很强，但计算机大数据处理还是受到硬件容量和运行速度的制约。这就要求用户在 ZBrush 中制作细节极其丰富的三维模型时，模型的点、线、面的数据量必须是有限的，要在有限的点、线、面的前提下制作出精美造型，拓扑结构就至关重要。

好的拓扑结构能让计算机节约很多系统资源。拓扑除了对模型的数据量进行控制外，还决定着模型动画变形的效果。

拓扑结构设计的基本原则如下所述。

(1) 模型上细节较多的地方，拓扑线也应较多，以表现细节。对于细节少的地方，不需要太多的拓扑线，该原则适合所有模型。

(2) 需要添加动画的关节处或弯曲处需要更多的拓扑线，以保证变形的顺滑。

(3) 模型拓扑线的走向应符合对象本身的结构或形态，这样既可以得到完美的雕刻细节，又可以得到较好的变形效果。

(4) 尽量使用四边形的拓扑结构，避免出现四边形以上的地面。

9.1.2 模型拓扑结构规律和分析

本小节以人体拓扑结构规律进行分析，包括头部拓扑和身体拓扑结构的规律和分析。

1. 头部拓扑结构布线

要设计一个人头部布线，需要了解面部运动规律，如惊、恐、喜、怒、悲伤等，以及面部肌肉运动后产生的细节变化。面部在运动时会出现皱纹走向，除了皱纹还要考虑面部肌肉，肌肉收缩和扩张控制面部表情，可通过拓扑布线走向显示出来，如图 9-1 所示。

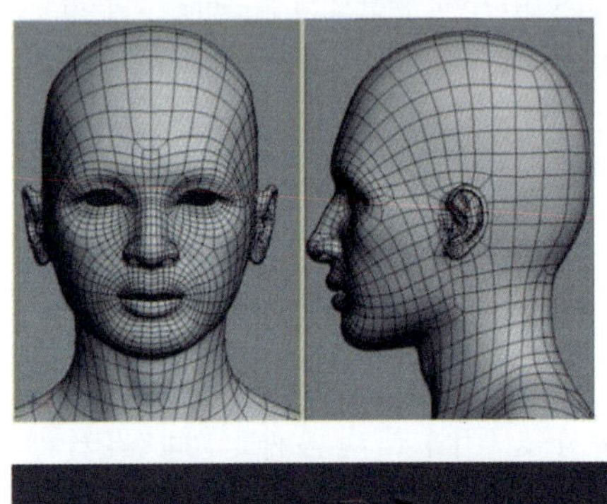

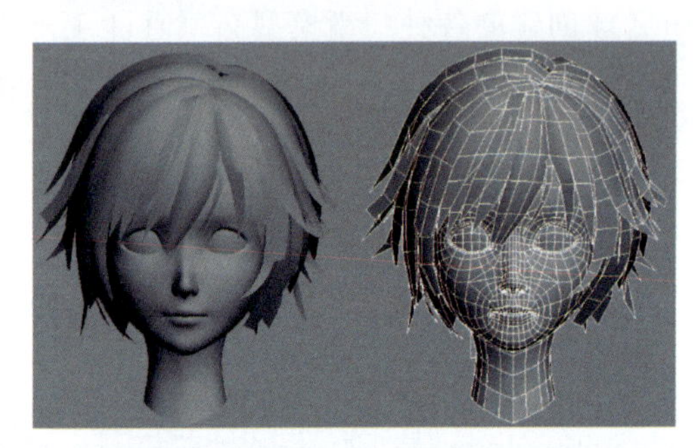

图 9-1 头部拓扑布线走向设计效果

无论是人物，还是类人怪物，面部拓扑布线的要求如下所述。

(1) 首先考虑眼睛和嘴巴的环状肌肉，眼睛和嘴巴处必须是环形的循环布线，这样可以使眼睛和嘴巴运动得很自然。

(2) 眼睛外侧相连的循环布线，用来表现眼睛外围的运动。

(3) 颧骨的拓扑布线用于显示面部正面到侧面的转折面。

(4) 额骨的拓扑布线用于表现头顶与侧面间的转折。

(5) 确定上述几点重要的拓扑线之后，其他线只要沿着肌肉添加环线即可。

(6) 头发的拓扑线根据头骨的走向细化即可。

2. 人体躯干模型的制作布线设计

(1) 按照人体的外形表面呈现的形体走向布线。这种布线的优点是可以使用相对较少的面表现相对较多的细节，缺点是制作起来比较复杂，会造成很多多星点，控制不好会出现很多三角面，对于多次光滑雕刻的模型会造成影响，制作动画时会出现突起。这种方法适合于中低精度的角色模型设计。

（2）简洁均匀布线设计。这种人体布线方式相对简单，只是整齐排列的走向，布线非常均匀，非常适合模型雕刻；展开 UV 贴图坐标也会比较简单，制作也非常顺畅。缺点是需要大量的面才能很好地塑造细节和准确的肌肉形态，如图 9-2 所示。

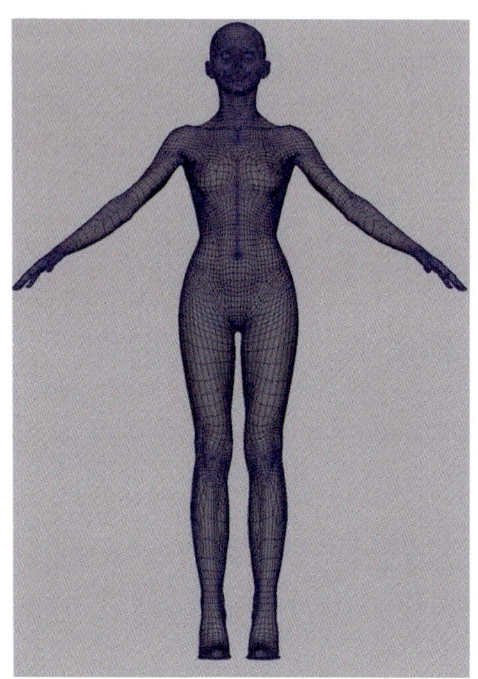
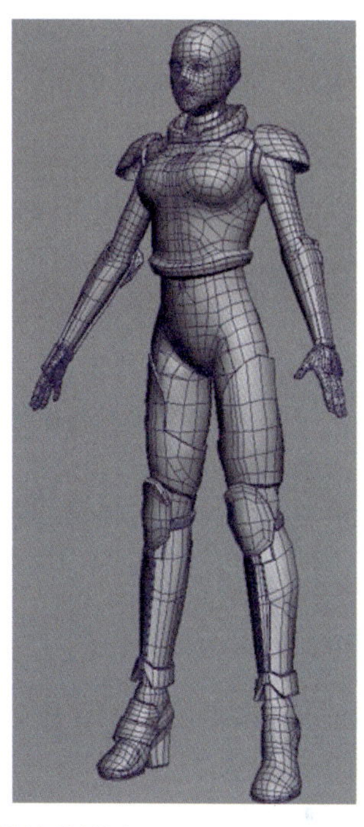

图 9-2　人体拓扑布线走向设计效果图

（3）人体服饰布线设计。依据人体布线结构对游戏中的角色、怪物、NPC 穿戴的服饰进行布线时，可根据服饰样式、形状和风格排列的走向进行布线，结合人体与穿戴的服饰均匀进行布线设计，即可如图 9-3 所示。

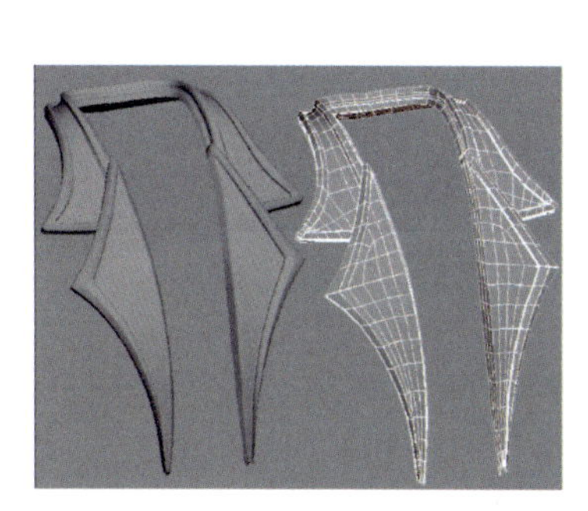
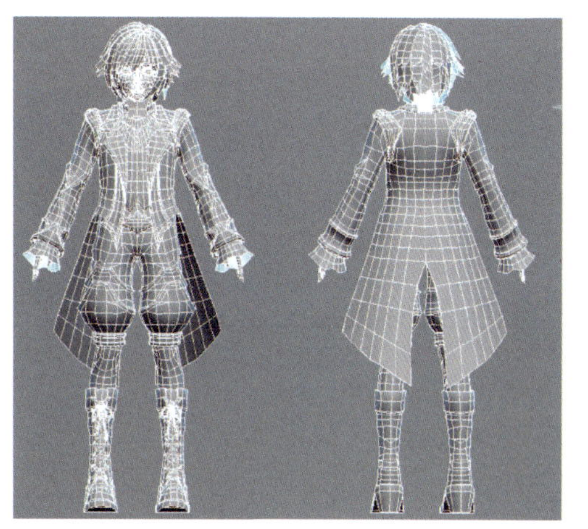

图 9-3　人体服饰拓扑布线走向设计效果图

9.2 重建拓扑

ZBrush雕刻软件允许在3D高模上以多边形网格形式作为模型的拓扑目标，将高模的细节复制到低模上，即将模型的拓扑结构重新构建；也可以从外界输入一个拓扑结构进行重建。重建拓扑在游戏领域应用十分广泛，ZBrush不仅能重新还原模型细节，还能将模型的不同精度等级进行保存，如高模、低模保存。利用ZBrush雕刻巨匠雕刻次世代游戏角色时，也可以利用重建拓扑技术创建其他建模软件所需要的低级别3D模型。

一个角色模型的拓扑结构是否合理，直接影响角色的动画效果。由于ZBrush是使用数字泥巴进行雕刻的，在建模型的时候，无法考虑模型的拓扑。但是，ZBrush提供了强大的拓扑重建工具。

ZBrush是一款艺术创作和雕刻软件，使用ZBrush雕刻艺术作品时，可以利用数字泥巴构成上百万的多边形，具有很大的优势。而当艺术家打算将这种多边形导入其他三维软件时，就必须将多边形进行优化。下面展示艺术家在ZBrush中如何重新调整多边形的拓扑结构并重构模型细节。

9.2.1 重建模型拓扑

使用Z球能在ZBrush中简单创建新的拓扑。使用这个新的投影功能，用户能在现有的模型上创建新的拓扑模型。创建新的拓扑模型的步骤如下。

当在ZBrush里创建拓扑时，如果没有封闭所有多边形面，ZBrush将自动封闭这些面。在Topology拓扑菜单下的Max Strip Length参数将决定在ZBrush里封闭多少不连接顶点。如果不想将封闭模型上的洞封闭，可以设置这个参数数值为4。

使用拓扑创建一个新的网格，如头盔、盔甲或其他一些物体后再单击Make Adaptive Skin按钮，能够将模型导入作为多重工具的一个。如果想在稍后编辑拓扑，也可以把它保持为Spheres模型。如果计划删除这个网格，可以从Rigging卷展栏中单击删除按钮（Delete Mesh）。

1. 重建拓扑

在ZBrush中重建模型拓扑的几种设计制作方法如下。

① 先在编辑模式中画一个Zsphere（Z球）在画布上。

② 在工具箱中展开Rigging卷展栏，单击Select Mesh按钮，从弹出的窗格中选择模型。如果没有想载入的模型，可在工具箱中单击Load Tool按钮导入模型。

③ 在工具箱中展开Topology卷展栏，单击Edit Topology按钮。

④ 开启Symmetry（对称性）绘制模式，选择Transform→Activate Symmetry功能，在模型上单击，开始创建并绘制新的几何体拓扑线。

⑤ 在模型上绘制拓扑线时，在单击模型前不会显示，红色的圆圈代表活跃的顶点。当单击绘制一个封闭多边形面时，ZBrush将保持先前活跃的顶点，在模型上能够更快速地制作多边形。

⑥ 按 A 键或者选择 Tool→Adaptive Skin→Preview 功能显示新的拓扑布线创建的网格模型。

⑦ 当完成拓扑布线创建工作后，选择 Tool→Adaptive Skin→Make Adaptive Skin 功能，创建新的拓扑网格模型。

⑧ 如果创建盔甲或头盔，可以选择 Topology→Skin Thickness 滑竿给模型中的网格一些厚度。

2. 导入拓扑

用户可以从 ZBrush 以外导入拓扑，还可以从一个 *.obj 文件取得拓扑，设计步骤如下。

① 在 ZBrush 中设计制作一个 3D 模型，选择 Layer→Clear 功能清除文档。

② 选择 Tool→Import 功能，选择一个 *.obj 文件导入。

③ 选择原来的旧 3D 模型，再选择 Tool→SubTool→Append 功能，选择新导入的 obj 模型作为子工具。

④ 选择 Z 球造型，并绘制在画布上。

⑤ 选择 Tool→Rigging→Select Mesh 功能，选择想要进行拓扑的模型。

⑥ 选择 Topology→Select Topo 功能，选择先前的子工具，就是有多重工具的那个模型，这个模型的面不能超过 25 000。

⑦ 选择 Topology→Edit Topology 功能，这时可以看到一个模型的拓扑出现在另一个模型上。

⑧ 选择 Tool→Rigging→Projection 功能，即可映射高模（让新拓扑的模型更接近于原有模型）。

⑨ 选择 Tool→Adaptive Skin→Preview 功能，这时可以看到应用新拓扑布线的模型。

⑩ 选择 Tool→Adaptive Skin→Make Adaptive Skin 功能，创建出新的拓扑模型。

9.2.2 重建模型拓扑案例分析

利用 ZBrush 4.0 重建模型拓扑时，首先导入 ZBrush 3D 模型，接着创建 Z 球，选择要拓扑的模型，编辑拓扑模型；接着在模型上进行拓扑网格线的绘制，并按 A 键预览拓扑新的模型。

1. 创建新拓扑案例

如果拓扑完毕，就创建自适应蒙皮的新拓扑模型，设计步骤如下。

① 导入 ZBrush 3D 模型。

② 在 Tool 工具箱中选择 Z 球造型。

③ 在 Tool 工具箱中展开 Rigging 卷展栏，选择 Select Mesh 功能，选择刚才导入的 ZBrush 模型，准备拓扑该模型。

④ 在 Tool 工具箱中展开 Topology 卷展栏，选择 Edit Topology 功能，启动拓扑绘制模型。

⑤ 在模型上绘制拓扑线框。在绘制模式（Draw）下，在模型上单击创建点，在空白区域单击取消链接。如果创建点 A，再创建点 B，两者之间是链接在一起的；如果在空白区域单击取消链接后再创建点 B，点 B 和点 A 之间没有关系，如果需要创建关系，再依次单击两个点即可。在移动模式（Move）下，移动点的位置。

⑥ 按快捷键 A，即可预览拓扑的新模型（A 自适应蒙皮），同时可以在 Tool 工具箱中展开 Adaptive Skin 面板卷展栏调整拓扑模型的蒙皮参数，如细分级别 Density＝2。

⑦ 在工具箱中展开 Projection 卷展栏，开启 Projection 功能，即可映射高模（让新拓扑的模型更接近原有模型）。

⑧ 拓扑完毕后，在 Adaptive Skin 卷展栏中选择 Make Adaptive Skin 功能创建自适应蒙皮的新拓扑模型。

2. 重建拓扑案例

重建模型拓扑案例设计与分析如下。

① 启动 ZBrush 集成开发环境，选择 LightBox→Tool→DemoHead.ZTL 模型；开启编辑模式，单击工具栏中的 Edit 按钮。

② 选择背景颜色，在菜单栏中选择 Color 命令，设置 R＝255，G＝255，B＝255；接着选择 Document→Back 命令将画布文档背景颜色设置为白色。

③ 在工具箱中选择 Z 球造型。

④ 在工具箱中展开 Rigging 卷展栏，单击 Select Mesh 按钮，会弹出一个窗格，然后选择要拓扑的 3D 高模，如图 9-4 所示。

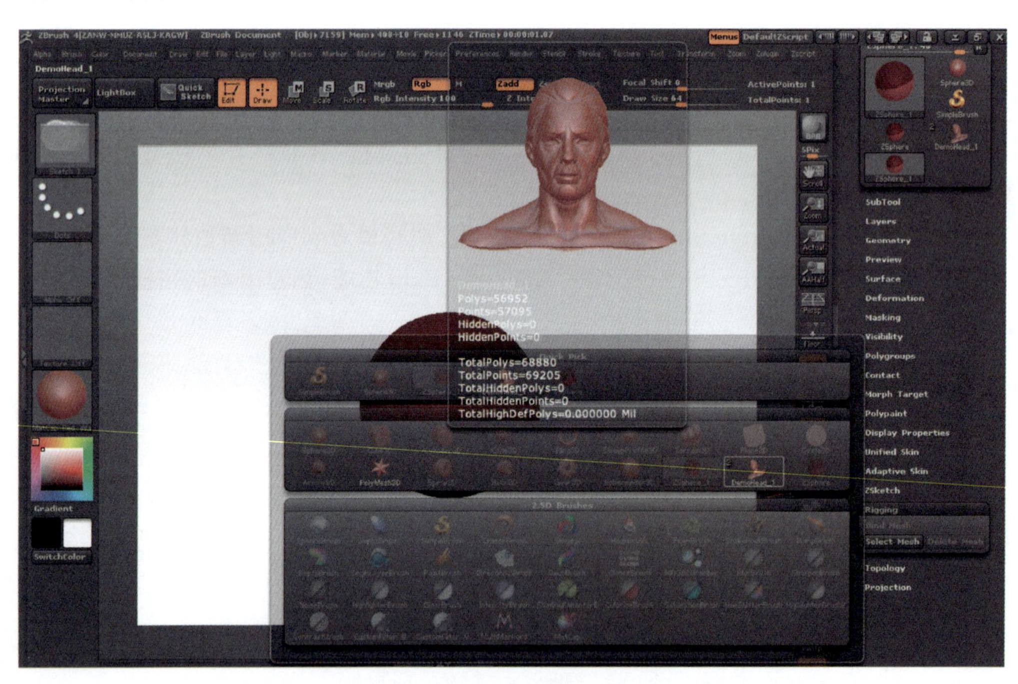

图 9-4　选择要拓扑的 3D 高模

⑤ 选择要拓扑的 3D 高模，显示“Z 球”和要拓扑的“3D 高模”效果，如图 9-5 所示。

⑥ 启动拓扑功能，选择 Topology→Edit Topology 功能，对模型进行拓扑。

⑦ 在视图导航栏中单击 PolyF 图标显示网格或选择 Frame 显示或隐藏线框功能，帮助绘制拓扑线。

⑧ 在菜单栏中选择 Transform→Activate Symmetry 命令启动对称绘制功能，按快捷键 X。

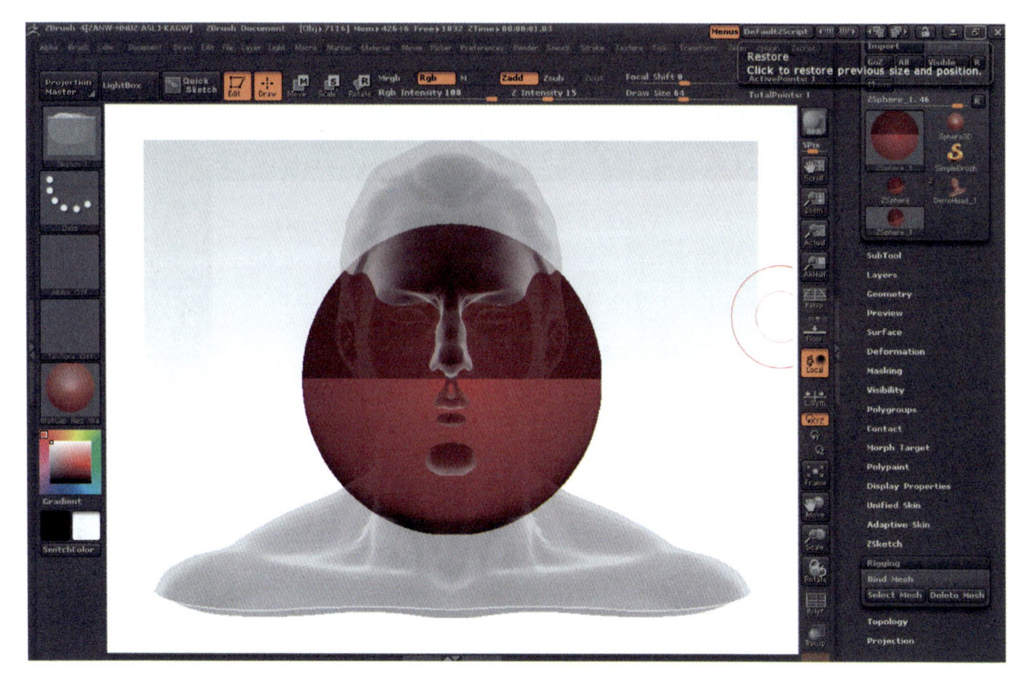

图 9-5　显示“Z 球”和要拓扑的“3D 高模”效果

⑨ 在模型上单击创建点，每 3～4 个点组成一个面，通常由 4 个点组成一个四边形的面。按住 Ctrl 键选择开始点的位置，按住 Alt 键选择删除点的位置，如图 9-6 所示。

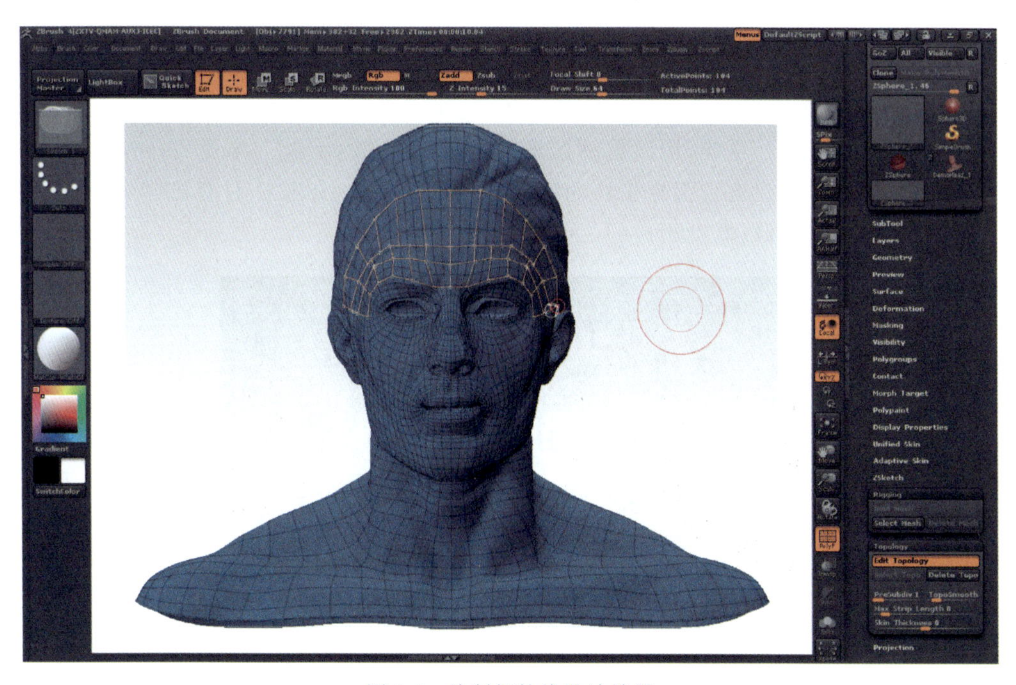

图 9-6　绘制拓扑线设计效果

⑩ 按 A 键预览拓扑的新模型，同时在右侧托盘中的 Adaptive Skin 卷展栏中调节拓扑模型的蒙皮参数，如细分级别为 Density＝2。

⑪ 在工具箱中展开 Projection 卷展栏，开启 Projection，即可映射高模。

⑫ 拓扑完毕后，在 Adaptive Skin 卷展栏中单击 Make Adaptive Skin 按钮，即可创建自适应蒙皮的新拓扑模型，如图 9-7 所示。

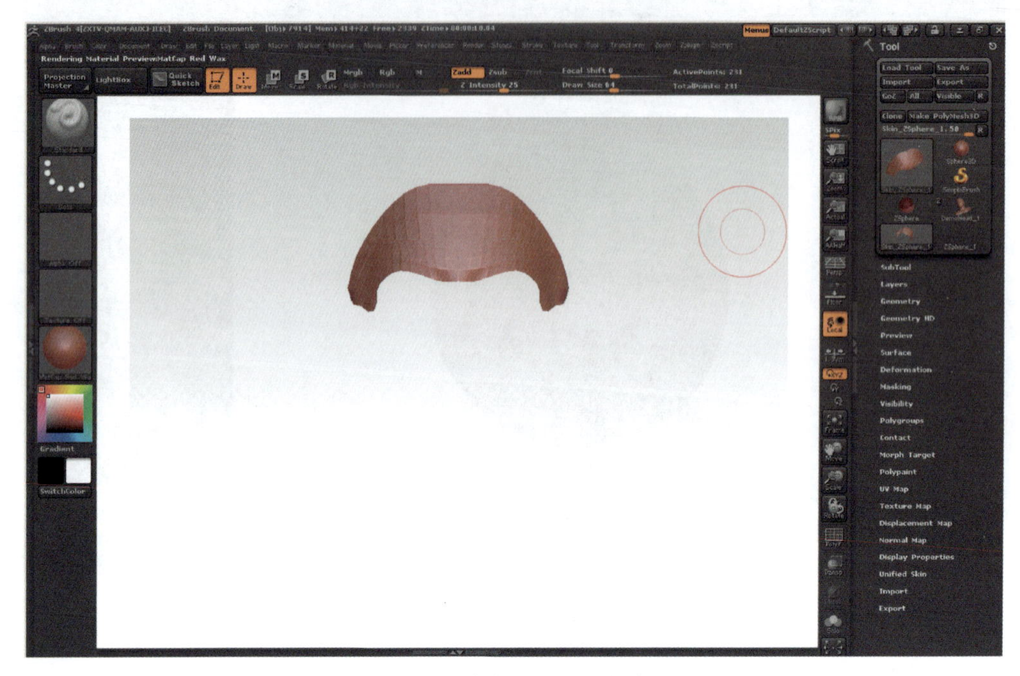

图 9-7　重建模型拓扑设计效果

9.2.3　自动智能拓扑系统新功能介绍

ZBrush 4R8 继续增强和发展其特色功能，是一个全新具有丰富新特性的工具集，主要推出了强大的自动智能拓扑系统，用以提高艺术家的创造力和生产力。新的 Zremesher 提供了更好的自动化拓扑和用户自行引导拓扑的完全重建拓扑系统，还有针对有机体和硬表面雕刻的几项新的笔刷功能，可以提升用户的工作流程，如图 9-8 所示。

图 9-8　ZBrush 4R8 系统新功能启动画面

1. 自动拓扑功能

Zremesher 是 ZBrush 4R8 新增的自动拓扑工具，可以从根本上解决 ZBrush 布线问题，省去了绝大多数的拓扑工作。Zremesher 自动拓扑功能可以自动按模型形状生成网格，通过引导线控制布线走向，通过颜色控制疏密程度。

很多人已经不再使用手动拓扑，一些简单的角色(如怪物等)都是直接使用Zremesher来生成的低模网格。在初期，很多时候ZBrush从一个球开始制作模型，这会导致如拉出一个犄角，那里的布线会非常少的问题，通过使用Zremesher功能可以立即解决布线均匀的问题，设计者能够计算一个比较合理的自动拓扑布线，通过这个低模，可以节省手动拓扑的工作。

使用ZBrush 4R8新增的Zremesher自动拓扑功能时，先按X键开启镜像，再使用Zremesher功能就可以生成左右对称镜像的布线；按住Alt键应用Zremesher功能生成的模型稍稍有些区别，对原有3D模型的结构走线弱化了，生成了较为均匀的布线；不按Alt键直接用Zremesher功能会保留原有3D模型强烈的结构走线。

Zremesher是ZBrush在自动重建拓扑工具技术上的一大跨越，它使该过程达到了一个新的整体水平。它通过对网格体曲率的分析，产生一个非常自然的多边形布线，并且实现这种更好的结果只要很少的时间。当然，如果用户想要更多的控制，也会找到有关的特性，如局部密度管理和曲线流动方向。此外，一个新的具有创新性的功能是Zremesher能够为一个特定部分的网格完成局部重建拓扑，同时保持所有边界顶点与现有的模型实现顶点焊接。

2. ZBrush 4R8 新的笔刷功能

(1) 修剪曲线笔刷：这种新的笔刷工作起来就像剪切笔刷，但在几何体上绘制时笔触的作用是相反的，ZBrush会删除几何体上修剪曲线以外的所有部分，并且封闭所产生的孔。

(2) 桥接笔刷：在表面孔洞之间以桥接的方式创建出多边形，多边形组边界甚至生成折边，所有操作只需两次单击。用户可以用封闭或开放的曲线操控这个笔刷。

(3) 折线笔刷：使用这种笔刷将不再需要依赖拓扑或多边形组来定义一个折线的边缘，该笔刷允许在需要添加折边的地方以自由绘制曲线的方式来定义。

(4) 笔刷半径选项扩展：对于修剪和切割笔刷有效，这个选项可以创建一个薄的拓扑，甚至可以表面厚度路径。

(5) 可见度扩展：各种切割和补洞笔刷现在可以通过部分隐藏几何体来创建独特的片，或控制哪些孔洞进行关闭、哪些孔洞保持开放。也就是说，DynaMesh现在也有能力操作部分几何体了。

(6) 新的曲线框架：所有开启了曲线模式的笔刷将自动检测在任何表面上的开口、折边和多边形组，这将为使用像曲线桥接、三角形填充曲线、多重管线等以及更多笔刷提供一系列快捷途径。

(7) DynaMesh保留多边形组(PolyGroups)：来自原始模型上或插入网格体上的所有已有的多边形组，在模型应用DynaMesh时，甚至在任何更新DynaMesh的时候将继续得以保持。结合现有的功能，比如板块环边、分组环边和抛光特性，用户可以在ZBrush内以数量惊人的新方法创建硬表面。

(8) 前向分组：这种新的多边形组作用在于从相机的视点建一个新的多边形组。它会为面向相机的可见多边形分配一个独立的多边形组。

(9) 孤立显示的新增动态模式：仅保留当前激活的子物体在操作中可见于ZBrush相机的面，提高了3D导航性能，使它很容易操作复杂的模型。

(10) UV平滑：当对模型的UV进行平滑时，ZBrush现在可以冻结它们的边界。这将为外部渲染程序处理并创建一个无缝的贴图。平滑的UV不受细分级别在高低之间切换的影响。

(11) 板块环边：板块环边特性的两个新选项提供了确保用户可以迅速采用一键式的解决方案，要么重新分配板块的多边形组，要么使用拓扑环边。

(12) 新的遮罩方式：现在可以通过单击网格体功能，如几何体边缘、多边形组边缘和折边边缘以及任何结合了这一功能的对象，对其进行遮罩或撤销遮罩。

9.3 创建头骨案例分析

素描头像由脸部、五官、颈部等组成，而脸部又有不同的形状，有人把脸部区分为“田、由、国、用、目、甲、风、申”等形状，这些形态主要是由人物头部的骨骼所决定的。在设计人物头像时，要把如头部的10个主要骨点（顶盖隆起，额丘，顶隆起，眉弓、鼻骨、颧骨、颞骨乳突、下颌角、颏隆起、枕外结节）和8块骨头（额骨、颧骨、鼻骨、颞骨、顶骨、上颌骨、下颌骨、枕骨）清晰地描绘出来，如图9-9所示。此外，要了解用于刻画人物表情的头部肌肉，并要分析、研究头部的形体结构，也就是头部的运动方向、旋转变化所带来的明暗关系、透视变化，如仰视、俯视、斜视、平视、侧视等。了解和掌握这些头骨结构、头部肌肉、运动态势，对于设计好人物头像起着至关重要的作用。

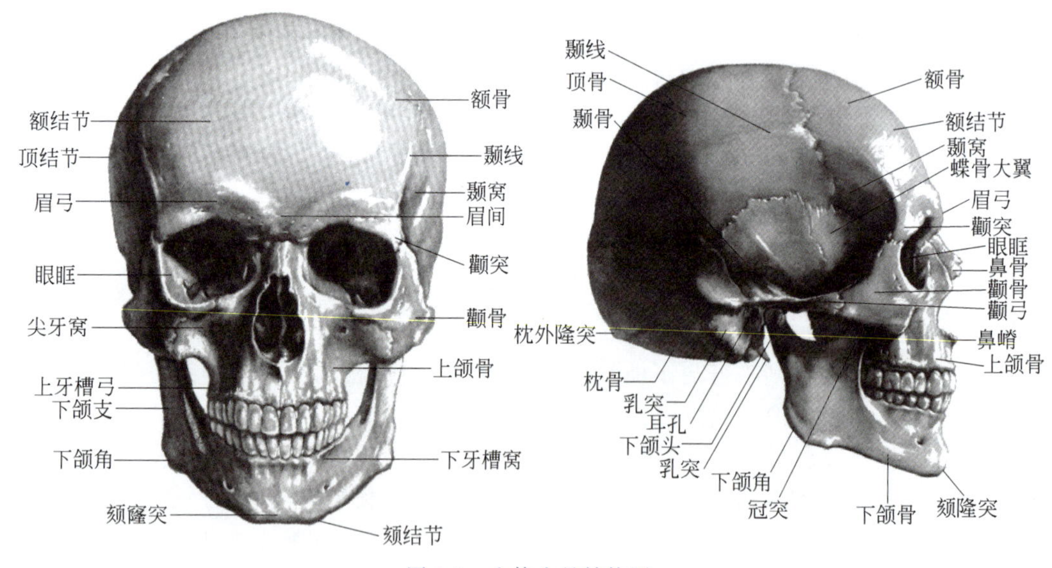

图9-9　人体头骨结构图

9.3.1 头骨的雕刻设计

本小节将利用ZBrush基本操作雕刻头骨3D造型，帮助读者熟悉ZBrush功能的使用与制作。首先使用3D球体来雕刻一个头骨模型，制作出头骨大型、头骨的结构雕刻后进行头骨的精细雕刻等。

① 启动ZBrush集成开发环境，在工具箱中选择Tool→Sphere3D球体，如图9-10所示。

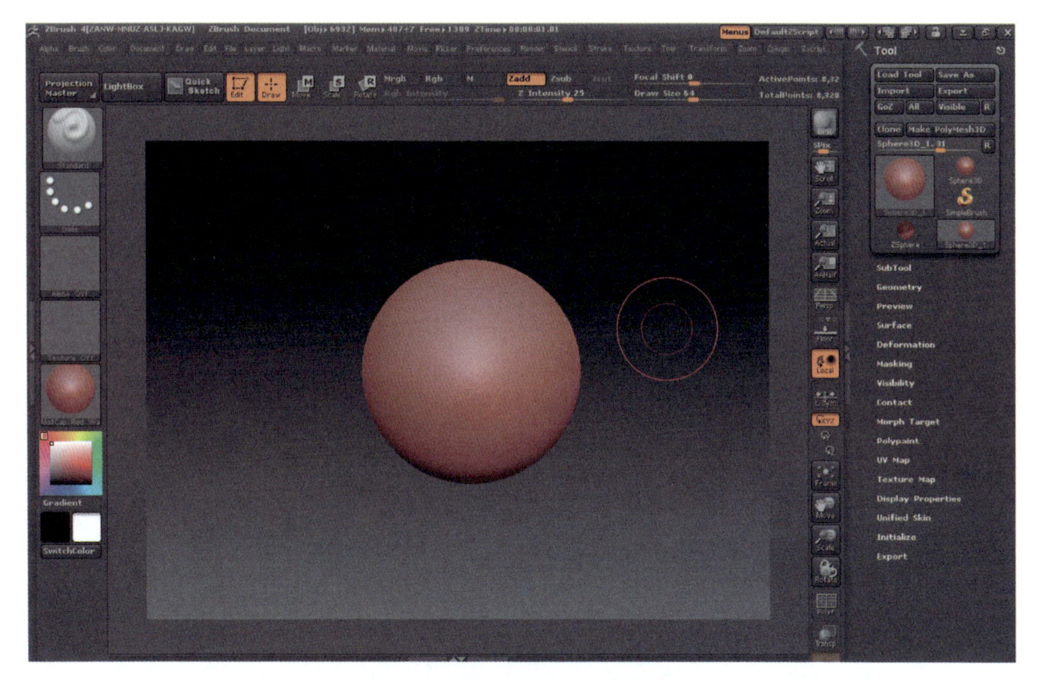

图 9-10 选择 Sphere3D 球体造型

② 按快捷键 T 或单击工具栏中的 Edit 按钮进入编辑状态。

③ 在工具箱中选择 Tool→Make PolyMesh3D 功能。

④ 在左侧托盘中打开笔刷选项，选择 Move 移动笔刷功能，如图 9-11 所示。

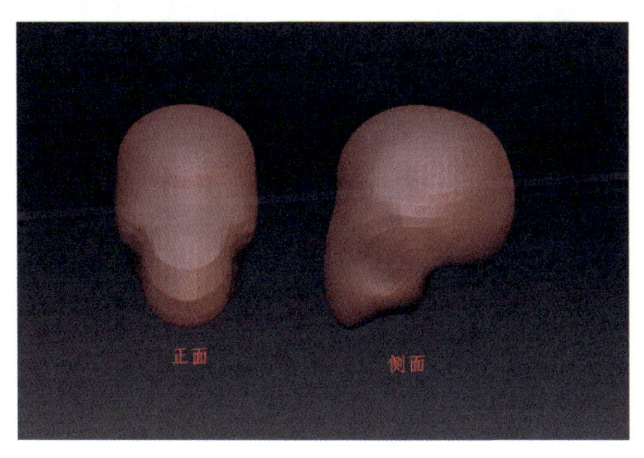

图 9-11 头骨大型雕刻设计

⑤ 在头骨大型设计的前提下，使用 Standard 标准笔刷进行大致的结构雕刻，直接雕刻使用正向笔刷，再按住 Alt 键使用反向笔刷雕刻，然后按住 Shift 键进行平滑处理，如图 9-12 所示。

⑥ 然后细分模型，选择 Geometry→Divide 命令，设置几何细分为 4～6 级。

⑦ 在上述基础上进一步精细雕刻。按快捷键 Ctrl+D 可几何细分，按 Shift+D 可几何细分降级。

⑧ 对头骨经过多次几何细分，反复精细雕刻，最终雕刻头骨的设计效果如图 9-13 所示。

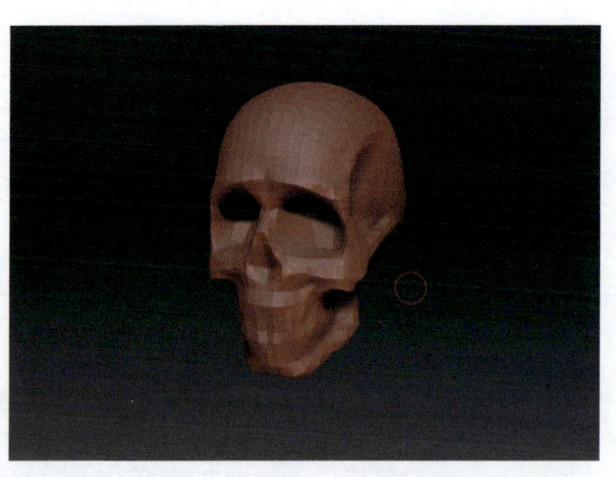

图 9-12　头骨大致的结构雕刻设计

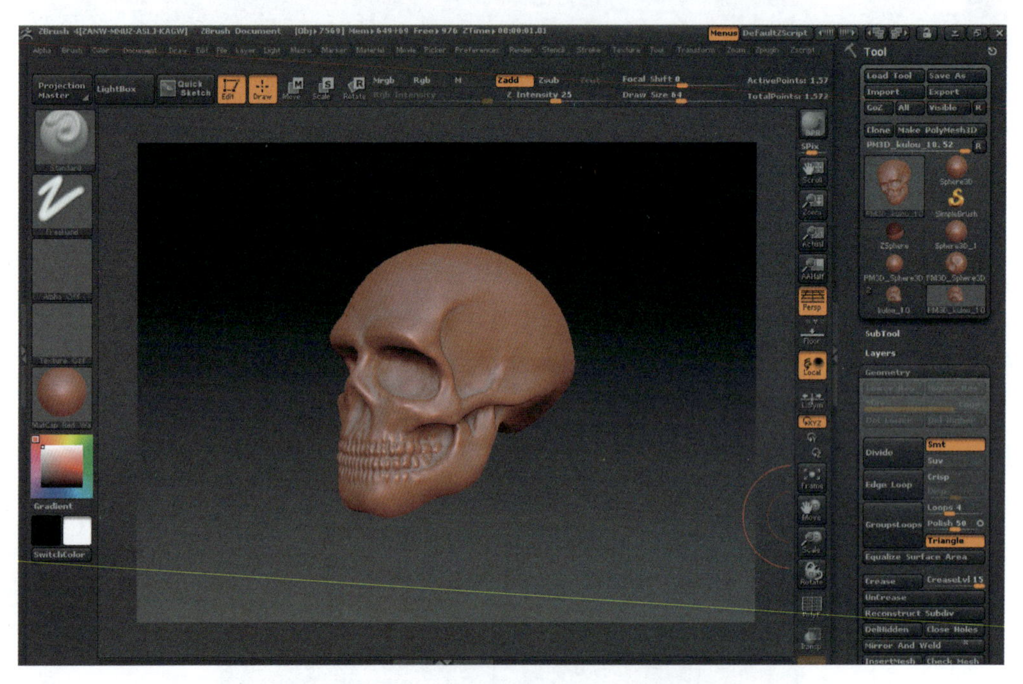

图 9-13　头骨精细雕刻最终设计效果

9.3.2　头骨重建拓扑设计

在完成人体头骨设计后，对头骨进行重建拓扑设计。

① 启动 ZBrush 集成开发环境，选择画布背景颜色，在菜单栏中选择 Color 命令，设置 R=255，G=255，B=255；接着选择 Document→Back 命令，设置画布文档背景颜色设置为白色。

② 在工具箱中选择 Z 球造型。

③ 在工具箱中展开 Rigging 卷展栏，单击 Select Mesh 按钮，会弹出一个窗格，选择要拓扑的头骨高模，下面的选项如图 9-14 所示。

④ 启动拓扑功能，选择 Topology→Edit Topology 功能，对模型进行拓扑。

⑤ 在视图导航栏中单击 PolyF 图标显示网格或选择 Frame 显示或隐藏线框功能，帮助绘

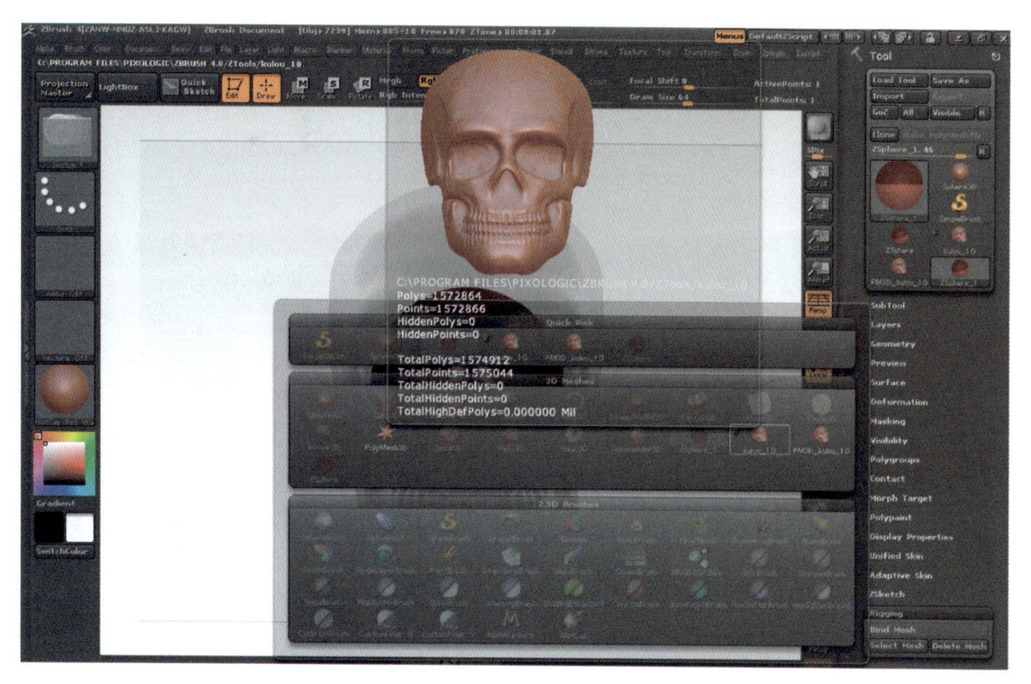

图 9-14　选择要拓扑的 3D 高模

制拓扑线。

⑥ 在菜单栏中选择 Transform→Activate Symmetry 命令启动对称绘制功能，按快捷键 X。

⑦ 在模型上单击创建点，每 3～4 个点组成一个面，通常由 4 个点组成一个四边形的面。按住 Ctrl 键选择开始点的位置，按住 Alt 键选择删除点的位置，如图 9-15 所示。

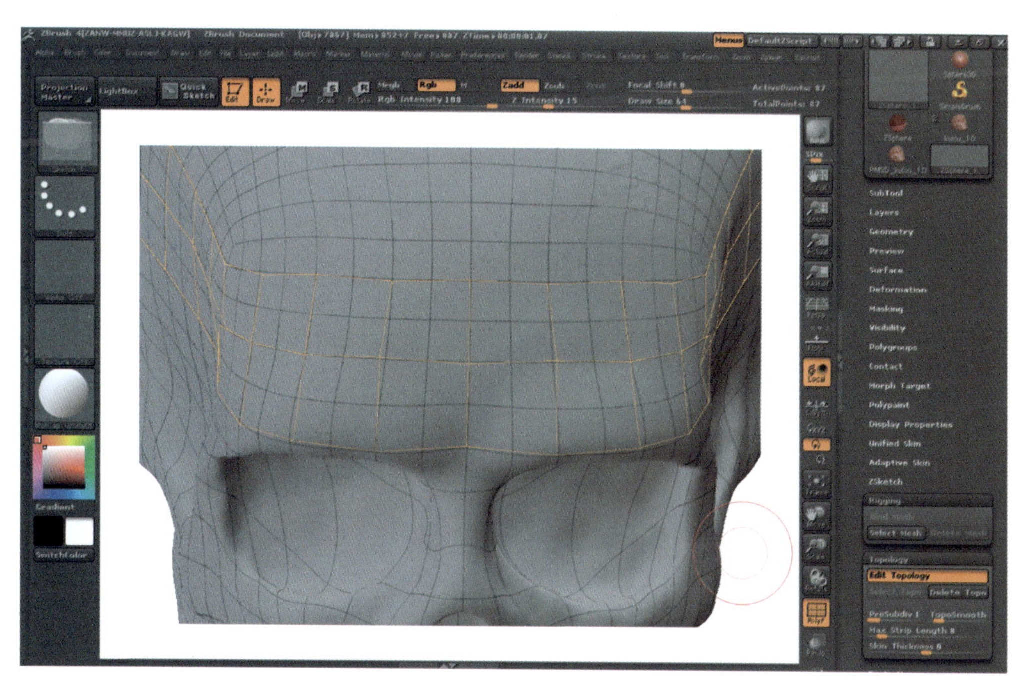

图 9-15　头骨绘制拓扑线设计效果

⑧ 按 A 键，预览拓扑的新模型，同时在右侧托盘 Adaptive Skin 卷展栏中调整拓扑模型的蒙皮参数，如细分级别为 Density=2。

⑨ 在工具箱中展开 Projection 卷展栏，开启 Projection 功能，即可映射高模。

⑩ 拓扑完毕后，在 Adaptive Skin 卷展栏中单击 Make Adaptive Skin 按钮创建自适应蒙皮的新拓扑模型，如图 9-16 所示。

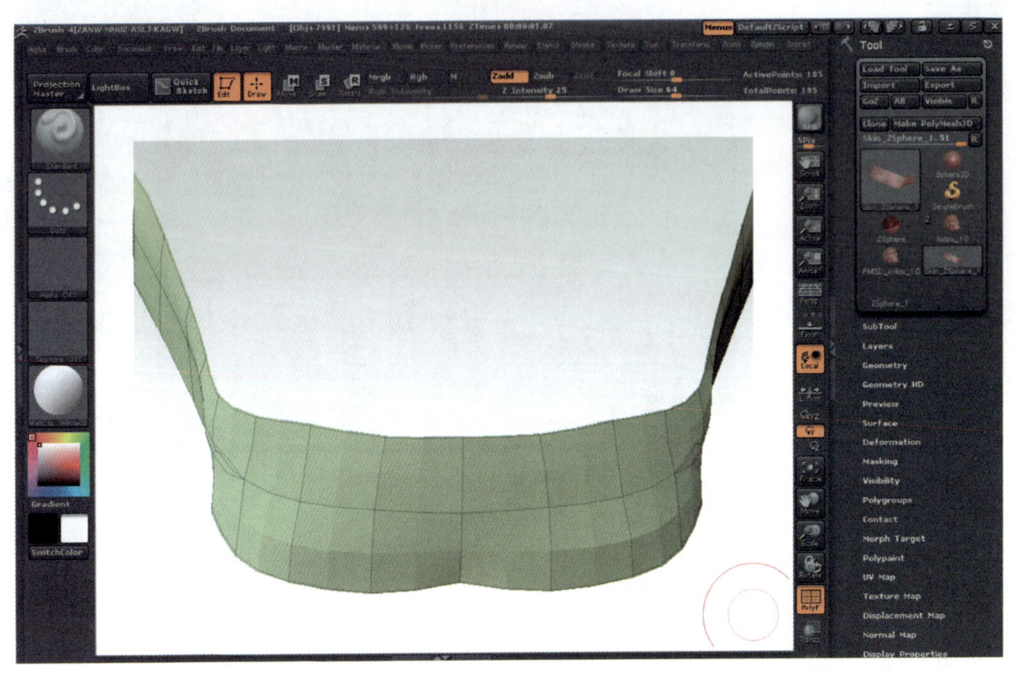

图 9-16　重建头骨模型拓扑设计效果

第 10 章 人体模型雕刻设计

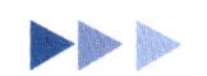

利用 Z 球创建人体模型以及人物角色等时，可使用 ZBrush 基本笔刷和雕刻技法对人体 3D 模型、头部、躯干、四肢等各个部位进行大型设计、轮廓形态雕刻以及形体精细雕刻等。头部设计的标准要符合“三庭五眼”的基本规则，除了要拥有丰满的额部、流畅的下巴，更需要合乎五官的黄金比例。

10.1 人体头部雕刻设计

从现代美学的观点来看，人体头部设计比例要符合三庭、五眼、四高、三低以及耳朵上齐眉、下齐鼻。双眼位于面部中间，双侧形态应大小对称。古人以“三庭五眼”为美。头部设计所谓的“三庭”就是将脸部纵向分为三等份，眼睛应该位于中庭上方，而“五眼”就是横向将脸部五等份，睑裂长度就应当等于五等份之一，如图 10-1 所示。

10.1.1 人体头部模型设计原则

1. 划分标准

在面部正中作一条垂直的通过额部、人中、下巴的轴线，通过眉弓作一条水平线，通过鼻翼下缘作一条水平线。这样两条水平线就将面部分成三个等份——从发际线到眉间连线、眉间到鼻翼下缘、鼻翼下缘到下巴尖，称之“三庭”。“五眼”是指眼角外侧到同侧发际边缘、一个眼睛、两内眼角之间、另一个眼睛、另一侧眼角外侧到发际边 5 个等份。这是最基本的标准，如图 10-2 所示。

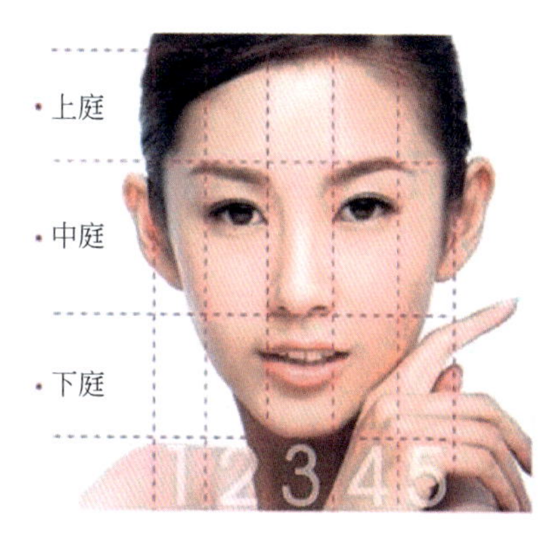

图 10-1 完美头部造型三庭、五眼黄金标准设计

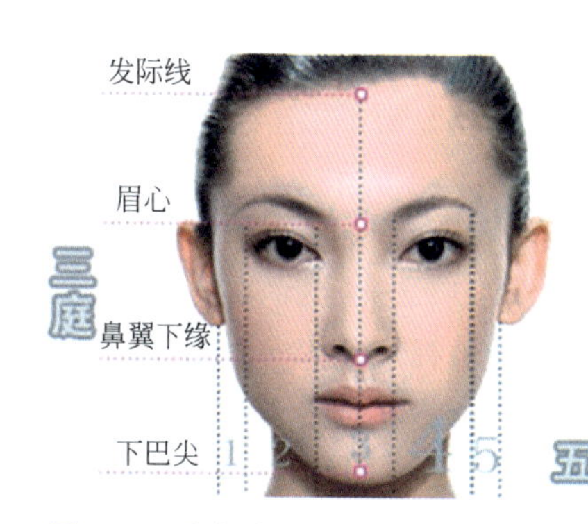

图 10-2 头部造型三庭、五眼结构划分标准

三庭五眼是人的脸长与脸宽的一般标准比例，不符合此比例，就会与理想的脸型产生距离。如今有一个更为精确的新标准：眼睛的宽度应为同一水平脸部宽度的3/10；下巴长度应为脸长的1/5；眼球中心到眉毛底部的距离应为脸长的1/10；眼球应为脸长的1/14；鼻子的表面积要小于脸部总面积的5/100；理想嘴巴宽度应为同一水平脸部宽度的1/2。

在垂直轴上，一定要“四高三低”。“四高”：第一是额部，第二个最高点，鼻尖。第三高是唇珠，第四高是下巴尖。“三低”分别是两个眼睛之间、鼻额交界处必须是凹陷的；在唇珠上方的人中沟是凹陷的，美女的人中沟都很深，人中脊明显；下唇的下方有一个小小的凹陷。

2. 头部的位置

（1）脸部的长度（三庭）：从额头发际线到下颚为脸的长度，将其分为三等份：由发际线到眉毛，眉毛到鼻尖，鼻尖到下颚为三庭。

（2）脸的宽度（五眼）：理想脸型的宽度为五个眼睛的长度，就是以一个眼睛的长度为标准，从发际线到眼尾（外眼角）为一眼，从外眼角到内眼角为二眼，两个内眼角的距离为三眼，从内眼角到外眼角为四眼，从外眼角再到发际线为五眼。

3. 脸部的黄金分割法

（1）三庭：指脸的长度比例，把脸的长度分为三个等份，从前额发际线至眉骨、从眉骨至鼻底、从鼻底至下颏各占脸长的1/3。

（2）五眼：指脸的宽度比例，以眼形长度为单位，把脸的宽度分成五个等份，从左侧发际至右侧发际为五只眼形的长度，两只眼睛之间、两眼外侧至侧发际各为一只眼睛的间距，各占比例的1/5。

（3）四高：（四个部位的高点）：额头高、鼻尖高、有唇珠、下巴尖。

（4）三低：（三个部位的凹陷点）：鼻根部、人中沟、下嘴唇和下巴之间。

（5）凹面：面部的凹面包括眼窝（即眼球与眉骨之间的凹面）、眼球与鼻梁之间的凹面、鼻梁两侧、颧弓下陷、颏沟和人中沟。

（6）凸面：面部的凸面包括额、眉骨、鼻梁、颧骨、下颏和下颌骨。

（7）耳朵：要上齐眉下齐鼻。

由于人们的骨骼大小不同，脂肪薄厚不同及肌肉质感存在差异，使人们的面部形成了千差万别的个体特征。面部的凹凸层次主要取决于面、颅骨和皮肤的脂肪层。当骨骼小、转折角度大、脂肪层厚时，凹凸结构就不明显，层次也不太分明；当骨骼大、转折角度小、脂肪层薄时，凹凸结构明显，层次分明。凹凸结构过于明显时，会显得棱角分明，缺少女性的柔和感；凹凸结构不明显时，则显得不够生动，甚至有肿胀感。

10.1.2 人体头部模型雕刻设计

本小节利用ZBrush的Z球功能完成人头、手、躯干等内容，希望能拓宽创作者的设计与制作思路，全面提高人体模型设计与制作的速度。

① 在Tool工具箱中选择Z球绘制功能，按T键进入Z球编辑状态，再按快捷键X进入Z球对称绘制编辑状态，在根Z球两侧显示两个小红圈，按住Shift键拖曳出两个球作肩膀造型。

② 在根Z球上继续拖曳出颈部和头部，按快捷键A显示蒙皮预览效果；然后对模型进行

细分，在 Tool 工具箱中选择 Geometry→Divide 细分功能命令，根据机器性能将模型细分为 4 级，每细分一次面数增加 4 倍，如图 10-3 所示。

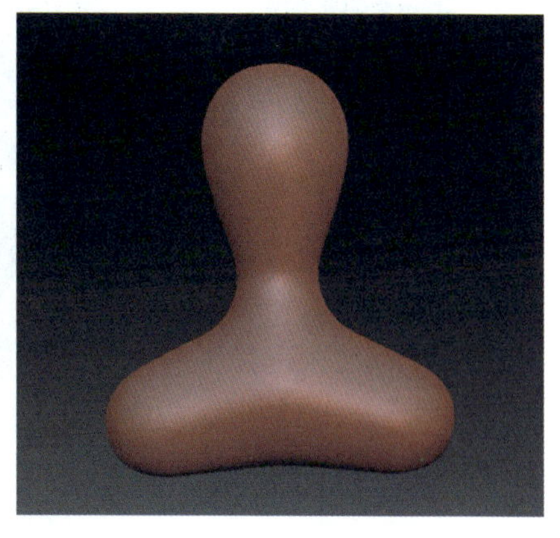

图 10-3 人体头部 Z 球和蒙皮细分设计效果

③ 按快捷键 X 启动对称绘制操作，在左侧的托盘中选择 Move 移动笔刷或 Move Topological 移动拓扑笔刷调整笔刷的大小、强度以及凸凹等，进行大型调整，如图 10-4 所示。

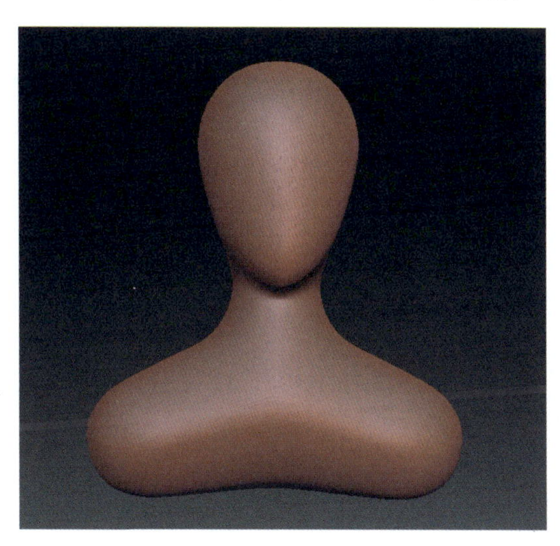

图 10-4 人体头部大型设计效果

④ 在人体头部模型大型的基础上调整笔刷的大小、强度以及凸凹等，先在侧面推出眉弓、颧骨、鼻子、嘴以及耳朵等，再利用 Move Topological 移动拓扑笔刷和对称绘制功能进行五官细节的雕刻。

⑤ 调整口、鼻子的轮廓造型，再转到正面将脸部的线稍微向鼻子靠拢。

⑥ 调整人体头部基本结构，突出头部基本特征。强调眉弓应比颧骨窄些，强调颧骨走向，拉出鼻子纵深。强调嘴部从仰视角度有点像个弓形，强调眉弓应是淡淡的弧的趋势，不要太平。

⑦ 用 Standard 笔刷雕刻出耳朵大型，用 Smooth 笔刷抹出耳朵的斜面。

⑧ 根据人体头部的基本规律，调整头部模型上五官的大概模型，脸庞三庭五眼、四高、三低，耳朵上齐眉下齐鼻，如图 10-5 所示。

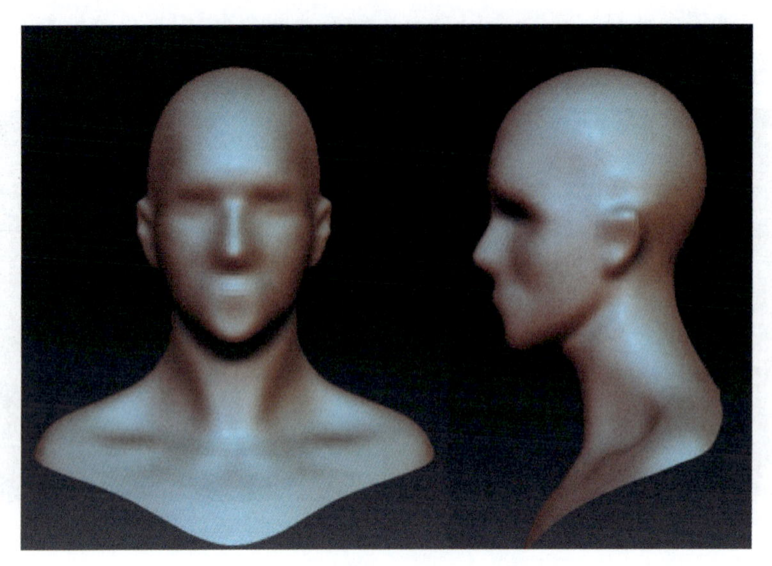

图 10-5　头部模型五官设计大型效果

⑨ 继续调整，传统东方审美美女一般使头部模型具有饱满的额头、大眼睛、脸椭圆下巴稍尖，如图 10-6 所示。这步比较困难。重点是找到比较理想的参考图片。

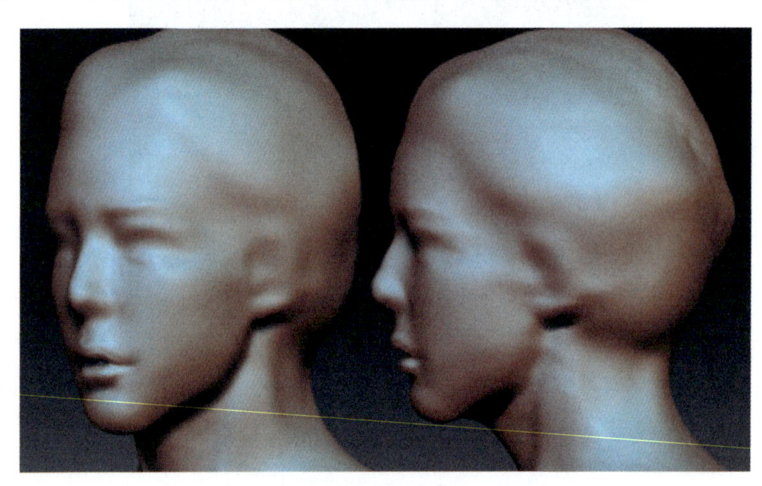

图 10-6　头部模型五官初步细化雕刻效果

⑩ 利用 Claycube 笔刷画出头发的大趋势。Claycube 体块感很强，而且基本不受布线影响，结合 Smooth 笔刷很快能得到较好效果，如图 10-7 所示。

⑪ 接下来对五官进行细化，首选是眼睛。眼睛是心灵的窗户，它的塑造十分重要，同样建议找清晰的资料作为参考。重点是眼睛不管什么样都应该能包住眼球。

⑫ 调整眼睛细节，可能还会遇到的问题是线不够，很难刷锐，除了应多在 7 级、8 级刷之外，可应用 Pinch 笔刷收线使结构锐化，如双眼皮，如图 10-8 所示。

⑬ 继续细化鼻子，鼻子从仰视角度注意坡度，鼻侧要有坡度，以免感觉鼻子有点埋在脸上；强调鼻翼是转进鼻孔里的。

⑭ 在制作鼻子时，可以适当使用 Inflat 膨胀笔刷，它可以加强鼻翼和鼻头的饱满感，如图 10-9 所示。

图 10-7　头部模型头发大型初步细化雕刻效果

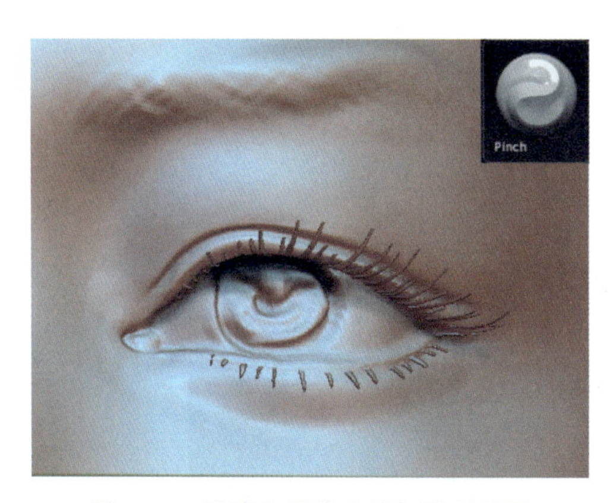

图 10-8　眼睛和眼睫毛精细雕刻效果

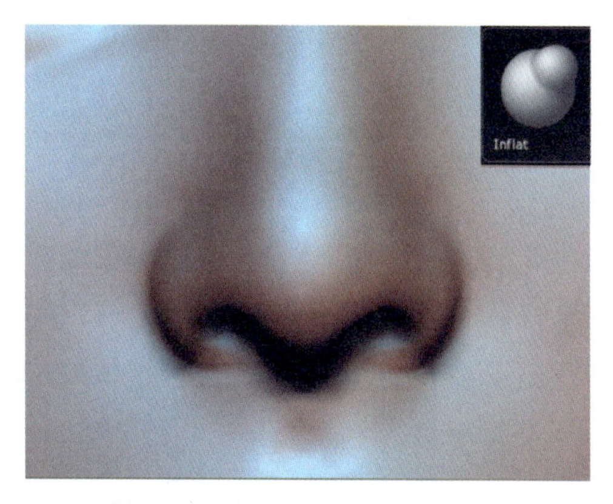

图 10-9　鼻子造型精细雕刻效果

⑮ 从三个角度观察，从下往上观察嘴唇显示弓形，从正面观察嘴唇类似 M 形，从侧面观察嘴唇嘴角是一凹进嘴巴里，注意上下嘴唇的位置，抓住这些基本特征，刻画嘴唇。

⑯ 嘴唇在细化到 8 级后，使用 Standard 笔刷来雕刻嘴唇，最好使用 Clay 笔刷刻画肉感嘴唇，如图 10-10 所示。

⑰ 在 ZBrush 集成开发环境中找一张耳朵的图片，用笔刷创建耳朵造型，如图 10-11 所示。

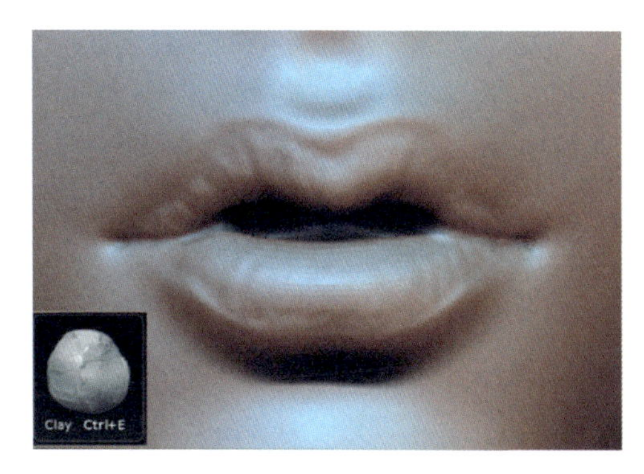

图 10-10　嘴唇造型精细雕刻效果

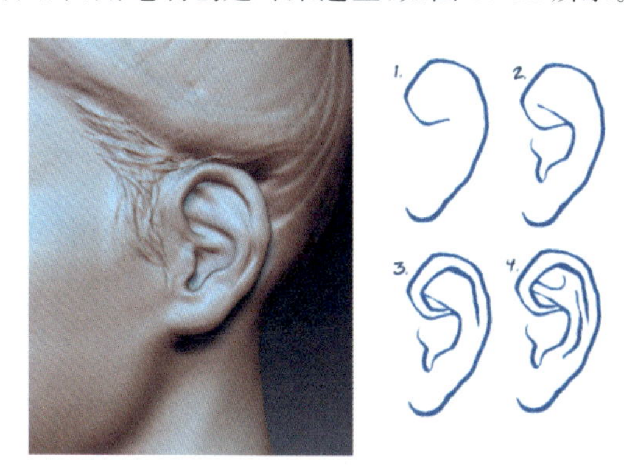

图 10-11　耳朵造型精细雕刻效果

⑱ 先用 Standard 笔刷分出大的体块，再用 Lazy mouse 工具细化头发丝。这需要大量的耐心和时间。

⑲ 最后完成人体头部模型的设计与制作，如图 10-12 所示。ZBrush 带给设计者的体验是在造型的时候较少考虑布线，把更多时间和精力放在形体设计和雕刻上。

图 10-12　人体头部造型精细雕刻效果

⑳ 完成人体头部模型的设计与制作后，利用 ZBrush Z 球和雕刻工具继续创建人体上半身和服饰造型，设计思想同上，最终达到的设计效果如图 10-13 所示。

图 10-13　人体头部和上半身模型精细雕刻效果

10.2　人体躯干雕刻设计

人体结构从上到下包括头部、颈部、躯干以及四肢等，从内到外包括内脏器官、骨骼、肌肉以及皮肤等，从微观到宏观包括细胞、组织、器官、系统个体。ZBrush 人体模型雕刻设计技术根据人体的基本结构特征，利用 Z 球蒙皮以及雕刻技术快速构建模型，并精细雕刻高仿真人体模型以及服饰等。

10.2.1 人体躯干模型设计原则

人体主要分为五大部分，即头、胸、骨盆、上肢（包括上臂、小臂、手）、下肢（包括大腿、小腿、脚）。头部、胸部、骨盆部是人体中三个主要的体块，它们本身是不能活动的，把这三部分连接在一起的是颈椎和腰椎。由于年龄和性别的不同，人体的比例也有所差异。通常以人的头长为单位，全身的长度通常为七个到七个半头长，颈部约为四分之一头长，胸部约为一又四分之一头长，腰部约为四分之一头长，骨盆部约为四分之三头长，上肢约为三又三分之一头长，其中上臂约为四分之三头长，上肢约为三又三分之一头长，其中上臂约为一又三分之一头长，小臂约为一又三分之一头长，手约为三分之二头长，下肢约为四个半头长，其中大腿约为二又四分之一头长，小腿至脚跟约为二又四分之一头长。从头顶至骨盆下端的长度比骨盆下端至脚跟的长度约短半个头长，如图 10-14 所示。

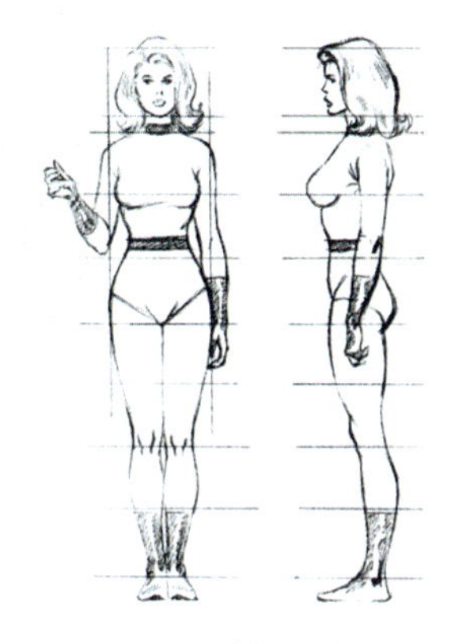

图 10-14　人体比例结构图

为了阐明人体各部分和诸结构的形态、位置及相互关系，首先必须确定一个标准姿势，在描述任何体位时，均以此标准姿势为准。这一标准姿势叫作解剖学姿势，即身体直立，两眼平视前方，双足并立，足尖朝前，上肢垂于躯干两侧，手掌朝向前方（拇指在外侧）。

人体正面、背面骨骼和肌肉结构如图 10-15 所示。

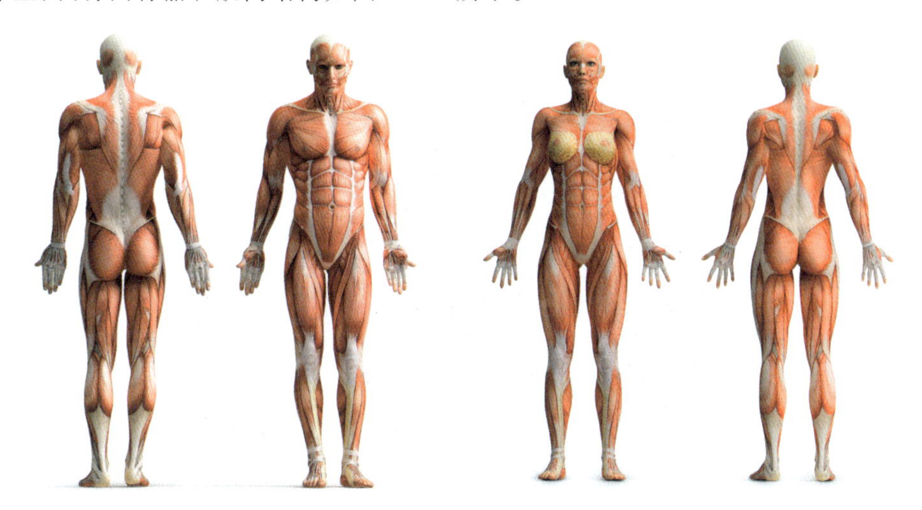

图 10-15　男人女人骨骼肌肉正面背面结构图

10.2.2 人体躯干模型雕刻设计

利用 Z 球创建身体是非常方便的，可以通过缩放 Z 球的大小，随意调整模型体块；通过蒙皮后的预览效果及时修改人体模型比例；还能够直接摆好动作，做静帧作品，很像雕塑里弯铁丝做骨架的过程。

① 在 Tool 工具箱中选择 Z 球绘制功能，按快捷键 T 进入 Z 球编辑状态，按快捷键 X 进入 Z 球对称绘制编辑状态，在根 Z 球两侧显示两个小红圈，按住 Shift 键拖曳出两个球作肩膀造型、躯干、四肢等，如图 10-16 所示。

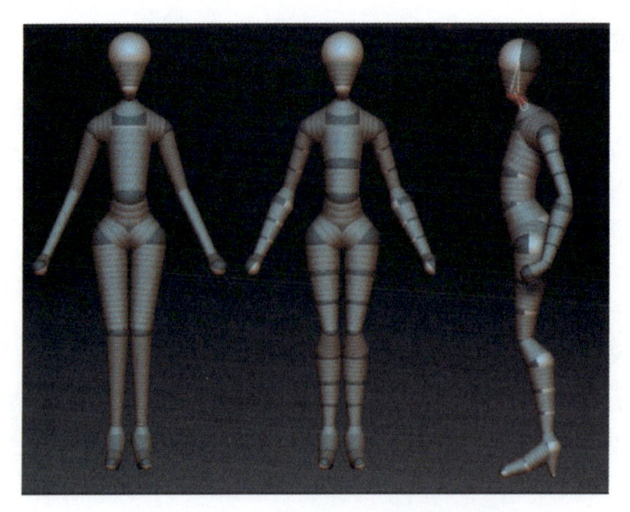

图 10-16　利用 Z 球设计人体造型效果

② 在根 Z 球上继续拖曳出人体头部、颈部、躯干以及四肢后，按快捷键 A 显示蒙皮预览效果，然后对模型进行细分。在 Tool 工具箱中选择 Geometry→Divide 细分功能命令，根据机器性能将模型细分为 4 级或更高，每细分一次面数增加 4 倍。

③ 利用 Z 球创建人体模型的过程中，在进行蒙皮转换设计时要注意，图中 10-17 中的标记 1 是 Z 球母球的位置，可以得到标记 3 的蒙皮效果，标记 2 处这些在关节之间加的 Z 球是为了得到标记 4 的均匀布线。

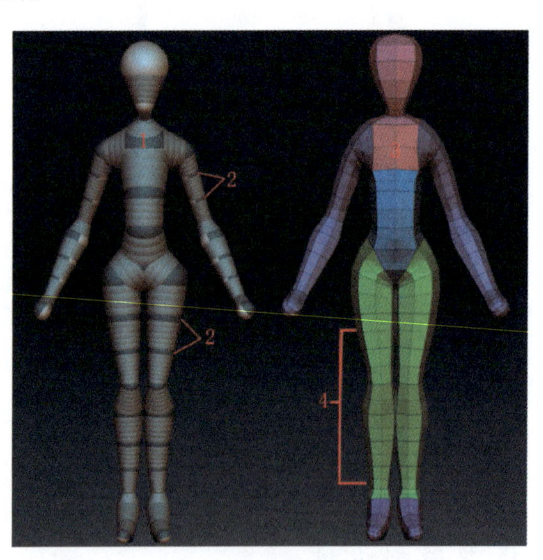

图 10-17　人体根 Z 球在胸部和蒙皮细分设计效果

④ 如果将母球(第一个创建的 Z 球)放在胯部，会得到标记 5 的布线，这样的蒙皮效果比较接近腿的趋势，但需要蒙皮后用 Move 笔刷做调整，如图 10-18 所示。两种布线根据需要进行选择都可以。

⑤ 在创建 Z 球的时候，Z 球常忽然飞掉，按 F 键(最大化试图)，Z 球会出现在图中的某处，模型小而且远，这时可以按快捷键 Ctrl＋P 或选择 Transform→S. Pivot 功能使自身轴心回到模型。

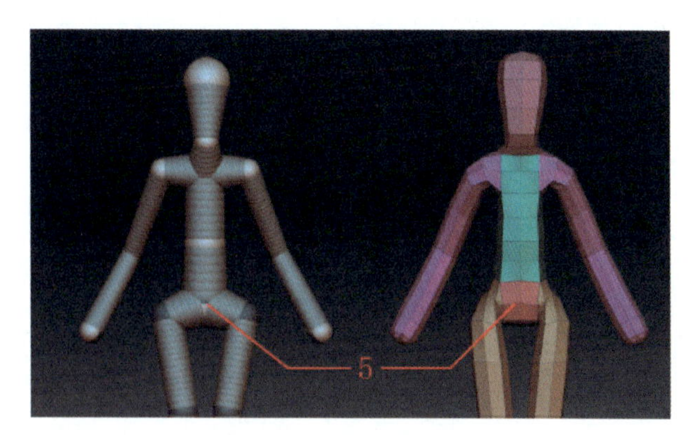

图 10-18　人体根 Z 球在胯部和蒙皮细分设计效果

⑥ 人体 Z 球创建完毕后，使用 Make PolyMesh3D 或 Make Adaptive Skin 功能创建最终蒙皮。这两种蒙皮又有一点区别，选择 Make Adaptive Skin 蒙皮会保留几何细分处的细分历史明细，直接选择 Make PolyMesh3D 蒙皮不会显示几何历史明细，不过选择 Geometry→Reconstruct Subdiv 命令可以使蒙皮细分精度退到最低。

⑦ 调整模型基本比例，在图 10-19 中标记 A 处强调几个人体转折，在图 10-19 中标记 b 处强调腿部的基本结构趋势线，后面要直接把腿部改成靴子，所以要刻画得较为仔细。

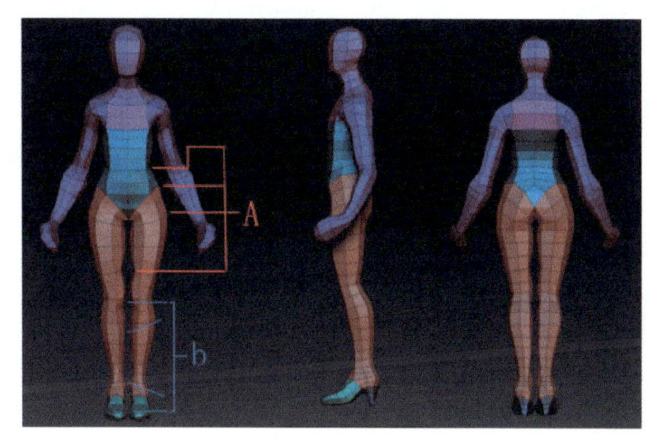

图 10-19　人体模型转折处设计效果

⑧ 要对模型进行细分前，先介绍 Tool 菜单下的 Morph target 命令。它的功能是在模型细分后努力保持模型细分前的线的位置，使在最低级调整的结构位置最大限度地得到保持。细分前先选择 Morph target→StoreMT 功能细分模型，然后退回最低级，可以发现模型比之前瘦了不少，如图 10-20 所示；再选择 Morph target→Switch 命令，模型将被撑回去，再次细分模型时将保持撑开的体块。

⑨ 利用 ZBrush 的 Move、Scale、Rotate 工具调整人体模型姿态。首先要了解 Mask 功能，摆姿势完全依靠它，按住 Ctrl 键，切换到 Move 命令，在模型上拖曳，会出现灰色区域，这个区域表示不受形变操作影响。技巧是按住 Ctrl 键在灰色区域单击使 Mask 边缘柔化。

⑩ 如图 10-21 标记 a 所示，利用 Mask 遮住上半身，拖曳中间使腰部拉长；拖曳标记 c 点，胳膊以标记 b 点为轴不等比拉伸；然后移动橙色圈可以随意摆放控制杆的位置，如图 10-21 所示。

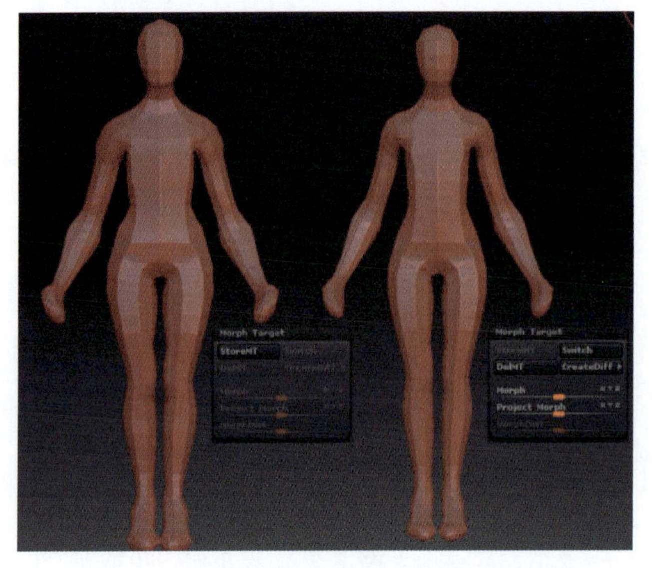

图 10-20　人体模型细分前使用 Morph target 命令

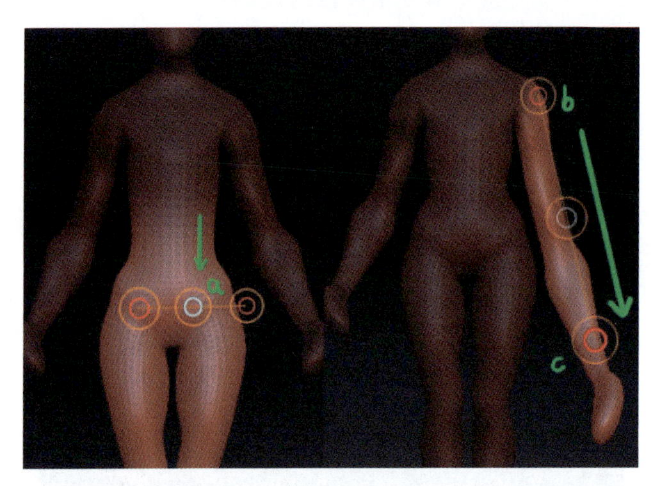

图 10-21　使用 Move 工具调整人体模型细节设计效果

⑪ 使用 Scale 缩放工具进行调整，它有三种缩放方式，如图 10-22 所示。拖曳标记 a 点，头部会以标记 b 为作用点等比放大或缩小；如果控制杆横置，会产生标记 c 点的压扁效果；如果控制杆竖起，会产生标记 d 点的拉宽效果。

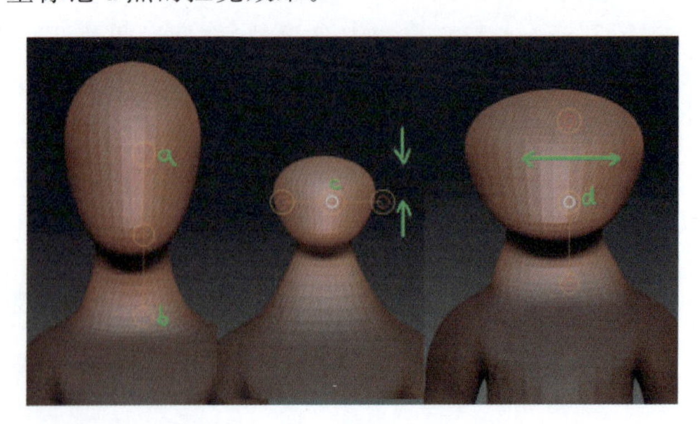

图 10-22　使用 Scale 工具调整人体模型细节设计效果

⑫ 运用 Rotate 旋转工具继续调整，它同样有三种方式，利用 Mask 遮住身体，如图 10-23 所示。拖曳标记 b 点，标记 a 点以标记 c 点为轴旋转腿部；操纵杆竖起，拖曳标记 d 点产生中间图所示旋转；操纵杆横置，拖曳标记 e 点产生如图所示旋转。

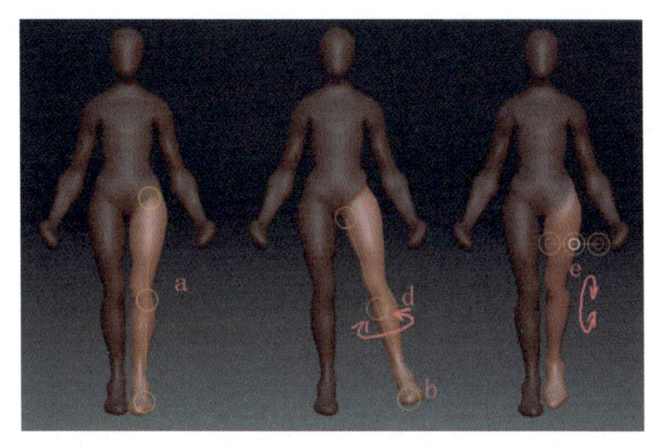

图 10-23　使用 Rotate 工具调整人体模型细节设计效果

⑬ 利用以上工具，继续耐心调整最终的人体造型姿势，重点在腿部造型设计上，如图 10-24 所示。然后再为模型设计制作裤子和靴子。

图 10-24　人体腿部模型细节设计效果

⑭ 对于手部设计制作，ZBrush 提供了两种 Z 球做手的方法，第一种是先创建若干 Z 球，然后蒙皮，如图 10-25 所示。这样的蒙皮效果和人类的手还是有较大区别的，需要对手部模型进一步进行调整，如图 10-26 所示。

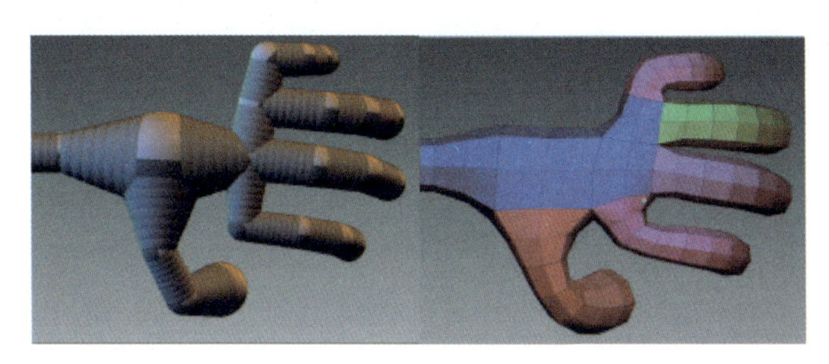

图 10-25　人体手部 Z 球蒙皮后模型设计效果

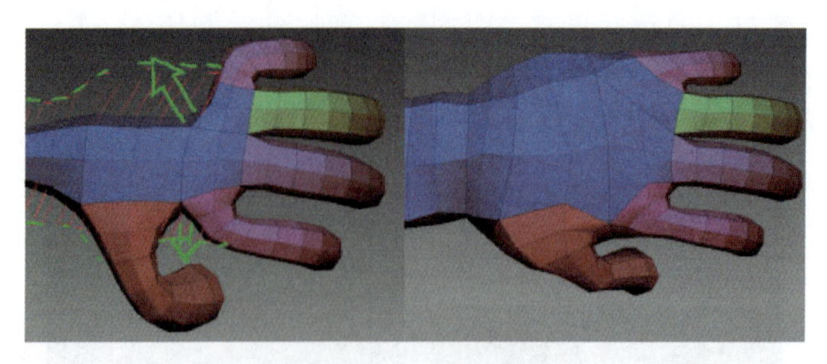

图 10-26　对手部模型进一步调整后设计效果

虽然这个布线不很完美，但它却是十分快捷，接下来就是细化手部。首先应是调整大形，在绘画中，手部是最难画的，可见做一个完美的手部造型是不容易的。

第二种使用 Z 球制作手部的方法如图 10-27 所示，先创建 Z 球，然后按 A 键得到图示蒙皮，很明显这个效果不理想。

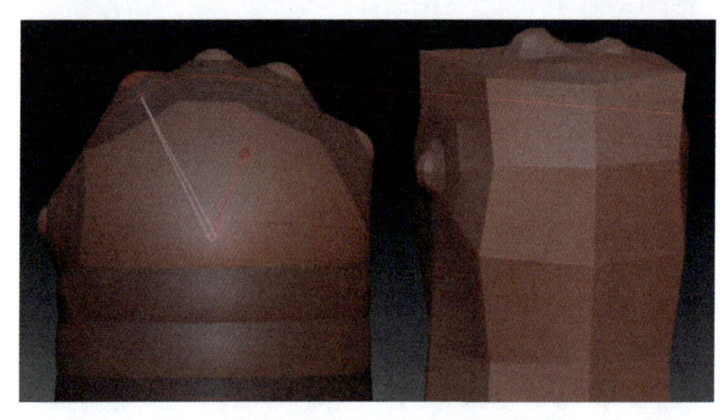

图 10-27　利用 Z 球设计制作手部模型

⑮ 在 Tool 工具箱中展开 Adaptive Skin 卷展栏，将 Ires 参数调整为 3，得到图 10-28 所示的蒙皮效果。这就比较接近手的布线。Ires 是影响 Z 球与自球连接关系的参数。

图 10-28　调整 Z 球参数设计手部模型

⑯ 依次创建完成手部的其他 Z 球，最终得到的手部大型效果如图 10-29 所示。

⑰ 继续通过 Move、Rotate 工具调整手的姿势，最终得到两个手的动态模型，如图 10-30 所示。其实手上有很多细节，不但考验设计者的观察力和耐心，更考验设计者的机器，例如皱纹，没有足够的模型细分画出来的都是锯齿。所以要把更多的精力放在大的结构设计上。

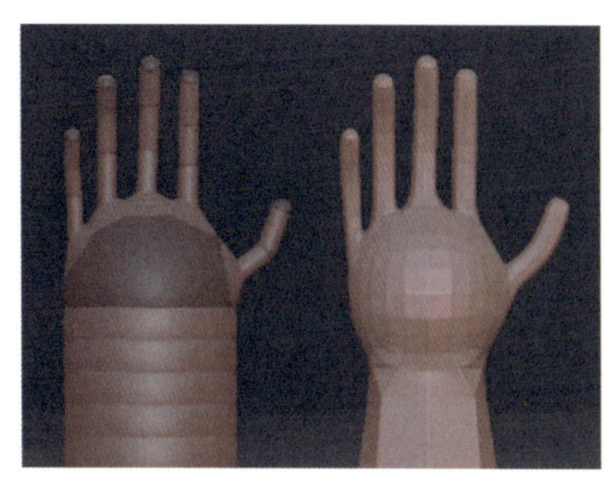

图 10-29 利用 Z 球创建手部大型设计

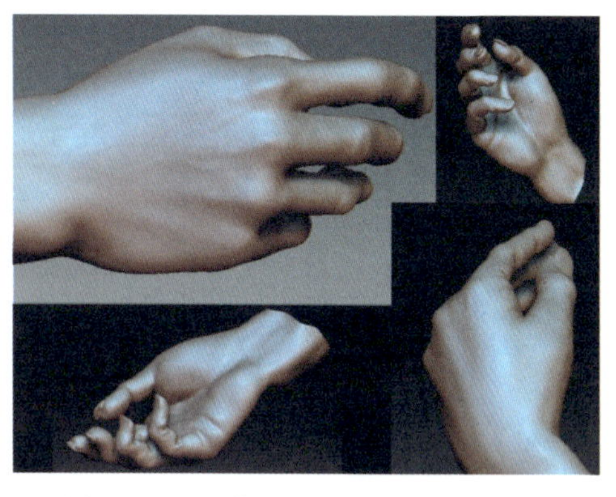

图 10-30 人体手部精细雕刻设计效果

⑱ 完成头部、躯干、四肢、手脚以及服饰等雕刻设计后，最终的人体模型设计效果如图 10-31 所示。

图 10-31 人体 3D 模型精细雕刻设计效果

第11章 游戏道具模型雕刻设计

游戏道具模型雕刻设计包含岩石模型雕刻设计、花瓶模型雕刻设计以及宝剑模型雕刻设计。岩石模型雕刻设计运用地形3D笔刷创建3D模型，运用移动笔刷调整山脉和岩石形状，运用遮罩和噪波技术为岩石添加纹理，最后运用纹理映射实现逼真的岩石造型设计制作。花瓶模型雕刻设计运用3D球体笔刷和移动笔刷创建花瓶造型，运用对称绘制技术调整花瓶造型，运用Alpha对花瓶进行雕刻设计。宝剑模型雕刻设计运用3D笔刷和SubTool技术对宝剑模型进行雕刻、装饰与设计。

11.1 岩石模型雕刻设计

岩石是自然界产出的，是构成地壳和上地幔的物质基础。岩石按照成因分为岩浆岩、沉积岩和变质岩。其中，岩浆岩是由高温熔融的岩浆在地表或地下冷凝所形成的岩石，也称为火成岩或喷出岩；沉积岩是在地表条件下由风化作用、生物作用和火山作用的产物经水、空气和冰川等外力的搬运、沉积和成岩固结而形成的岩石；变质岩是指受到地球内部力量（温度、压力、应力的变化、化学成分等）改造而成的新型岩石。要想设计出逼真的岩石效果，利用ZBrush是最好的选择。

11.1.1 岩石模型雕刻设计分析

在自然界中存在着各种各样的岩石，岩石是固态矿物或矿物的混合物，其中海面下的岩石称为礁、暗礁及暗沙，是由一种或多种矿物组成的，具有一定结构构造的集合体，也有少数包含有生物的遗骸或遗迹（即化石）。矿物有三态：固态（如化石）、气态（如天然气）和液态（如石油），但主要是固态物质，是组成地壳的物质之一，是构成地球岩石的主要成分。

岩石为矿物的集合体，是组成地壳的主要物质。岩石可以由一种矿物所组成，如石灰岩仅由方解石组成；也可由多种矿物所组成，如花岗岩则由石英、长石、云母等多种矿物集合而成。组成岩石的物质大部分都是无机物质。岩石可以按照其成因分为三大类，但由于自然界是连续体，很难真正依据我们的分类分成3种岩性，因此会存在一些过渡性的岩石，例如凝灰岩（火山灰尘与岩块落入地表或水中堆积胶结而成）就可能被归于沉积岩或火成岩，但大抵我们还是可以分为主要的三大类，即岩浆岩、沉积岩、变质岩，如图11-1所示。

岩浆岩：岩浆在地下或喷出地表冷凝形成的岩石叫岩浆岩，也称火成岩。岩浆来源于地幔或地壳物质熔融部分。按岩浆固结成岩的深度，将岩浆岩分为喷出岩、浅成岩和深成岩。深成岩和浅成岩统称为侵入岩；喷出（或溢出）地表凝结形成的岩石称为喷出岩（火山岩）。

图 11-1　自然界中的各种岩石形态

沉积岩：在地表环境下，由流水、风、冰川等介质，将风化作用产物搬运到江河湖海中沉积，经过压实及一系列物理的或化学变化而形成的岩石叫沉积岩。沉积岩的基本特征是层状构造。常见的沉积岩有水平岩层、倾斜岩层和褶皱岩层。

变质岩：变质岩是原岩在基本保持固态的情况下，通过变质作用完成的。变质作用产生的地质背景不同，不同类型的变质作用形成不同类型的变质岩。变质作用主要有区域变质、接触变质、动力变质作用。区域变质作用的特点是范围大，温度可以从低温到高温；接触变质多发生在侵入体与围岩接触带，由岩浆活动引起；动力变质作用是与断裂活动有关的变质作用。

11.1.2　岩石模型雕刻案例设计

利用 ZBrush 3D 笔刷创建山石模型，并对其进行设计与雕刻。运用球体和标准笔刷或移动笔刷构建山石模型，接着对山石造型进行精细雕刻设计，运用噪波技术为模型添加纹理，最后绘制山石模型纹理，完成山石设计与雕刻工作。

① 启动 ZBrush 集成开发环境，在 Tool 工具箱面板中选择 Tool→Terrain3D(3D 地形绘制功能)，单击快捷键 T 进入 3D 地形编辑状态。单击画布右侧托盘中的 PolyF 网格按钮，如图 11-2 所示。

② 在 Tool 工具箱面板中选择 Tool→Make PolyMesh3D(转换地形为网格 3D 模型)。在画布左侧托盘中，选择笔刷为 Move 移动笔刷调整山石形状，设计出模型的基本大形，如图 11-3 所示。

③ 对山石模型进行几何细分，选择 Tool 工具栏下的 Geometry→Divide(几何细分操作)。在左侧托盘中，设置笔刷为 Standard，设置笔触为 DragRect(拖拉矩形)，设置 Alpha 为 Alpha3 或 Alpha4 对山石进行绘制，如图 11-4 所示。

④ 为山石添加噪波，选择 Tool 工具栏下的 Surface→Noise(噪波功能)，设置 Noise Scale=512，然后单击 Apply To Mesh 按钮，将噪波应用到山石模型上，如图 11-5 所示。

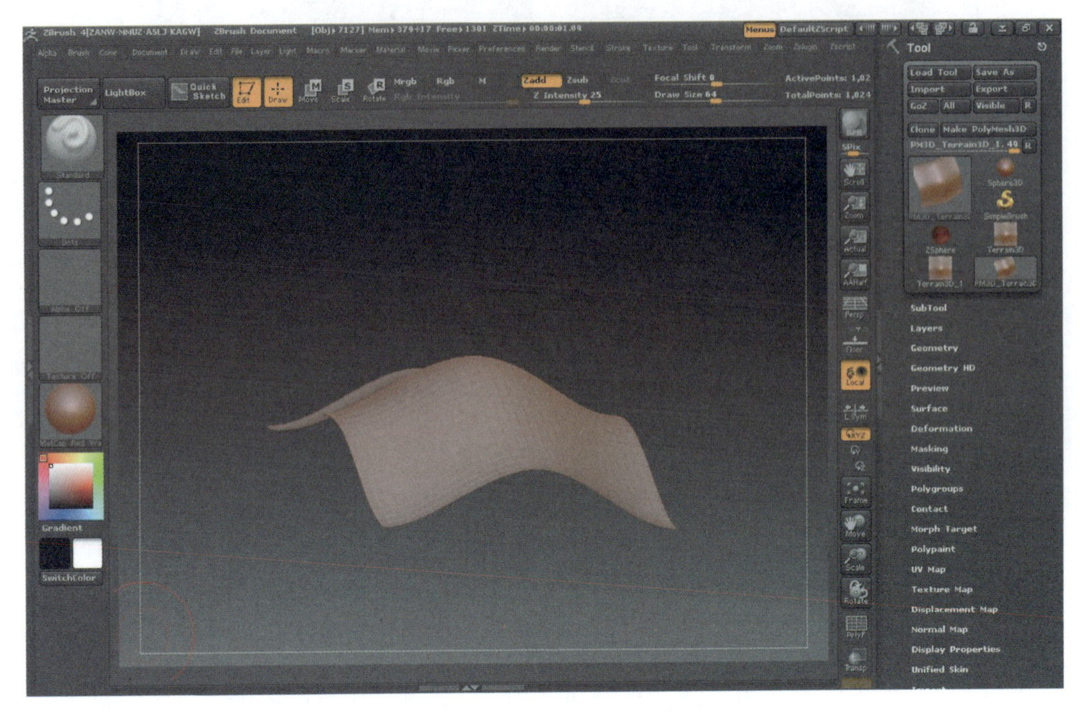

图 11-2　基础地形编辑状态

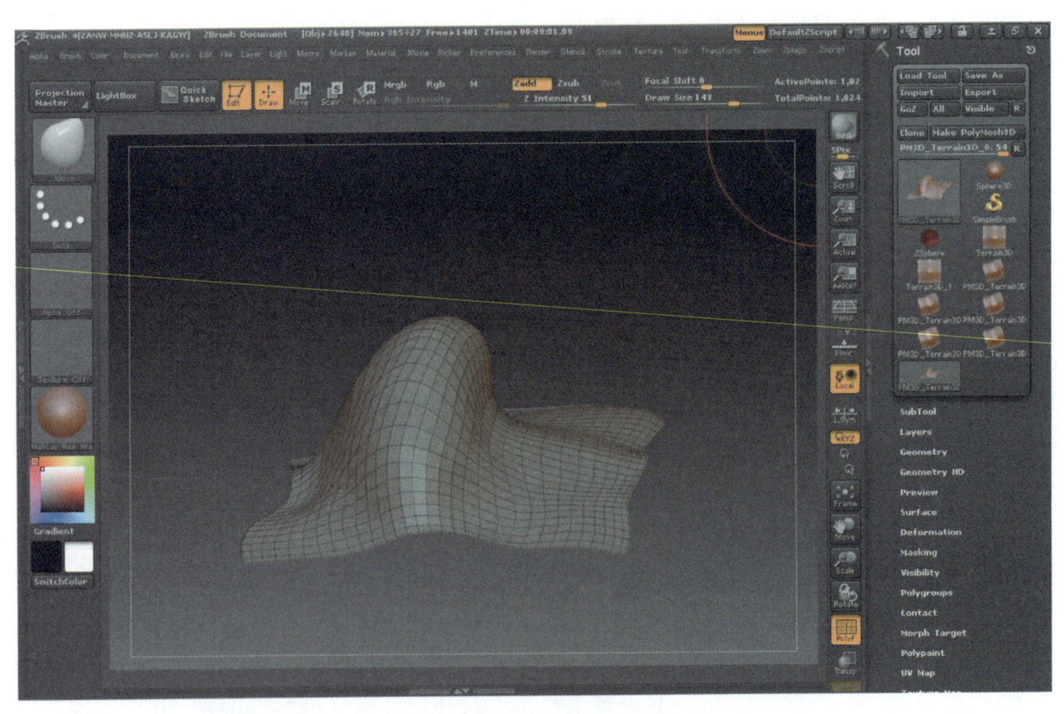

图 11-3　调整山石模型基本大形

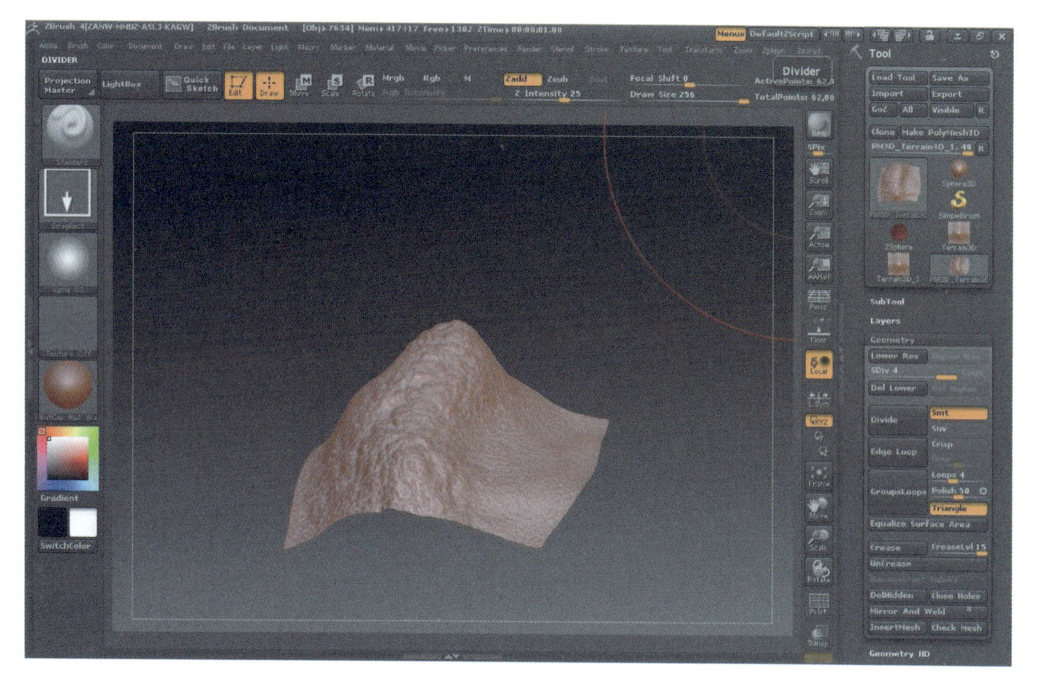

图 11-4 调整山石模型设计效果

图 11-5 在山石模型上添加噪波设计效果

⑤ 利用遮罩进一步调整山石的形状，按住 Ctrl 键，在模型表面进行遮罩绘制，在绘制 Mask 遮罩时，可以使用快捷键 Ctrl+Alt，删除多余的 Mask 遮罩，如图 11-6 所示。

⑥ 利用遮罩反显技术，在 Tool 工具栏下选择 Masking→Invert Mask（反显遮罩按钮功能），也可以按住快捷键 Ctrl+I，对遮罩进行反向处理，为反向过后的表面添加 Noise 效果，如图 11-7 所示。

图 11-6　在山石模型上添加遮罩设计效果

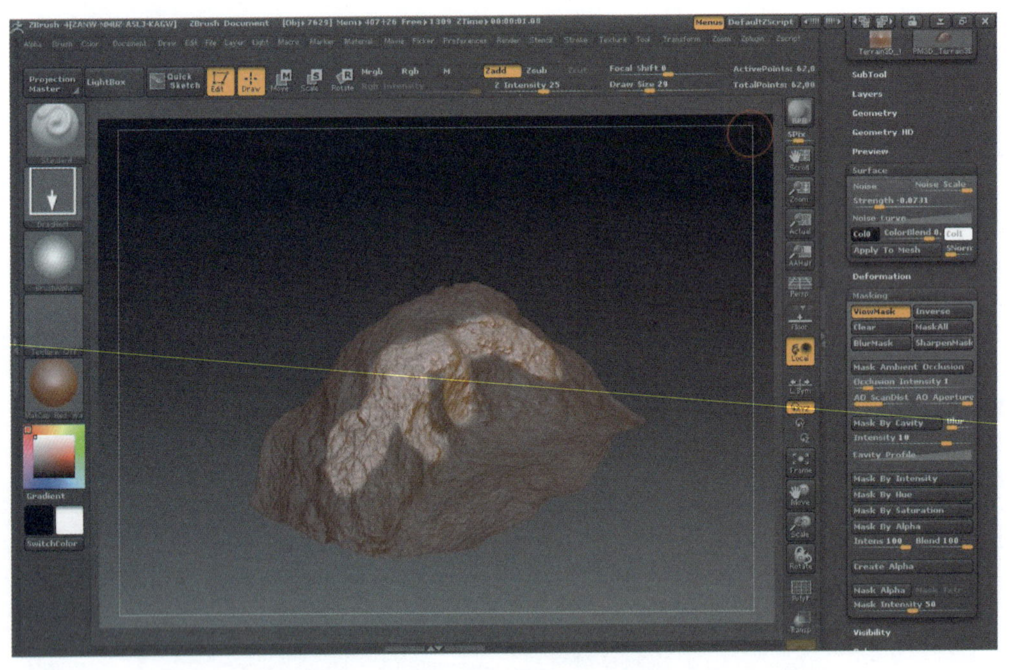

图 11-7　在山石模型上进行反向遮罩处理并添加 Noise 设计效果

⑦ 在 Tool 工具栏下选择 Masking→Clear(取消遮罩功能)，利用遮罩技术对山石模型进行重复调整和设计，最后设计效果如图 11-8 所示。

⑧ 创建模型图像纹理绘制，在 Tool 工具栏下选择 PolyPaint(顶点绘制)→Colorize(变色按钮功能)，在左侧托盘中，选择材质捕捉为 MatCap White01。可以再次加大几何细分，如图 11-9 所示。

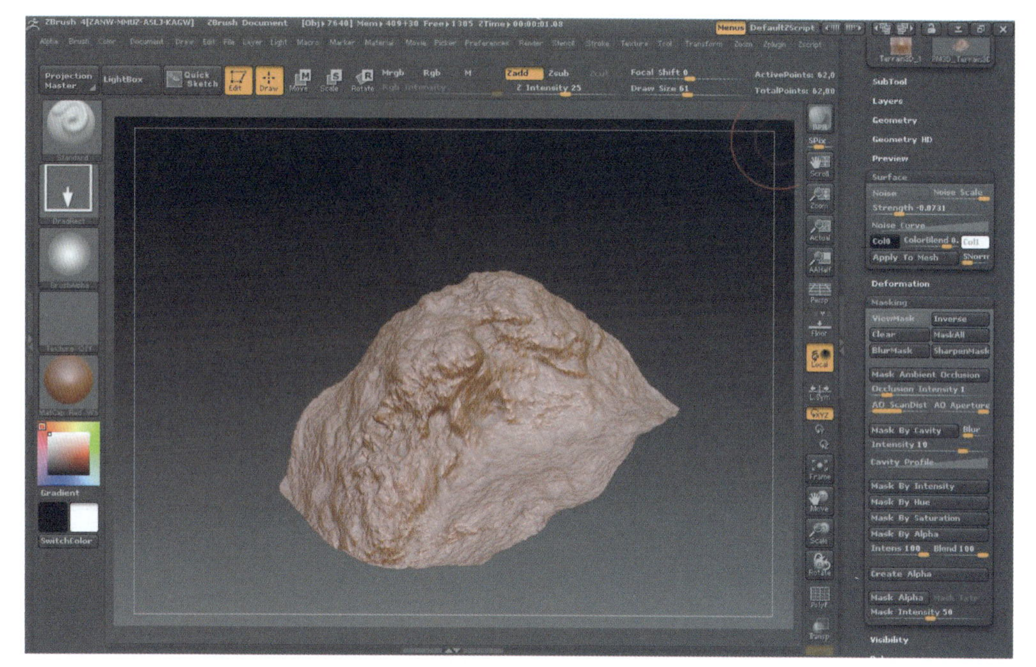

图 11-8　山石模型设计雕刻最终效果

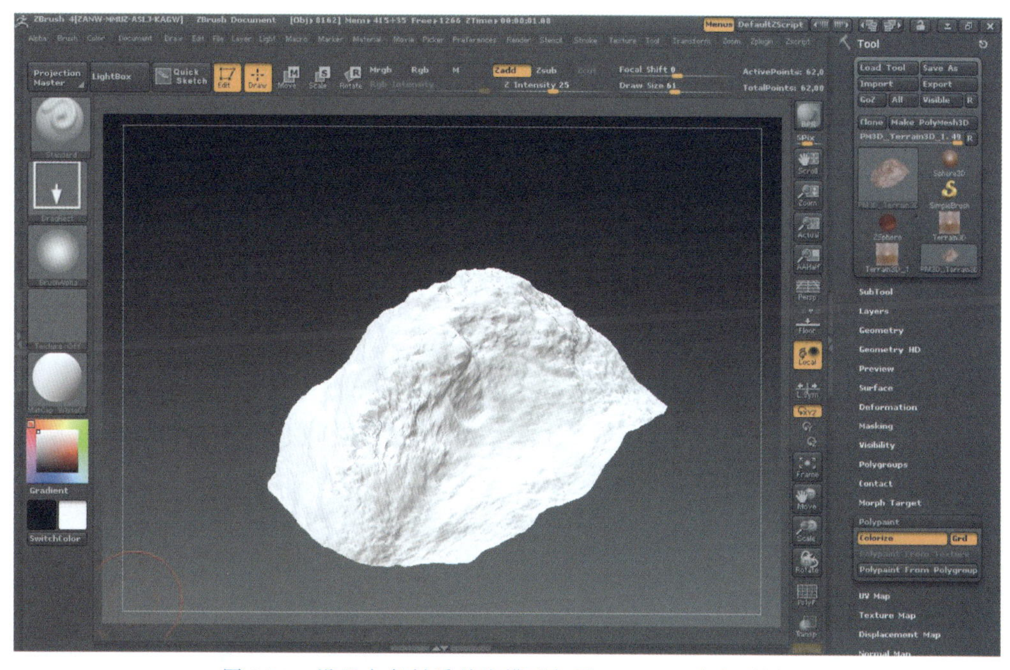

图 11-9　设置白色材质并为模型打开 Colorize(变色)按钮

⑨ 开启 Spotlight 控制,按快捷键 Shift+Z,也可按“,”键,激活 LightBox,在 Texture(纹理贴图)选项卡中调入材质贴图,将材质图像移动到模型上,选择图标拖拽圆盘调整图像大小与模型吻合。在工具架中,关闭 Zadd 功能,打开 Rgb 颜色绘制功能,如图 11-10 所示。

⑩ 设置投影编辑状态,按 Z 键激活投射编辑,为模型绘制纹理贴图。这使图像变得透明,在模型上用鼠标左键进行涂抹绘制,调整模型背面再次重复这一过程,单击投射按钮,如图 11-11 所示。

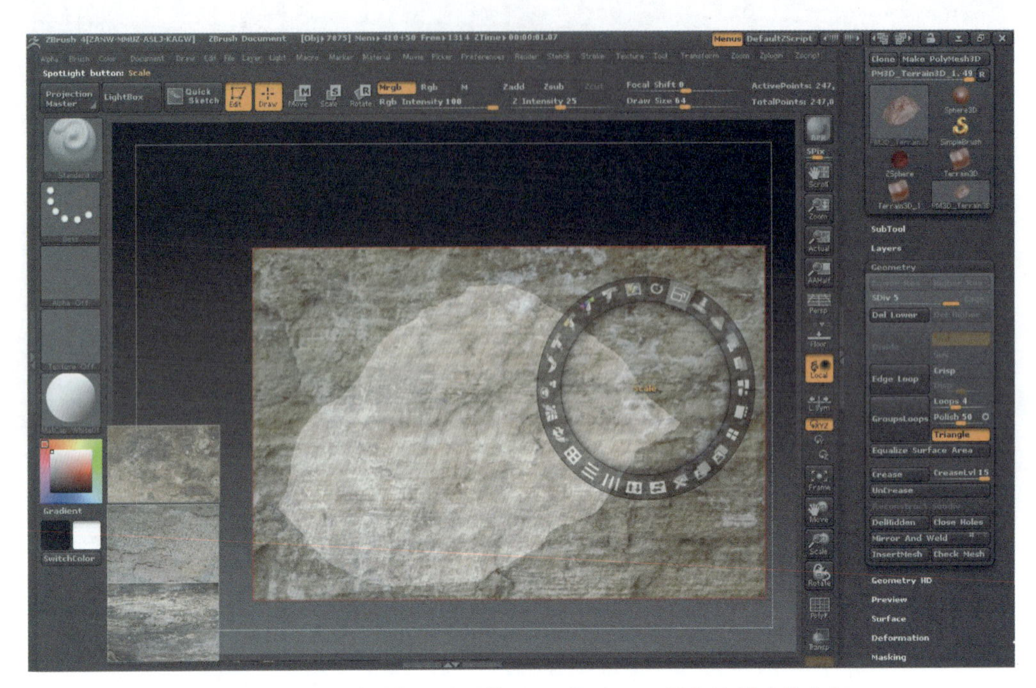

图 11-10　把材质图像移动到模型上，设置 Rgb 颜色绘制功能按钮

图 11-11　在模型上绘制投射纹理图像设计效果

11.2 花瓶模型雕刻设计

11.2.1 花瓶模型雕刻设计分析

青花瓷，又称白地青花瓷，常简称青花，是中国瓷器的主流品种之一，属釉下彩瓷。青花瓷是用含氧化钴的钴矿为原料，在陶瓷坯体上描绘纹饰，再罩上一层透明釉，经高温还原焰一次烧成。钴料烧成后呈蓝色，具有着色力强、发色鲜艳、烧成率高、呈色稳定的特点。原始青花瓷于唐宋已见端倪，成熟的青花瓷则出现在元代景德镇的湖田窑，明代青花成为瓷器的主流，清康熙时发展到了顶峰。明清时期，还创烧了青花五彩、孔雀绿釉青花、豆青釉青花、青花红彩、黄地青花、哥釉青花等衍生品种。青花瓷如图 11-12 所示。

图 11-12　景德镇陶瓷器青花瓷瓶

成熟的青花瓷出现在元代的景德镇。元青花瓷的胎由于采用了"瓷石＋高岭土"的二元配方，使胎中的 Al_2O_3 含量增高，烧成温度提高，焙烧过程中的变形率减少。多数器物的胎体也因此厚重，造型厚实饱满。胎色略带灰、黄，胎质疏松。底釉分青白和卵白两种，乳浊感强。其使用的青料包括国产料和进口料两种：国产料为高锰低铁型青料，呈色青蓝偏灰黑；进口料为低锰高铁型青料，呈色青翠浓艳，有铁锈斑痕。在部分器物上，也有国产料和进口料并用的情况。器型主要有日用器、供器、镇墓器等类，尤以竹节高足杯、带座器、镇墓器最具时代特色。除玉壶春底足荡釉外，其他器物底多砂底无釉，见火石红。

明永乐、宣德时期是青花瓷器发展的一个高峰，以制作精美著称；清康熙时以"五彩青花"使青花瓷发展到了巅峰。

景德镇陶瓷花瓶各种设计样式，包含中国红花瓶、影青釉石榴瓶、仿古花瓶白色官窑裂纹、颜色釉冰裂纹白色花瓶、冬瓜花瓶、手绘冬瓜花瓶、仿古青花瓶、镂空象牙瓷瓶等，如图 11-13 所示。

中国红花瓶

影青釉石榴瓶

仿古花瓶白色官窑裂纹

颜色釉冰裂纹白色花瓶

冬瓜花瓶

手绘冬瓜花瓶

图 11-13　各种设计样式景德镇陶瓷花瓶

仿古青花瓶

镂空象牙瓷瓶

图 11-13 （续）

11.2.2 花瓶模型雕刻案例设计

利用 ZBrush 3D 笔刷创建花瓶模型设计与雕刻。利用球体和移动笔刷创建花瓶的大形，接着对花瓶进行精细雕刻，最后对花瓶纹理进行投射，完成全部设计与雕刻工作。

① 启动 ZBrush 集成开发环境，在 Tool 工具箱面板中选择 Sphere 3D(3D 球绘制功能)，单击快捷键 T 进入 3D 球编辑状态。单击画布右侧托盘中的 PolyF（网格）按钮，球体在两端出现极点，把球体极点调整到正上方。

② 在 Tool 工具箱面板中选择 Tool→Make PolyMesh 3D(转换球体为网格 3D 模型)。

③ 在画布左侧托盘中，选择笔刷为 Move （移动笔刷），如图 11-14 所示。

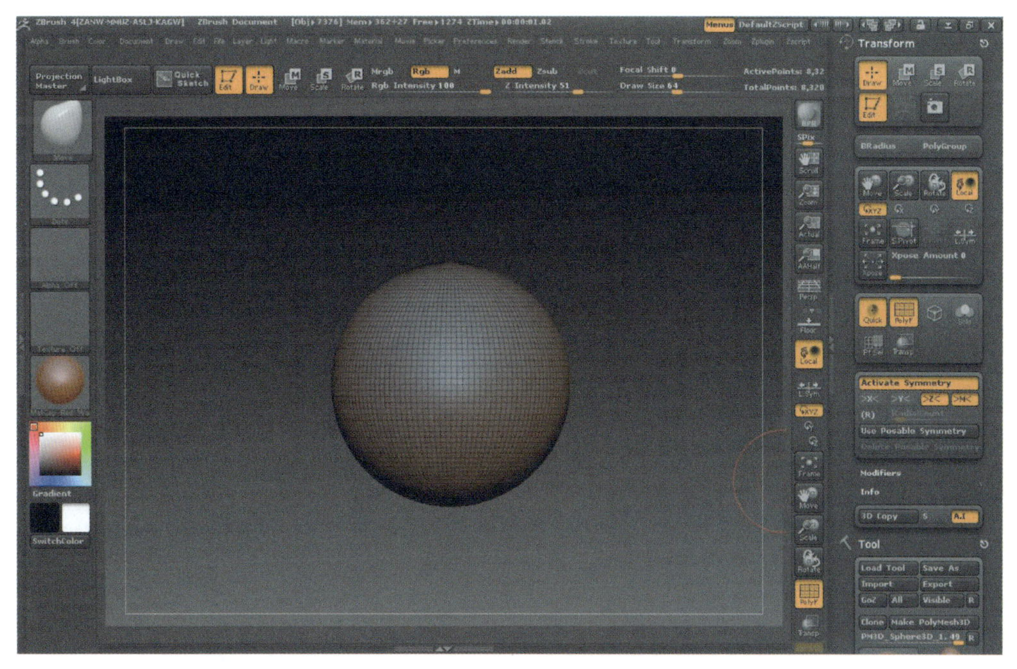

图 11-14 原始花瓶设计准备

④ 在菜单栏中选择 Transform→Activate Symmetry→>Z< >M<（设置 Z 轴对称绘制）与 RadialCount=48。然后利用鼠标在球体上进行拖拽，上下移动鼠标或按住 Alt 键左右移动鼠标，拉伸球体造型，如图 11-15 所示。

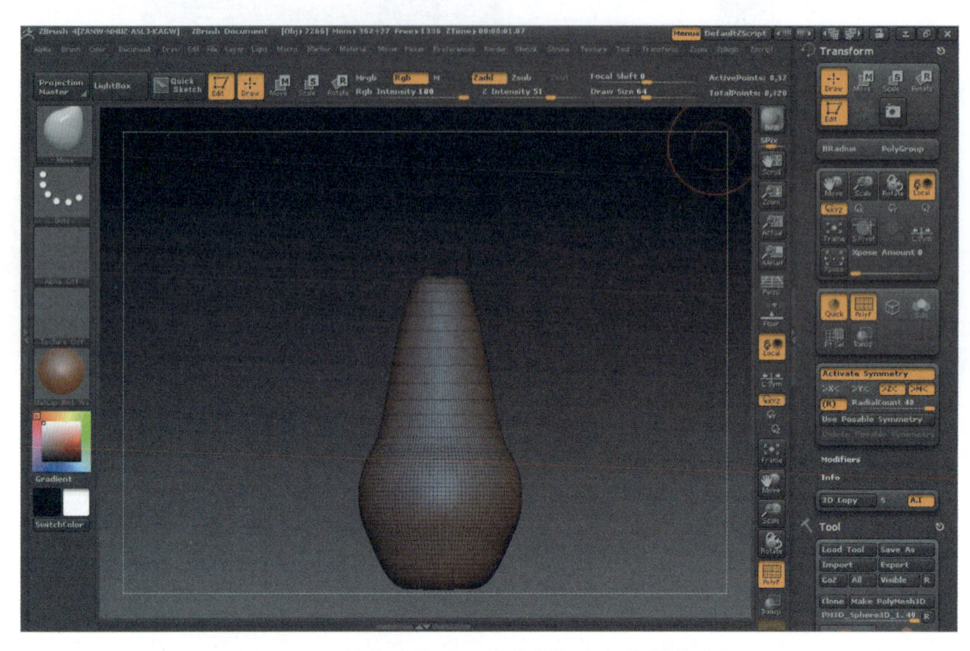

图 11-15　拉伸球体造型形成花瓶造型的设计过程

⑤ 设计制作花瓶模型大形。在工具架中，设置笔刷大小为 Draw Size=70～180，笔刷的强度为 Z Intensity(Z 强度)=20。针对花瓶模型制作，按住 Alt 键，上下移动鼠标进行拉伸设计，左右移动鼠标调整花瓶模型的宽度。按住 Shift 键，上下移动鼠标使其均匀调整模型网格，使模型平滑且网格均匀，如图 11-16 所示。

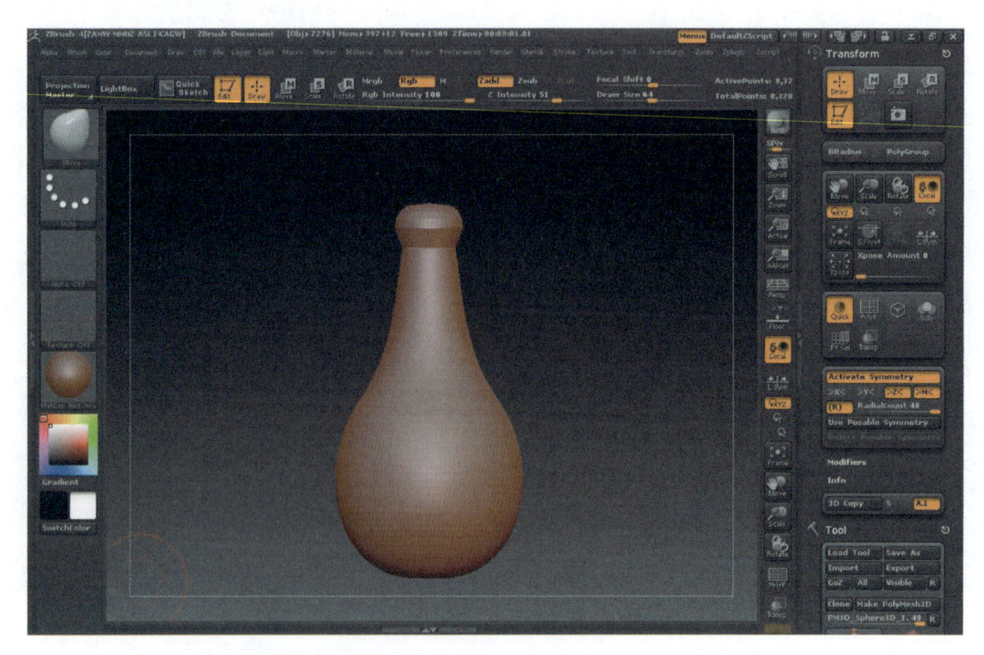

图 11-16　花瓶造型大形设计过程

⑥ 对模型进行几何细分，选择 Geometry→Divide 设定细分级别为 4 级。利用遮罩设计花瓶内部为中空的模型，按住 Ctrl 键，用鼠标左键在花瓶上进行拖拽遮罩处理，如图 11-17 所示。

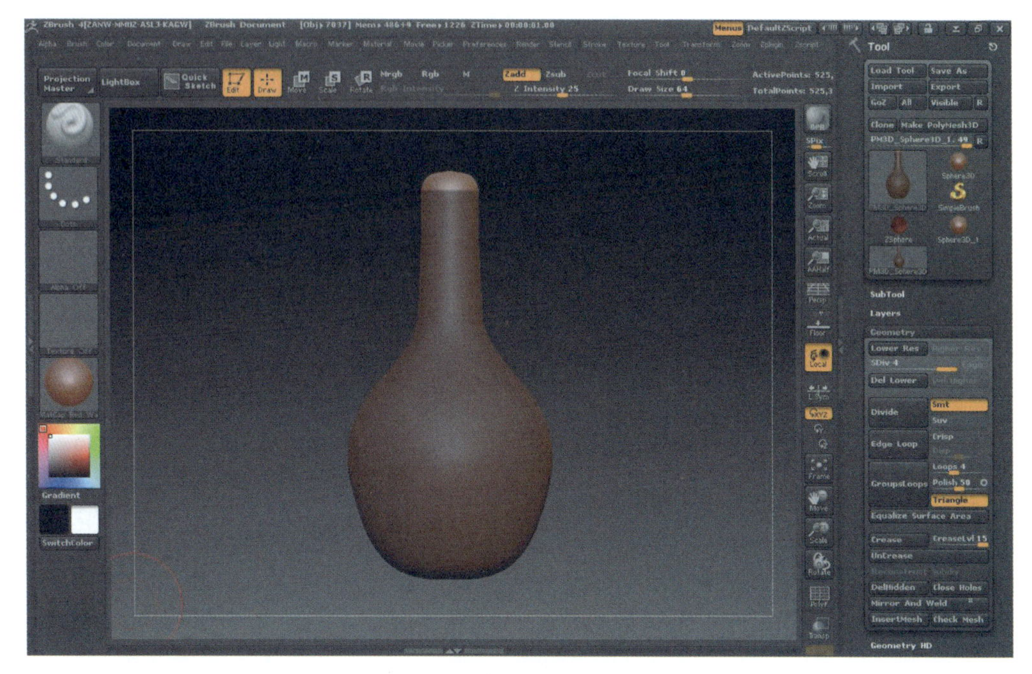

图 11-17　对花瓶进行几何细分和遮罩处理

⑦ 在工具箱中，选择 SubTool→Extract→Thick，设置参数 Thick＝0.5，单击 Extract 按钮生成中空的花瓶造型，删除 SubTool 中的原模型，如图 11-18 所示。

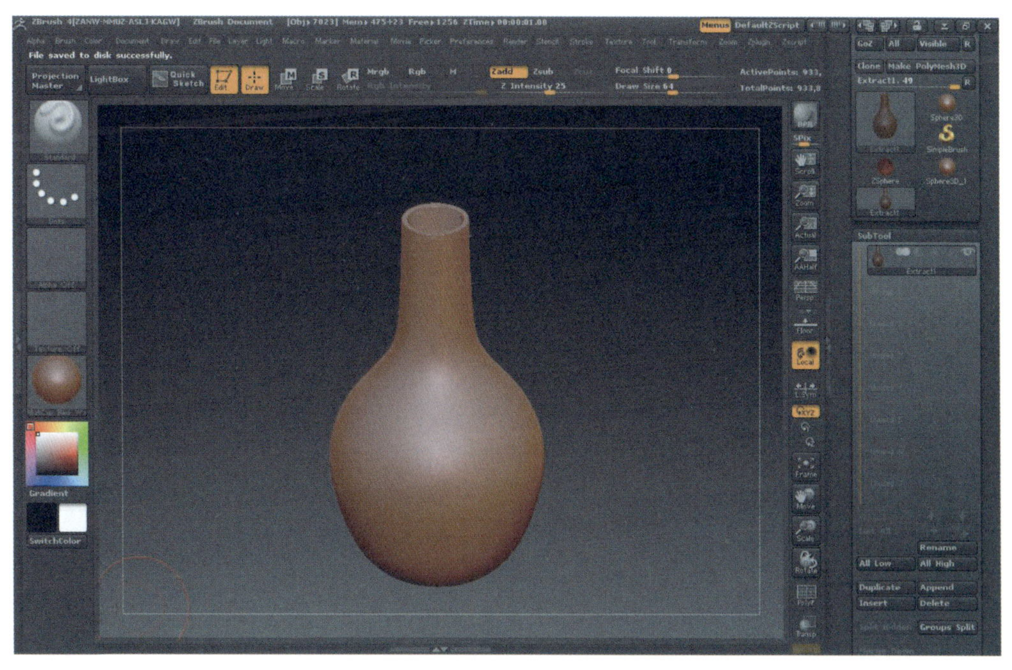

图 11-18　中空花瓶造型设计效果

⑧ 对花瓶进行雕刻设计。在左侧的托盘中，设置笔刷为 Standard（标准笔刷），设置笔触 Stroke 为 DragRect（矩形提取绘制）。在工具架中，设置笔刷的强度为 Z Intensity（Z 强度）＝100，设置笔刷大小为 Draw Size＝10。分别选择 Alpha34、Alpha62 进行雕刻绘制。

⑨ 在菜单栏中，选择 Transform→Activate Symmetry→＞Z＜ ＞M＜（设置 Z 轴对称绘制），并设置循环次数为 RadialCount＝12。然后利用鼠标在模型上进行拖拽完成雕刻绘制，如图 11-19 所示。

图 11-19　花瓶造型雕刻设计效果

⑩ 也可以进行花瓶材质映射，在左侧托盘中，选择 Material→ReflectRed 设置红色陶瓷釉材质效果，如图 11-20 所示。

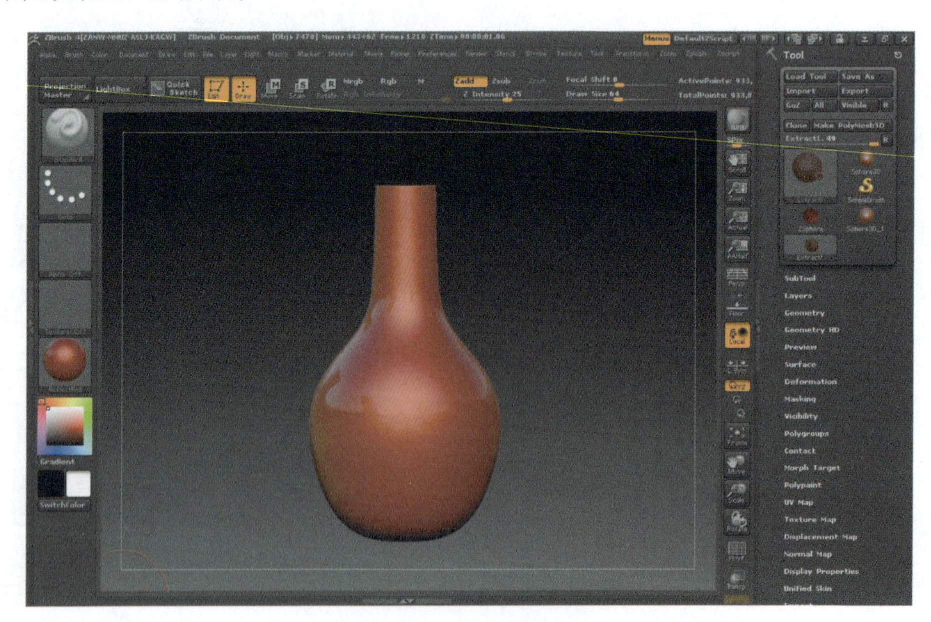

图 11-20　花瓶模型雕刻红色陶瓷釉材质设计效果

11.3 刀剑模型雕刻设计

刀是十八般兵器之一，最早的铜刀脱胎于石刀，形状很小。中国目前发现最早的青铜兵器便是铜刀。商朝的青铜刀，刀形较宽，刃端多向上翘，其制作如同石刀。当时的刀主要用来砍削器物，宰牛羊或防身自卫，还未正式用于战争。周代重剑，不喜佩刀。西周时期，出现了青铜大刀，柄短刀长，有厚实的刀脊和锋利的刀刃，刀柄首端呈扁圆环形，所以又叫“环柄刀”。在北京昌平县白浮西周木椁墓中出土两把青铜刀，一把刀身长41厘米，刀背微弓；另一把长24厘米，类似冰刀形。那时的青铜刀质地较脆，缺少韧性，劈砍时容易折断。与同时代的铜剑相比，刀的做工粗糙，形体笨拙，远不如铜剑精巧锋利。因而刀迟迟没有投身战场。

秦汉时期，钢铁问世以后，刀的制作工艺得到改善，形制上刀身加长，并且已有专门的战刀和佩刀之分。佩刀讲究式样别致，镶饰美观；战刀则注重质地坚韧，做工精良。在当时诸国战争中，兵车已渐渐退出战场，取而代之的骑兵队成为作战主力。因此单纯的刺兵器不足以发挥效力，擅长劈砍挥杀的钢刀的制作质量要求越来越高。最通用的刀要算“环首刀”，这种刀直背直刃，刀背较厚，刀柄呈扁圆环状，长度一米左右，便于在骑战中抽杀劈砍，是一种实战性较强的短兵器，在战场上的厮杀格斗中，许多将领往往长矛短刀并用，远刺近劈，威力无比。西汉时大将李广之子李敢“左持长槊，右执短刀跃马陷战”。刀的种类更为繁杂，有腰刀、滚背双刀、脾刀、双手带刀、背刀、窝刀、鸳鸯刀、船尾刀、割刀、缭风刀等。其中被广泛应用于作战的是腰刀和双手带刀。腰刀上部较直，下部微曲，刃部略窄，刀身长三尺二寸，柄长三寸，重一斤十两(古时1斤=16两)，一般用于骑兵作战。双手带刀柄长一尺五寸，可容双手把握，刀刃长且特别宽大厚重，上部呈平线形。步兵在近身交战时，一刀砍去，可断敌首级或四肢。短刀在明清时代仍然是军队的主要兵器之一。图11-21列举了几种刀的图片。

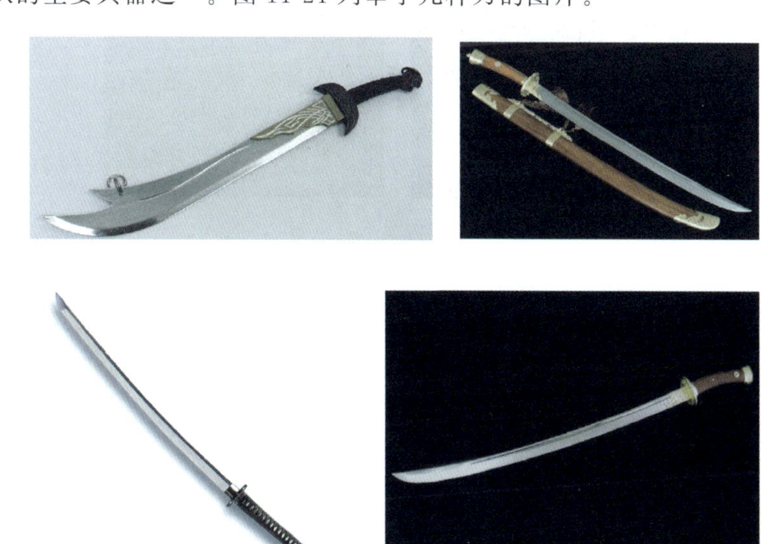

图11-21　中国古代兵器刀案例展示

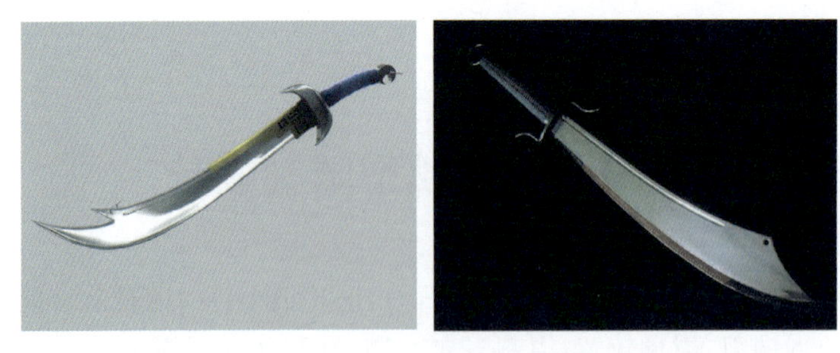

图 11-21 （续）

剑是古代兵器之一，属于“短兵”，素有“百兵之君”的美称。古代的剑由金属制成，长条形，前端尖，后端安有短柄，两边有刃。现在作为击剑运动用的剑，剑身为细长的钢条，顶端为一小圆球，无刃。

早期的剑是匕首式短剑，剑和刀一类，区别只在于单刃和双刃。剑又称为“轻吕”“径路”。春秋末年，开始流行长剑。质地精良的宝剑却反而出自南方，主要是吴、越、楚。长剑出，短剑也不废。所以，剑的整个历史是源远流长的。

长剑便于战斗，短剑利于护身，还可以用于刺杀。图 11-22 列举了几种剑的图片。

图 11-22　中国古代兵器剑案例展示

11.3.1　刀剑模型雕刻设计分析

刀(单刃冷兵器)，九短九长之一，九短之首。刀为单面长刃的短兵器。泛指可用于切、削、割、剁、刺的工具，与匕合称亦为膳食器。刀的最初形态与钺非常接近。其形状为短柄，翘首，刀脊无饰，刃部较长。到春秋战国时期，刀的形状发生巨大变化，两汉时刀逐渐发展为步兵的主战兵器之一，同时出现了许多不同形式的长柄刀。铜刀存世数量不多，体形均轻薄，最厚处仅 0.35 厘米，其形制粗分有短柄翘首刀、长秘卷首刀、平刃刀、曲刃刀等数类。

刀由柄首、刀柄、护手、刀身、刀背、刀面、刀刃、刀尖等构成，如图 11-23(a)所示；与刀相关的文字演变如图 11-23(b)所示。

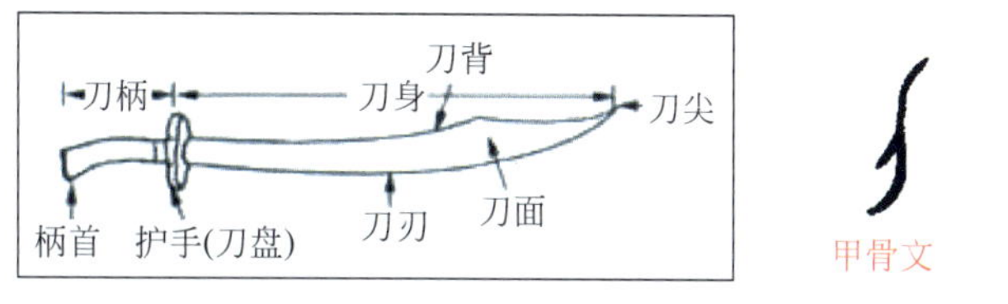

(a) 刀的结构尺子

(b) 刀的古文形体

图 11-23　刀的结构尺寸和刀的古文形体

剑古之圣品也，至尊至贵，人神咸崇。剑乃短兵之祖，近搏之器，以道艺精深，遂入玄传奇。实则因其携之轻便，佩之神采，用之迅捷，故历朝王公帝侯，文士侠客，商贾庶民，莫不以持之为荣。剑与艺，自古常纵横沙场，称霸武林，立身立国，行仁仗义，故流传至今，仍为世人喜爱，亦以其光荣历史，深植人心，斯可历传不衰。剑由剑身和剑柄两部分组成。

剑身包括以下几部分。

(1) 剑锋：剑身前端锋利部分。

(2) 剑脊：剑体中线凸起。

(3) 剑从：脊两侧成坡状部分。

(4) 剑锷：从外的刃，即剑身两旁的刃。

(5) 剑腊：脊与两从合称为腊。

剑柄包括以下几部分。

(1) 剑茎：也就是剑柄的把手部分，主要有扁形与圆形两种。

(2) 剑格：剑茎和剑身之间的护手，又称为卫、璏、剑镗。

(3) 剑首：茎的末端常有的圆形部分，又称为镡。

(4) 剑箍：茎上的圆形凸起的纹饰。

(5) 剑缑：在茎上缠绕的绳子。

(6) 剑缰：系在剑首的皮绳，用于悬挂在手腕上便于取用。

(7) 剑穗：系在剑首的流苏，又称剑袍，有穗的剑称为文剑，佩戴于文人权贵身上，无实际用途。

此外，剑通常配有剑鞘，又称为“室”，套在剑身之上，有保护剑身和方便携带的作用。刀剑模型展示如图 11-24 所示。

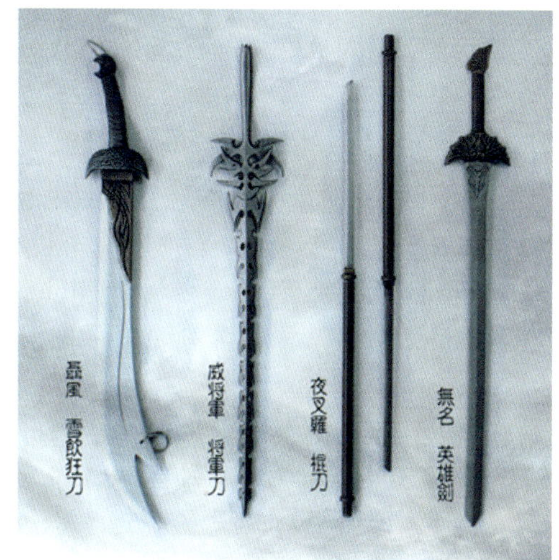

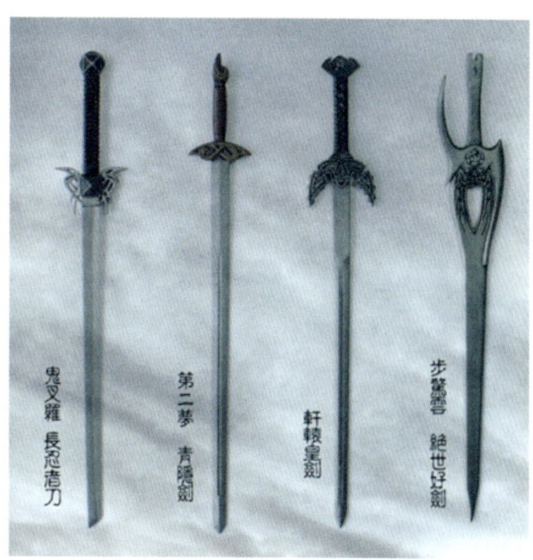

图 11-24　刀、剑模型展示

11.3.2 刀剑模型雕刻案例设计

利用 ZBrush 建模技术设计制作游戏中的宝剑造型，包含剑柄护手、剑柄连杆、剑刃、剑的修饰以及材质等。

① 游戏剑柄护手设计与制作。启动 ZBrush 集成开发环境，在工具箱中选择 Tool→3DMesh→Plan3D(3D 平面功能)，在画布中进行拖拽创建一个 3D 平面。

② 在工具架中选择 Edit 编辑功能。在右侧托盘中选择 PolyF (网格)按钮，在 3D 平面中出现网格。

③ 在 Tool 工具箱面板中选择 Tool→Make PolyMesh3D(将 3D 平面转换为网格 3D 平面模型)。在工具栏中选择 Geometry→Divide(对模型进行几何细分)，设定细分级别为 4 级，如图 11-25 所示。

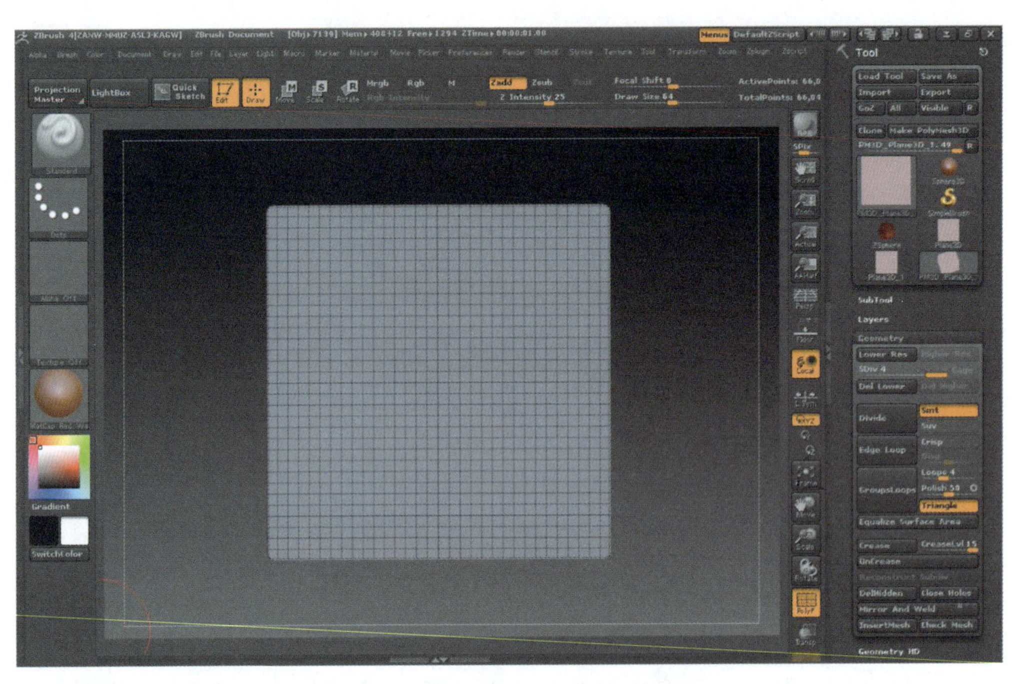

图 11-25　游戏剑柄护手设计初始效果

④ 在左侧托盘中选择 Standard 标准笔刷，选择 DragRect 笔触为拖拉矩形。在右侧托盘中关闭 PolyF (网格)按钮。选择 Alpha 为 Alpha28(方形)对平面 3D 进行绘制。在菜单栏中选择 Transform→Activate Symmetry→＞X＜ ＞Y＜ ＞M＜(设置 X、Y 轴对称绘制)。按住 Ctrl 键绘制一个正方形状遮罩。(注意：在按住 Ctrl 键时，要把 Stroke 笔触和 Alpha 都改过来，分别为笔触设定为 DragRect 和 Alpha 设定为 Alpha28(方形)，才能把 Alpha 图形遮罩到模型上)，如图 11-26 所示。

⑤ 在左侧托盘中，同样在 Standard(标准笔刷)中选择 DragRect 笔触为拖拉矩形。选择 Alpha 为 Alpha14(圆形)对平面 3D 进行绘制。按住 Ctrl＋Alt 键，进行拖拽绘制，如图 11-27 所示。

⑥ 用同样的方法，在模型的中心点上绘制方形遮罩，同样在 Standard(标准笔刷)中选择

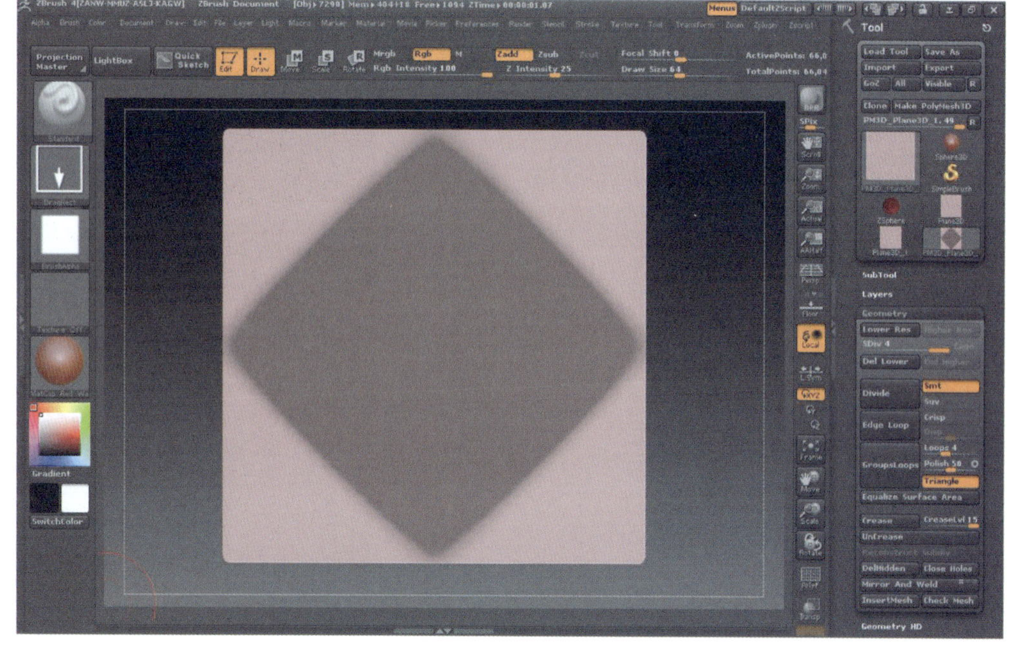

图 11-26　在游戏剑柄护手中绘制 Alpha 方形遮罩设计效果

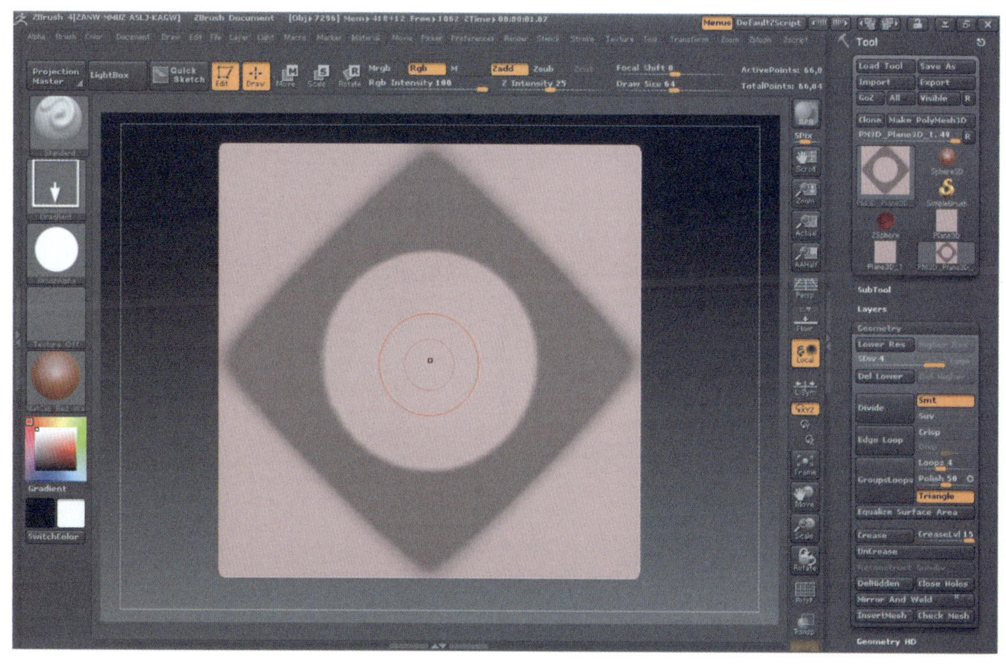

图 11-27　在游戏剑柄护手中绘制 Alpha 圆形遮罩设计效果

DragRect 笔触为拖拉矩形。选择 Alpha 为 Alpha28(方形)对平面 3D 进行绘制。按住 Ctrl 键,进行拖拽绘制,如图 11-28 所示。

⑦ 在工具箱下选择 Masking→SharpenMask(遮罩边缘锐化处理),将光标放在阴影部,使用快捷键 Ctrl+Alt+鼠标左键。在工具箱下再次选择 SubTool→Extract→Thick,设置参数 Thick=1,单击 Extract 按钮生成剑柄把手造型,删除 SubTool 中的原模型,如图 11-29 所示。

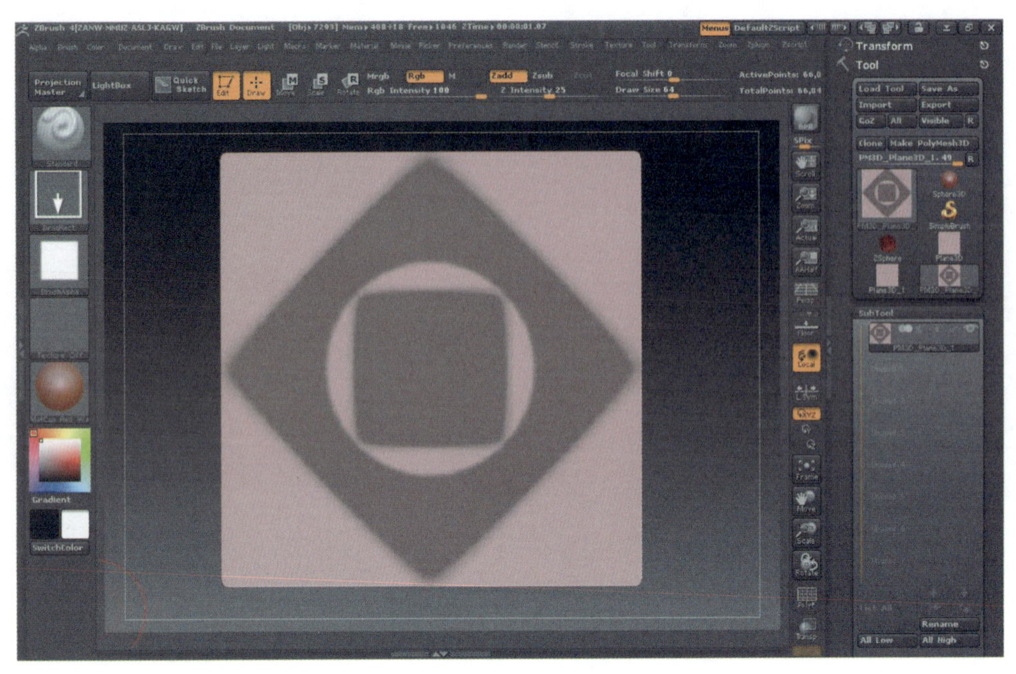

图 11-28　绘制完成游戏剑柄护手遮罩设计效果

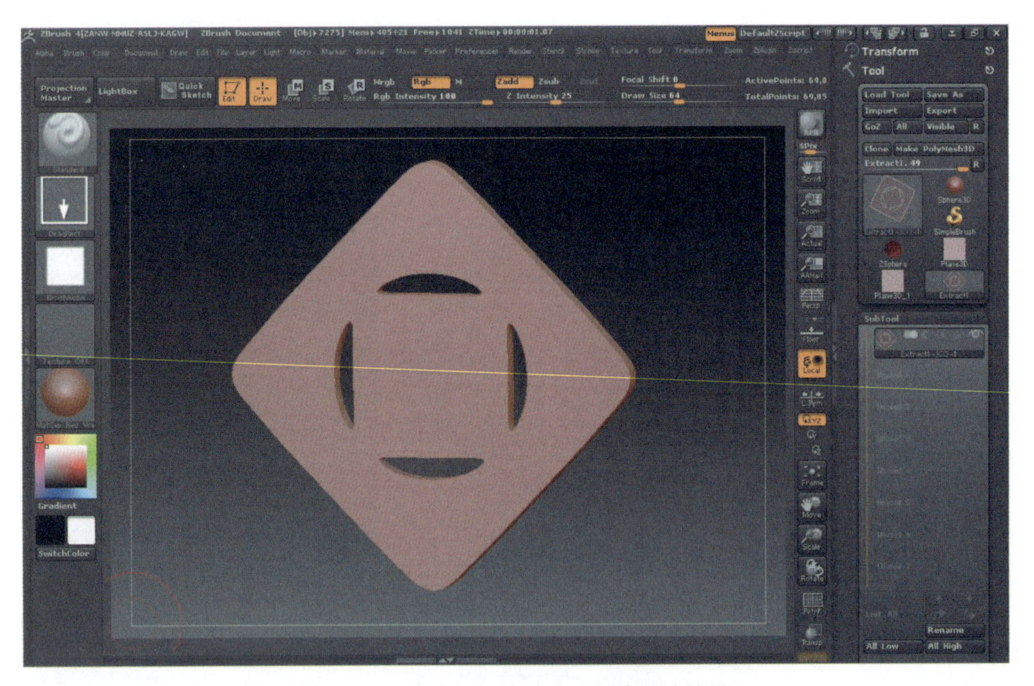

图 11-29　游戏剑柄护手造型创建设计效果

⑧ 在菜单栏中选择 Transform→Activate Symmetry→>X< >Y< >M<（设置 X、Y 轴对称绘制）。按住 Shift 键对游戏剑柄的边缘部分进行圆滑处理。

⑨ 游戏剑柄连杆（剑把）设计制作。在工具箱中选择 Tool→3DMesh→Cylinder3D（3D 圆柱体造型），进入编辑状态。选择 Tool→Initialize 设置圆柱体参数 X=15，Y=25，Z=100，VDivide=50 纵向细分。将模型转换为 3D 网格模型，选择 Tool→Make PolyMesh3D，如

图 11-30 所示。

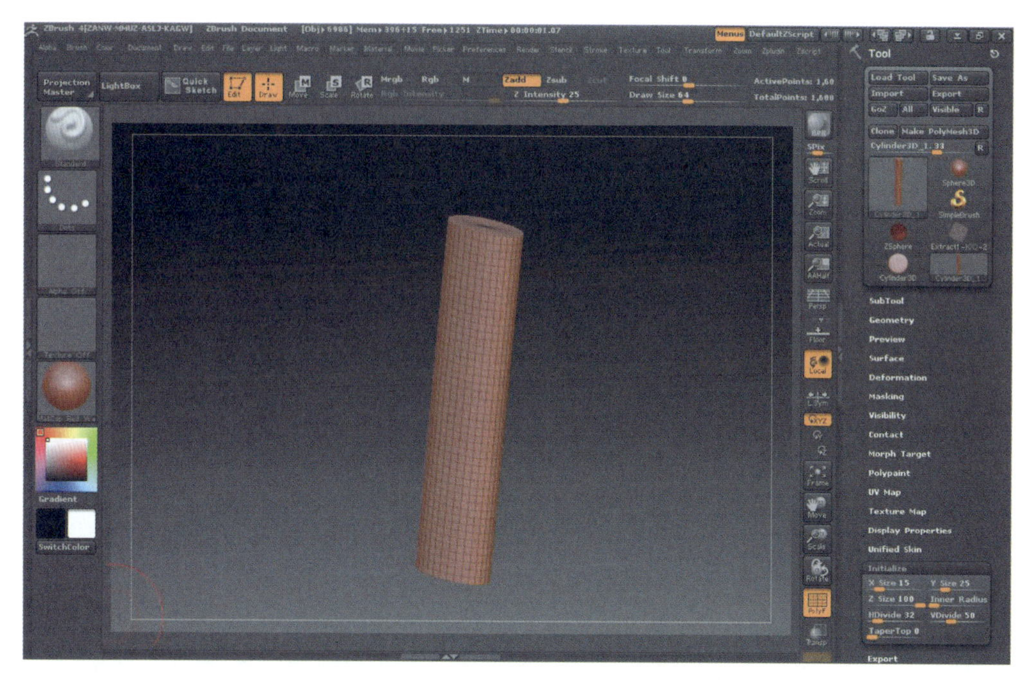

图 11-30　游戏剑把圆柱体造型设计

⑩ 合并游戏剑柄连杆和剑柄护手造型。在工具箱下选择 SubTool→Append→"剑柄护手",添加剑柄护手模型。在工具架中选择 Move 移动剑把到适当的位置,也可对其进行 Scale(缩放和拉伸),如图 11-31 所示。

图 11-31　游戏剑柄护手与剑把合成设计效果

⑪ 游戏剑身的设计。在工具箱中选择 Tool→Cube3D(3D 立方体造型)，进入编辑状态。选择 Tool→Initialize 设置圆柱体参数 X＝5，Y＝20，Z＝100，点击右侧托盘的 Scale 按钮(放大)，变数设置为 Sideds Count＝8，横向和纵向细分分别设置为 HDivide＝24，VDivide＝40。将模型转换为 3D 网格模型，选择 Tool→Make PolyMesh3D，如图 11-32 所示。

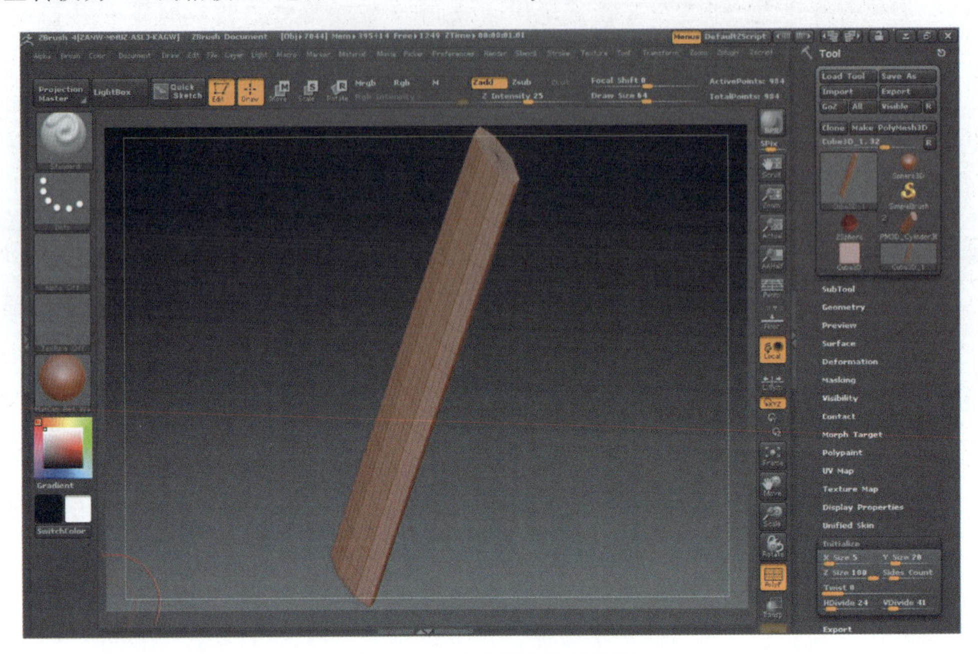

图 11-32　游戏剑身设计效果

⑫ 合并游戏剑身与剑把护手的设计，在工具箱中单击“剑把护手”模型，选择 SubTool→Append→“剑身”，添加剑身模型。缩小视图，在工具架中选择 Move 移动剑身到适当的位置，按住最上面的红圈向上拉伸，使剑身与剑把比例协调，如图 11-33 所示。

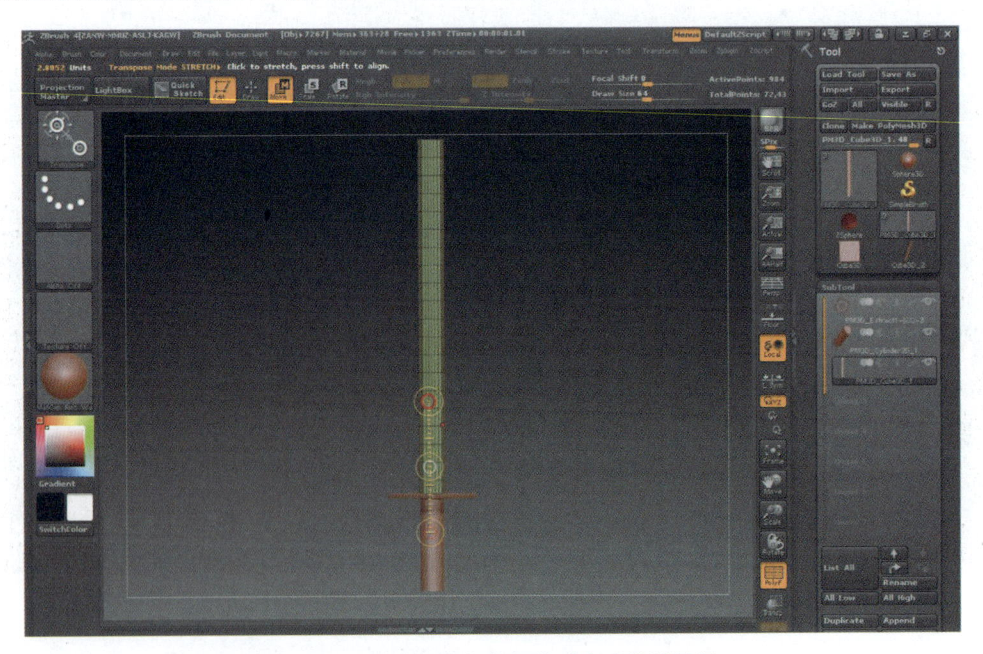

图 11-33　游戏剑身与剑把护手合成设计效果

⑬ 游戏剑刃的绘制与设计。在工具架中单击 Draw 回到绘制功能，把剑刃模型放大到适当的位置，如图 11-34 所示。

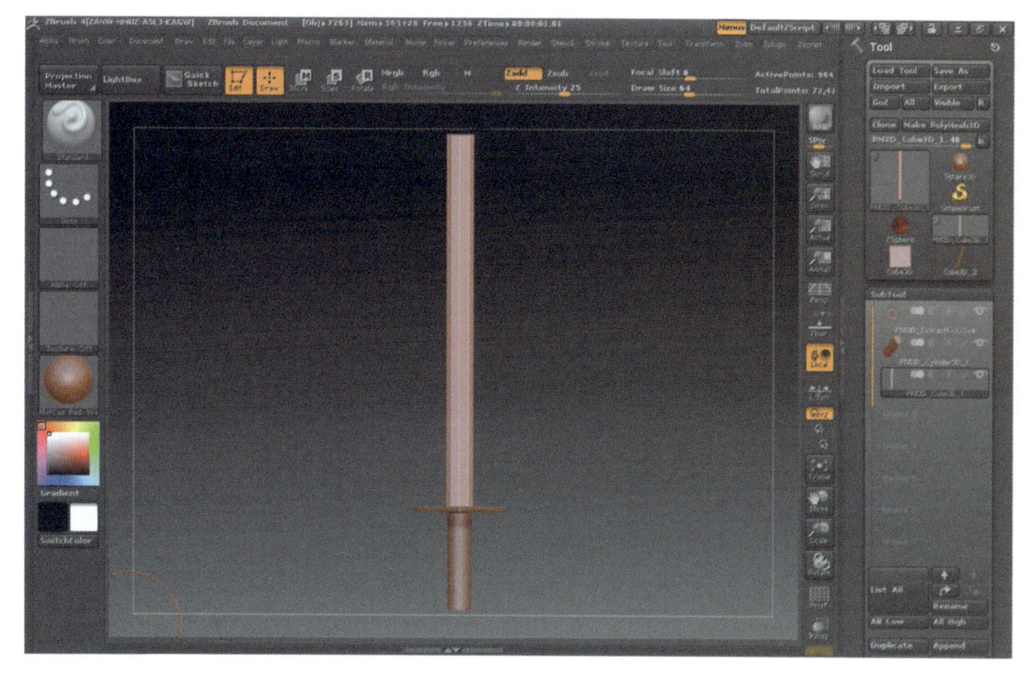

图 11-34　游戏剑刃与剑把护手合成设计效果

⑭ 把剑尖模型放大到适当的效果，左面托盘设置为标准笔刷，在工具架中将笔刷大小设为 Draw Size=105。在菜单栏中选择 Transform→Activate Symmetry→>X< >Y< >M<（设置 X、Y 轴对称绘制）。按住 Shift 键，对箭头进行涂抹，如图 11-35 所示。

图 11-35　游戏宝剑剑尖设计效果

⑮ 宝剑血槽设计效果。对剑身模型进行几何细分，选择 Geometry→Divide 设定细分级别为 4 级。在工具架中，将笔刷大小设置为 Draw Size=8，按住 Ctrl 键在剑身中绘制遮罩，也可以用矩形选框遮罩绘制，如图 11-36 所示。

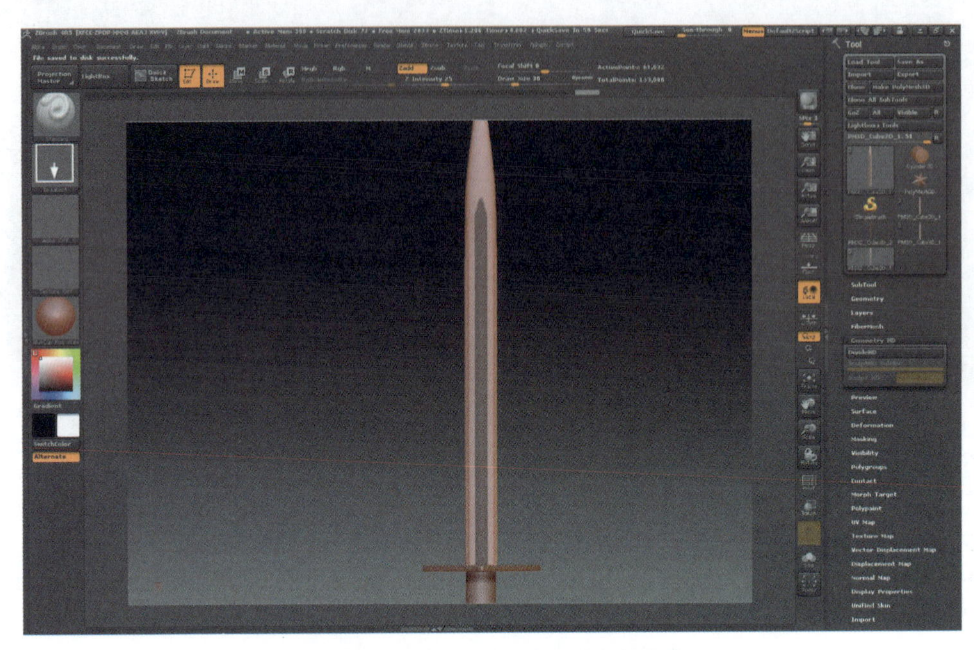

图 11-36　游戏宝剑血槽遮罩绘制设计

⑯ 在工具箱下选择 Deformation→Inflate（膨胀功能选项），Inflate=20～40，清除遮罩。在左侧托盘中选择 TrimDynamic 动态平整笔刷，对模型中的血槽和尖峰进行处理，调整 Draw Size=35～100。还可以使用 Layer 笔刷对剑的根部进行加厚绘制，并用磨平笔刷处理，如图 11-37 所示。

图 11-37　游戏宝剑完整的雕刻模型设计效果

⑰ 宝剑纹理修饰设计。在工具箱下打开 SubTool 卷展栏，选中“剑把”模型，关闭剑身和剑柄护手。对剑把模型进行几何细分，选择 Geometry→Divide 设定细分级别为 4 级。按住 Ctrl 键对剑把部分进行框选遮罩处理，再次选择 SubTool→Extract→Thick，设置参数 Thick=0.28，单击 Extract 按钮生成剑柄把手底座造型，如图 11-38 所示。

图 11-38　游戏宝剑柄把手底座雕刻模型设计

⑱ 宝剑把纹理绘制设计。在左侧托盘中选择 Standard(标准笔刷)，设置笔触为 DragRect(拖拉矩形)，设置 Alpha 为 Alpha28 对剑把进行绘制。开启 X 轴对称绘制，选择 Transform→Activate Symmetry→>X< >M<(设置 X 轴对称绘制)，笔刷大小调整为 Draw Size=35。然后按住 Ctrl 键，在剑柄把手上进行遮罩绘制，如图 11-39 所示。

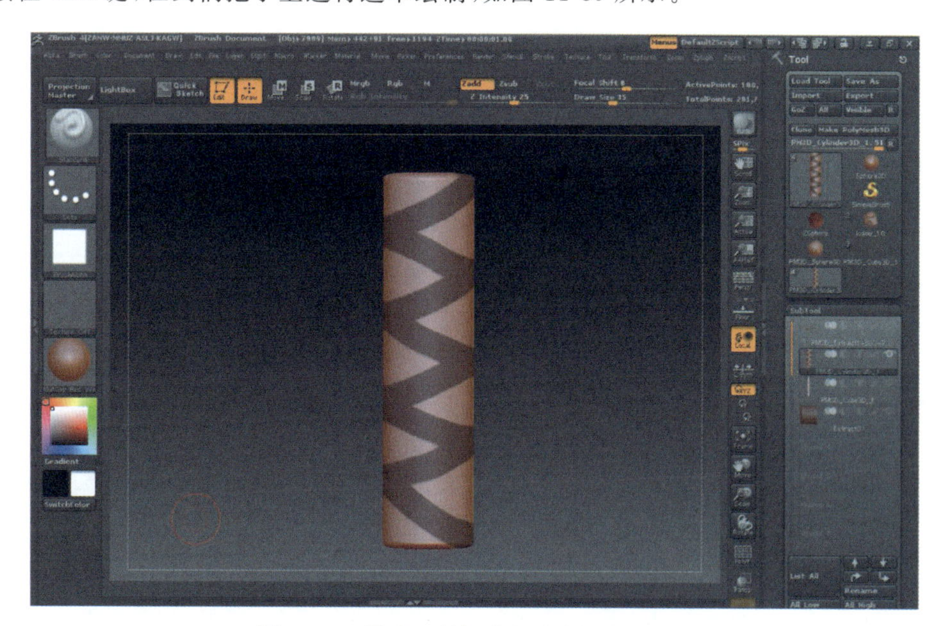

图 11-39　游戏宝剑把手遮罩雕刻模型设计

⑲ 对宝剑把手进行纹理和颜色设计。在左边的托盘中选择 Material→MatCap Metal01（金属颜色），选择 Stroke→Color Spray（喷色），接着选择 Alpha→Alpha07。按住 Alt 键，在剑柄把手上进行涂抹绘制，如图 11-40 所示。

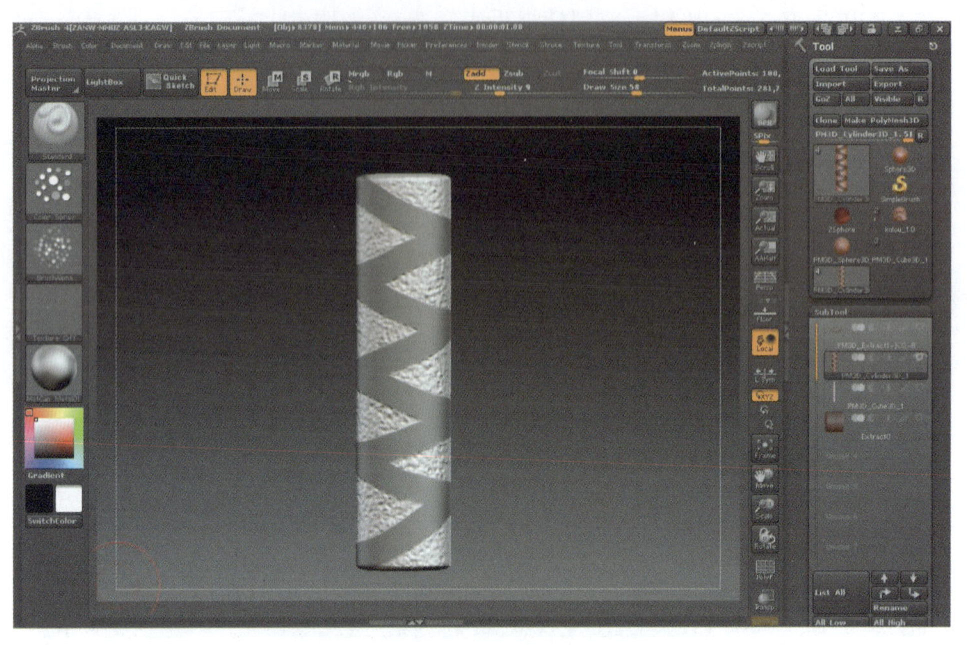

图 11-40　游戏剑柄把手噪点纹理雕刻设计

⑳ 在工具架中选择 Mrgb，在菜单栏中选择 Color→FillObject（颜色填充）。按住 Ctrl+I 键反选。在左边的托盘中选择 Material→MatCap Pearl（亚光质感），颜色选择白色，在菜单栏中选择 Color→FillObject（颜色填充），进行颜色填充。把左侧托盘的功能调回原来状态，将剑柄把手设计成布纹效果。在空白处按住 Ctrl 拖拉鼠标左键，如图 11-41 所示。

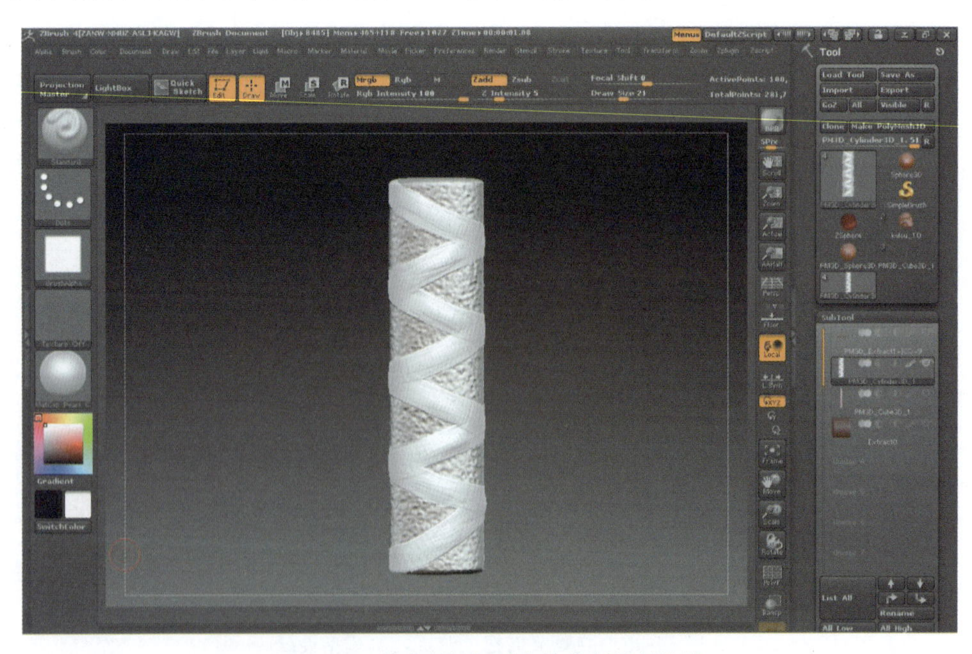

图 11-41　游戏剑柄把手布纹绘制雕刻设计

㉑ 填充剑刃材质。在左边的托盘中选择 Material→Chrome Bright(金属材质),在工具架中选择 Mrgb,在菜单栏中选择 Color→FillObject(颜色填充),如图 11-42 所示。

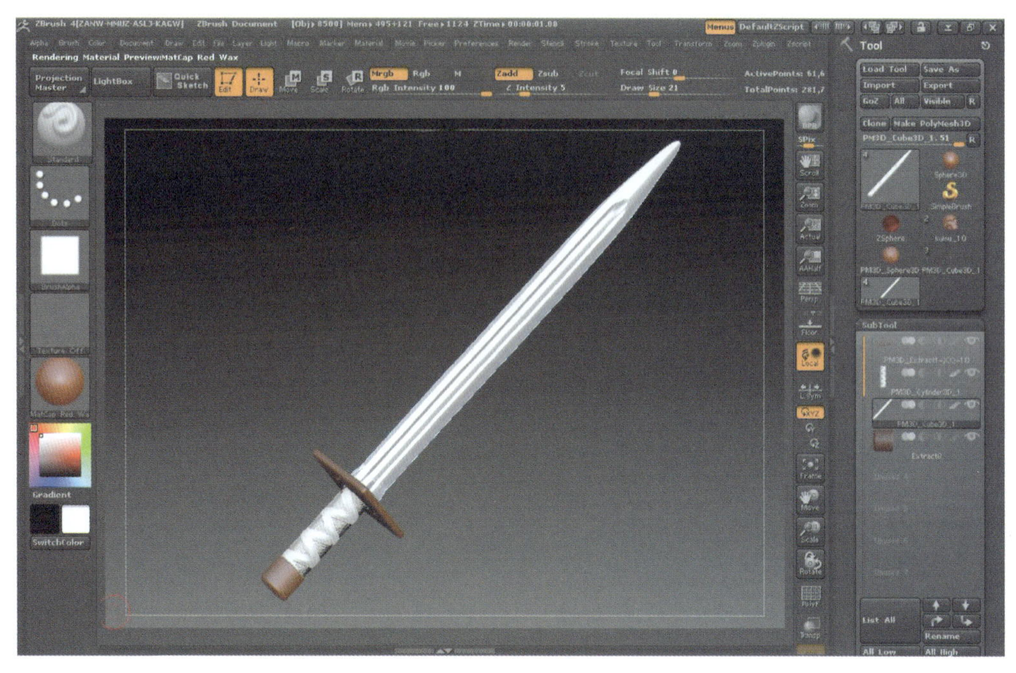

图 11-42 游戏剑刃材质绘制设计效果

㉒ 按此方法填充剑柄护手和剑把底座材质,在左边的托盘中选择 Material→Chrome B(金属材质),在工具架中选择 Mrgb,在菜单栏中选择 Color→FillObject(颜色填充)。对剑把底座进行颜色绘制,如图 11-43 所示。

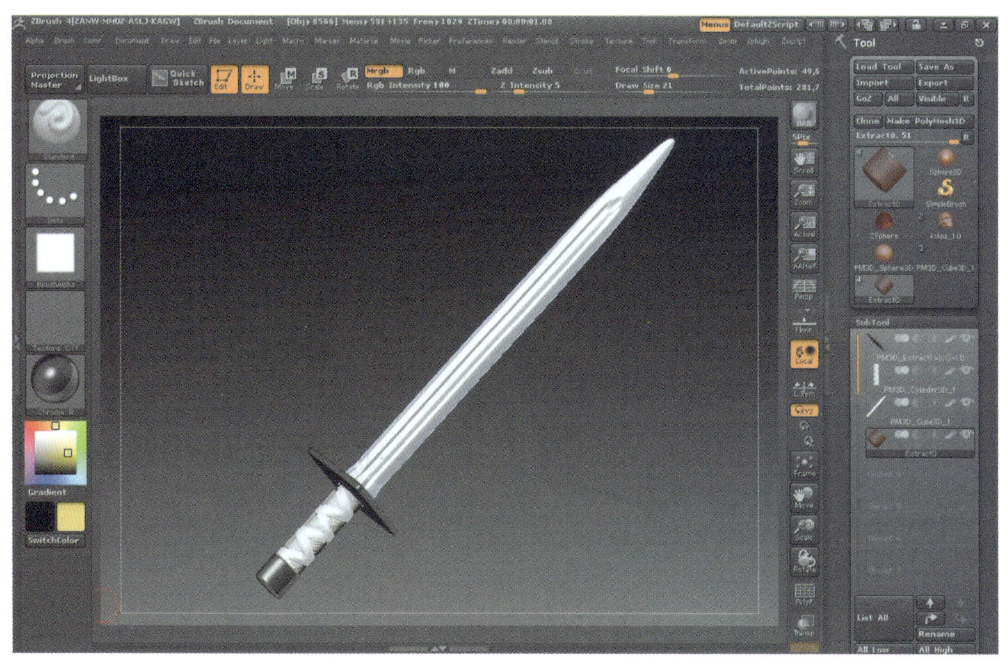

图 11-43 游戏宝剑材质绘制最终设计效果

第 12 章　3D模型着色与纹理绘制设计

ZBrush 3D 模型着色与纹理绘制设计涵盖 3D 模型上色绘制和纹理映射绘制技术。3D 模型雕刻的精美程度与色彩和纹理映射息息相关；色彩和纹理直接影响到游戏角色设计的成败；角色是否吸引游戏玩家关系到游戏开发的成败。

12.1　3D 模型上色绘制设计

3D 模型上色绘制设计主要包含模型着色、材质球上色、图像纹理绘制技术等。利用模型着色和材质球可以直接对 3D 模型进行各种色彩调配，使用图像纹理绘制可以设计出更加逼真的游戏角色和场景。

12.1.1　3D 模型上色原理

色彩构成是游戏设计的一个重要的组成部分，根据构成原理，将色彩按照一定的关系原则进行组合，创造（调配）出符合要求的美好色彩，这种创造（调配）过程包含色相、明度以及纯度。色相指色彩的相貌，是区别色彩种类的名称。明度指色彩的明暗程度，任何色彩都有自己的明暗特征。纯度指色彩的鲜艳度。

色彩构成一般从色彩的形成及知觉原理入手，分别从色彩的物理性、感知色彩的生理性、色彩心理、配色原则及色彩调和等方面进行系统的研究。目前影响较大的立体色标是奥斯特华色标和门塞尔色标，如图 12-1 所示。

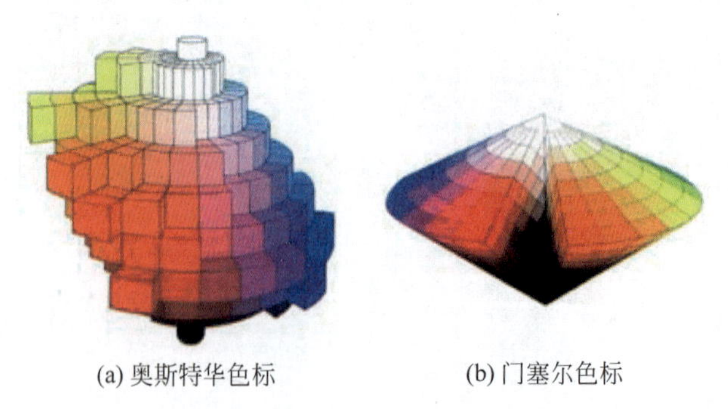

(a) 奥斯特华色标　　(b) 门塞尔色标

图 12-1　奥斯特华色标和门塞尔色标

任何颜色都可以用红、绿、蓝这 3 种颜色按不同的比例混合而成，这就是三原色原理。三原色的原理可解释如下：

（1）自然界的任何颜色都可以由 3 种颜色按不同的比例混合而成；而每种颜色都可以分解成 3 种基本颜色。

（2）三原色之间是相互独立的，任何一种颜色都不能由其余的两种颜色来组成。

（3）混合色的饱和度由 3 种颜色的比例来决定。混合色的亮度为 3 种颜色的亮度之和。

三原色如图 12-2 所示。

色彩搭配一般为绘画中的色彩，三原色为红黄蓝。色彩不再仅仅局限在绘画上，所以色彩搭配以光的三原色为基础制作的色相环如图 12-3 所示。

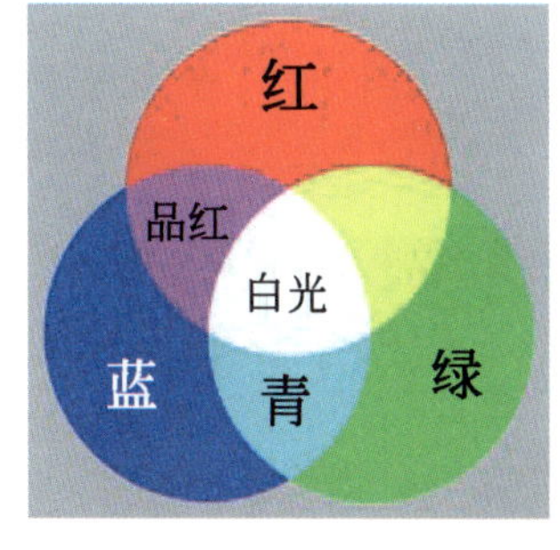

图 12-2　色彩的三基色

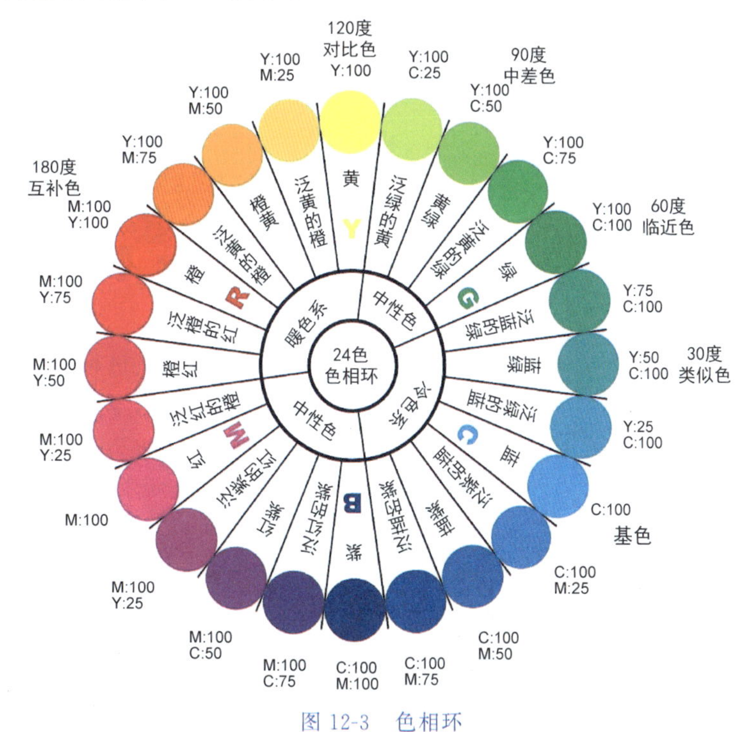

图 12-3　色相环

原色理论：三原色，所谓三原色，就是指这 3 种色中的任意一色都不能由另外两种原色混合产生，而其他色可由这三色按照一定的比例混合出来，色彩学上将这 3 个独立的色称为三原色。

混色理论：色彩的混合分为加法混合和减法混合，色彩还可以在进入视觉之后才发生混合，称为中性混合。

加法混合是指色光的混合，两种以上的光混合在一起，光亮度会提高，混合色的光的总亮度等于相混各色光亮度之和。色光混合中，三原色是红、绿、蓝。这三色光是不能用其他别的色光相混而产生的。而红光＋绿光＝黄光；绿光＋蓝光＝青光；蓝光＋红光＝紫光；黄光、青光、紫光为间色光。

如果只通过两种色光混合就能产生白色光，那么这两种光就是互为补色。例如，红色光与青色光；绿色光与紫色光；蓝色光与黄色光。

减法混合主要是指色料的混合。

白色光线透过有色滤光片之后，一部分光线被反射而吸收其余的光线，减少掉一部分辐射功率，最后透过的光是两次减光的结果，这样的色彩混合称为减法混合。一般说来，透明性强的染料，混合后具有明显的减光作用。

减法混合的三原色是加法混合的三原色的补色，即翠绿的补色红（品红）、蓝紫的补色黄

（淡黄）、朱红的补色蓝（天蓝）。用两种原色相混，产生的颜色为间色：红色＋蓝色＝紫色；黄色＋红色＝橙色；黄色＋蓝色＝绿色。

如果两种颜色能产生灰色或黑色，这两种色就是互补色。三原色按一定的比例相混，所得的色可以是黑色或黑灰色。在减法混合中，混合的色越多，明度越低，纯度也会有所下降。

中性混合是基于人的视觉生理特征所产生的视觉色彩混合，而并不变化色光或发光材料本身，混色效果的亮度既不增加也不减低，所以称为中性混合。

有以下两种视觉混合方式。

(1) 颜色旋转混合：把两种或多种色并置于一个圆盘上，通过动力令其快速旋转，而看到的新的色彩。颜色旋转混合效果在色相方面与加法混合的规律相似，但在明度上却是相混各色的平均值。

(2) 空间混合：将不同的颜色并置在一起，当它们在视网膜上的投影小到一定程度时，这些不同的颜色刺激就会同时作用到视网膜上非常邻近的部位的感光细胞，以致眼睛很难将它们独立地分辨出来，就会在视觉中产生色彩的混合，这种混合称为空间混合。

12.1.2　3D模型上色绘制案例设计

为ZBrush 3D模型着色，在创建好的3D模型上进行着色，首先将3D模型的底色调整为白色，然后设置相应的颜色参数进行着色绘制。

① 在ZBrush集成开发环境下选择LightBox→Tool→Dog.ZTL（3D狗模型），在画布中按住鼠标左键并拖曳，出现3D狗造型，如图12-4所示。

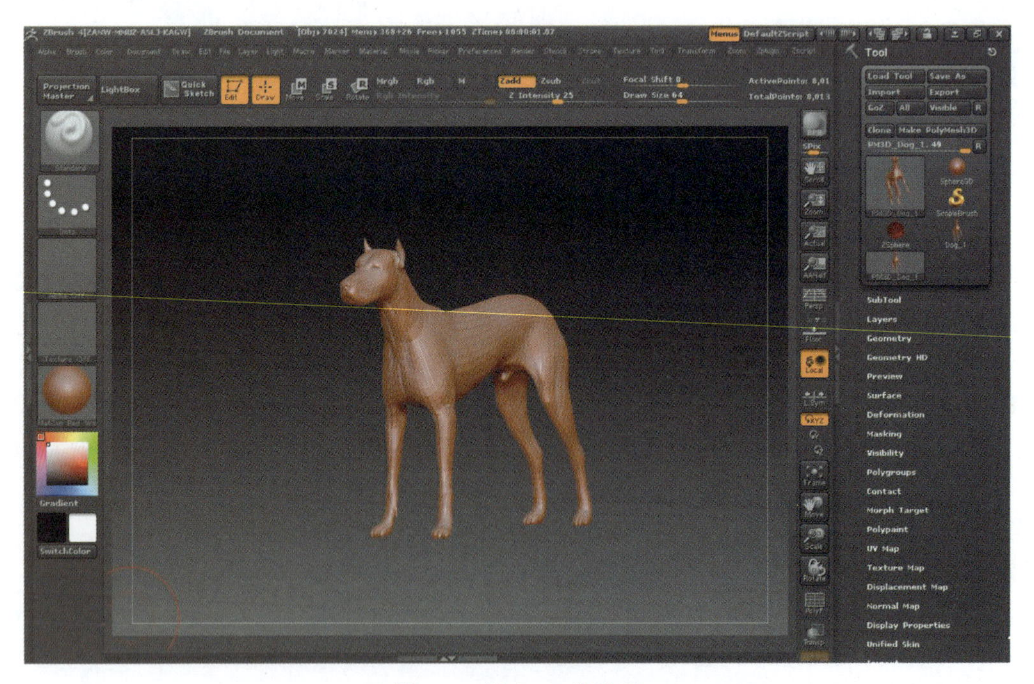

图12-4　导入3D狗造型

② 在工具架中单击Edit进入编辑状态。在工具箱中选择Tool→Make PolyMesh3D转换为3D网格模型。

③ 在工具箱下选择Geometry→Divide进行几何细分，设置Divide＝4级。

④ 在左侧托盘中选择 Material→MatCap White01 调整模型颜色为白色，如图 12-5 所示。

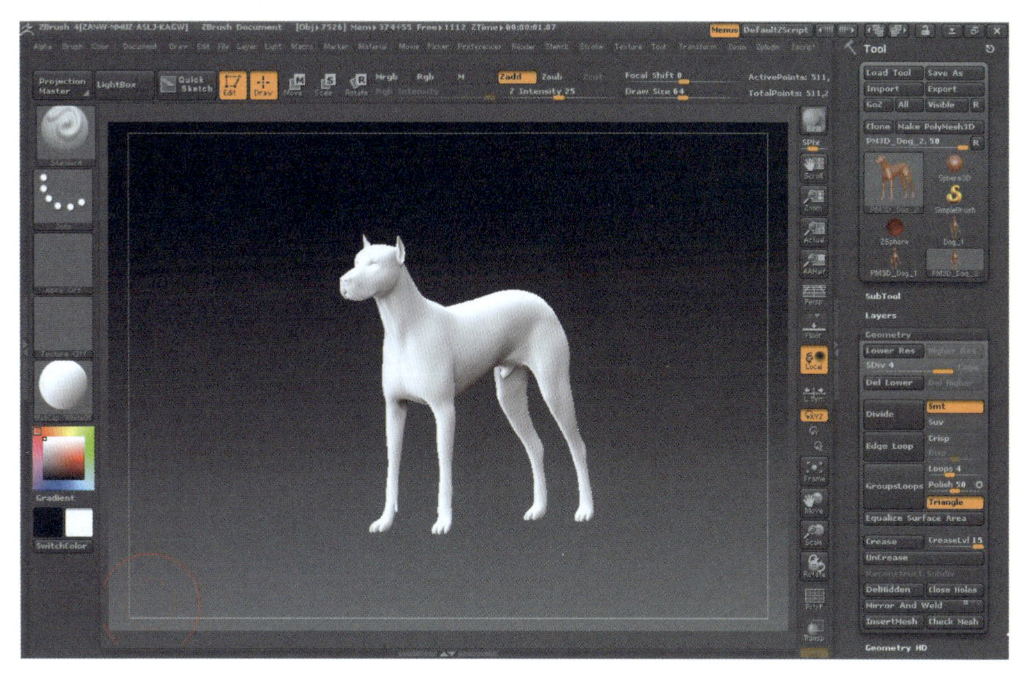

图 12-5　设置 3D 狗造型的颜色为白色

⑤ 在工具架中打开 Rgb 颜色功能，关闭 Zadd 添加功能。

⑥ 在菜单栏中选择 color→FillObject 为物体填充颜色，如图 12-6 所示。

图 12-6　为造型设置颜色填充

⑦ 在左侧托盘中选择 Stroke→FreeHand 手绘方式。选择一种颜色对模型进行绘制，如图 12-7 所示。

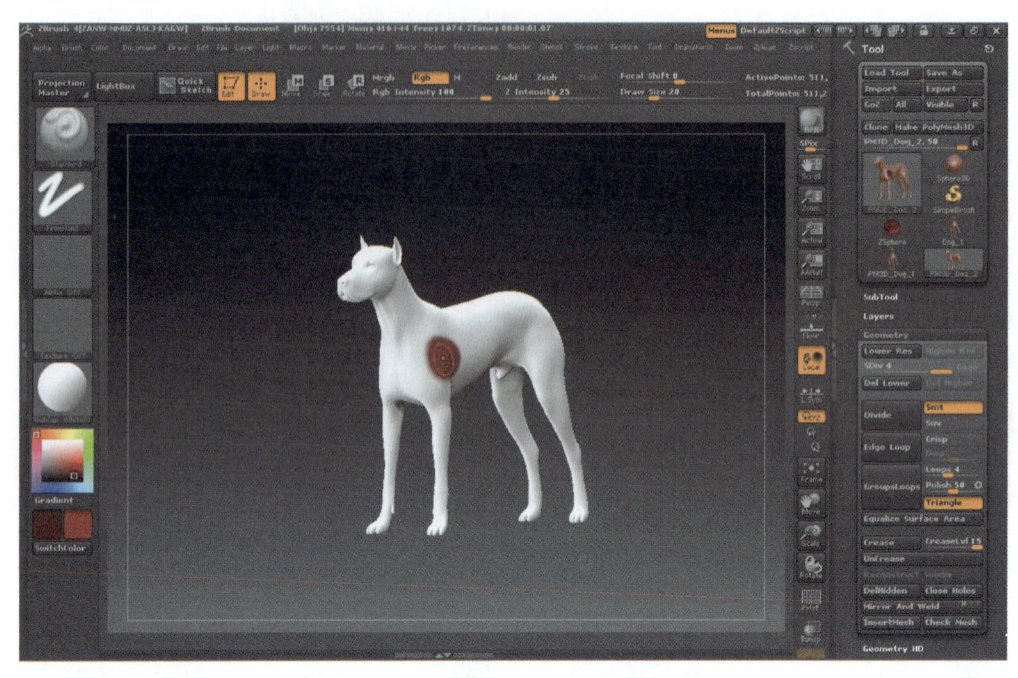

图 12-7　在模型上进行颜色填充绘制

⑧ 在菜单栏中选择 Transform→Activate Symmetry→＞X＜ ＞M＜（X 轴对称绘制方式）。选择一种颜色对模型进行绘制，并按 SwitchColor 按钮进行颜色切换，最终模型颜色绘制效果如图 12-8 所示。

图 12-8　在模型上绘制的斑点狗设计效果

12.2 Spotlight 贴图绘制设计

ZBrush 的 Spotlight 贴图绘制功能非常强大，本节非常详细地讲解了如何使用 Spotlight 来绘制逼真贴图技法，在 Light Box(热盒)中载入图片即可启动轮子对图片进行各种相关图像编辑，以及使用 Spotlight 对模型进行贴图映射。在 ZBrush 集成开发环境中，有一个工具架中有 Mrgb(材质颜色绘制)、Rgb(颜色绘制)、m(单独材质绘制)、zadd(正像雕刻)、zsub(反向雕刻)等功能。首先选择 Mrgb 在 Color 颜色下使用 FillObject 填充模型，注意必须先选中 Mrgb 然后填充，填充后改选 Rgb 来绘制图像纹理映射生效。

12.2.1 Spotlight 贴图绘制原理

当 Spotlight 圆轮画笔工具轮盘出现时，单击轮盘的中点，可以移动轮盘；单击轮盘中心的空白处，可以使轮盘和纹理图像一起移动；单击轮盘中某个功能按钮进行旋转拖曳时，可以设置某个功能参数。Spotlight 圆轮画笔工具轮盘纹理绘制功能描述如图 12-9 所示。

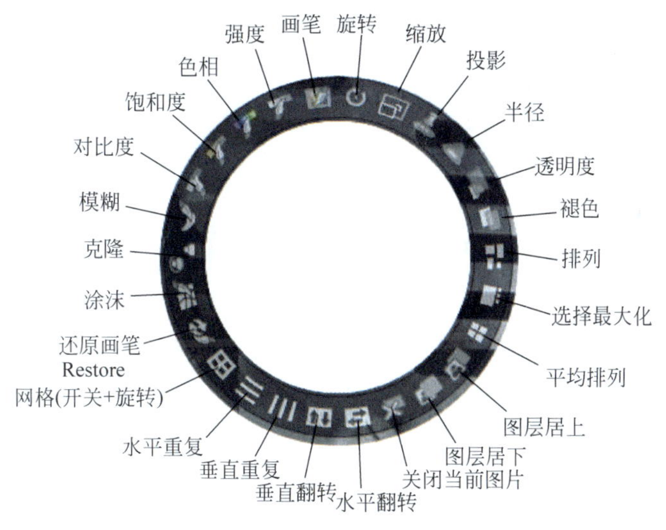

图 12-9 Spotlight 圆轮画笔工具轮盘纹理绘制功能图

Spotlight 圆轮画笔工具轮盘相关快捷键如下。

(1) Shift+Z：开/关 Spotlight。

(2) Z：开/关 Spotlight 显示，表示进入映射绘制模式/退出。

(3) Ctrl+鼠标点选：自动抠像，在 Paint(画笔)模式开启时有效。

(4) Alt+鼠标点选：手动抠像，在 Paint(画笔)模式开启时有效。

(5) Alt+鼠标点选：还原，在 Nudge(涂抹)模式下还原 Nudge(涂抹)的操作，Shift+鼠标也可，不过这个幅度似乎很小。

Spotlight 圆轮画笔工具轮盘功能和 Photoshop 的很多功能相似，需要适应一段时间后，才能熟练掌握 Spotlight 圆轮画笔工具轮盘纹理绘制功能。

在 ZBrush 4R5/6 集成开发环境中，启动 Spotlight 圆轮画笔工具轮盘功能。在菜单栏中选择 Texture→LightBox→Texture 中的 和 功能按钮，可以显示 Spotlight 圆轮画笔工具轮盘和图像。

12.2.2 真人头像 Spotlight 贴图绘制案例设计

在 ZBrush 次世代游戏设计中，人物的造型与纹理映射非常逼真、生动和鲜活，其主要原因在于应用 Spotlight 贴图绘制技术。

以真人头像 Spotlight 贴图绘制技术塑造次世代游戏角色设计的操作步骤如下：

① 首先启动 ZBrush 集成开发环境，选择 LightBox→Tool→DemoHead.ztl（头像雕刻模型）。双击该模型，在主视图窗口（画布）中拖曳鼠标左键显示 3D 头像雕刻模型。

② 在工具架中选择 Edit 编辑功能；在工具箱下选择 Geometry→Divide 几何细分为 5 级，如图 12-10 所示。

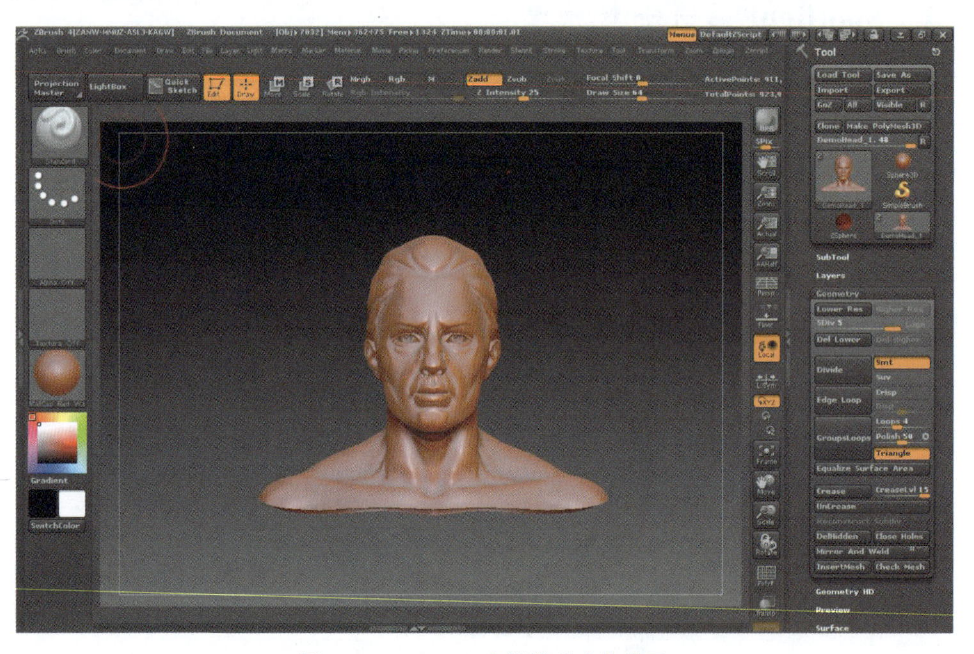

图 12-10 ZBrush 头部模型功能设置

③ 在左侧托盘中选择 Material→Matcap White01（材质颜色选白色功能）。在工具架中关闭 Zadd（添加）功能，打开（选择）Rgb（颜色）功能，如图 12-11 所示。

④ 在 LightBox 中选择 Texture→Import 导入人头相片，选择第 1 张正面图像。双击该图像并按 Shift+Z 组合键，调整图像大小和位置，如图 12-12 所示。

⑤ 利用 Spotlight 圆轮画笔工具轮盘调整头部图像大小和位置，在调整图像位置时保证照片和模型相同，以鼻子为对齐中心对齐整个头部，如图 12-13 所示。

⑥ Spotlight 圆轮画笔工具投射绘制。按 Z 键进行投射纹理绘制。进行正面图像绘制，如图 12-14 所示。

⑦ 再次调入侧面头像，对模型进行侧面头像绘制，按 Shift+Z 组合键退出映射模式，调整头部模型位置为侧面，再次按下 Shift+Z 组合键进入 Spotlight 圆轮画笔工具轮盘编辑状态。按 Z 键进行投射纹理绘制，绘制侧面头像图像，如图 12-15 所示。

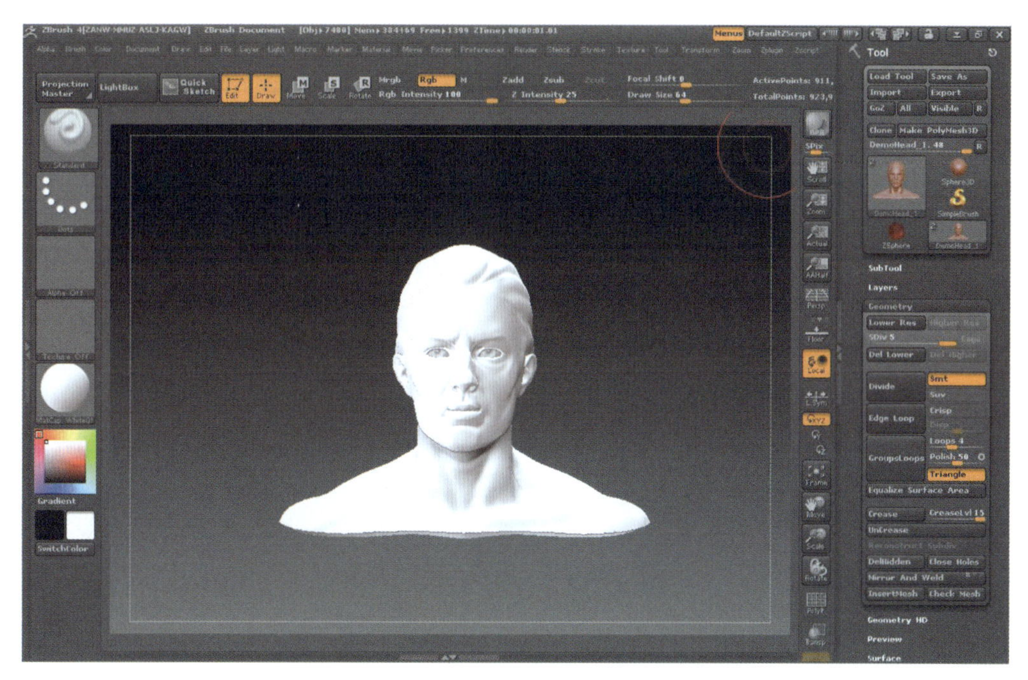

图 12-11　设置 ZBrush 头部模型材质纹理为白色效果

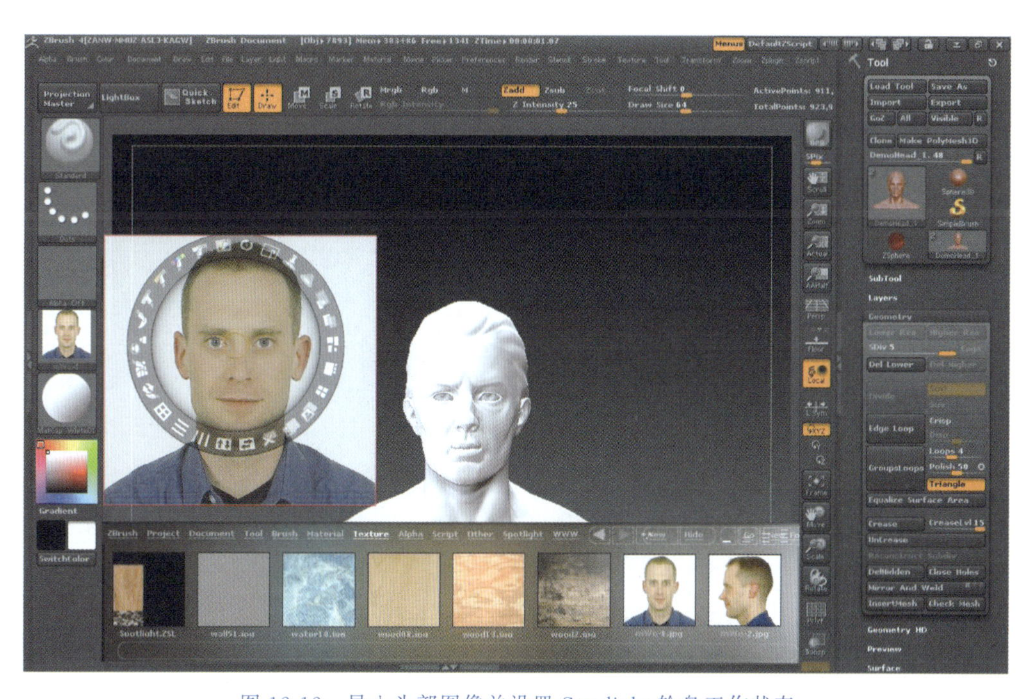

图 12-12　导入头部图像并设置 Spotlight 轮盘工作状态

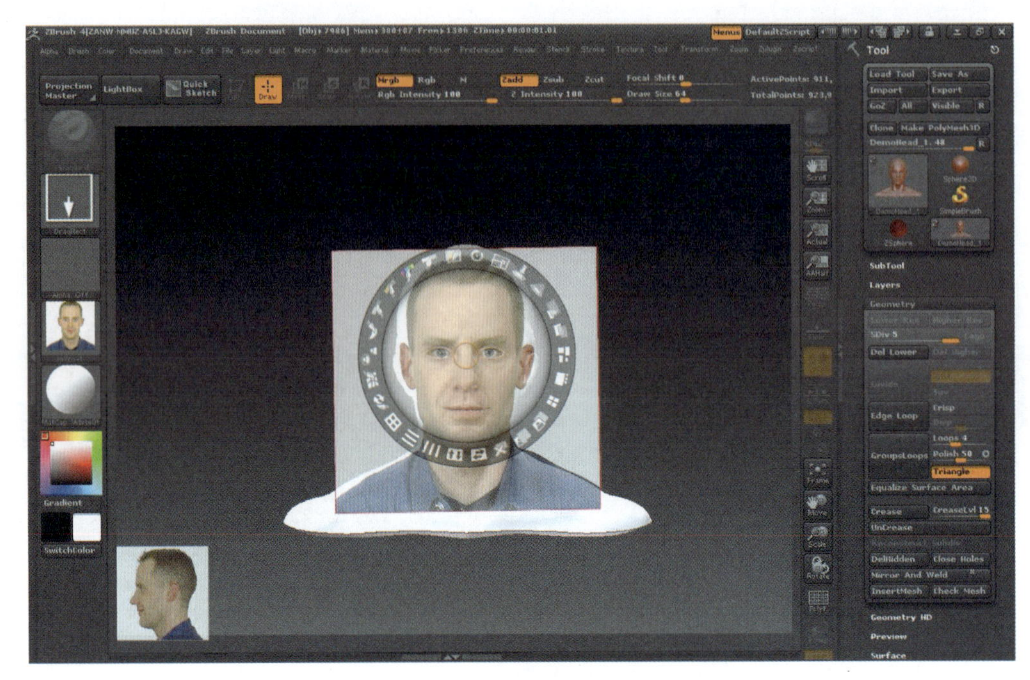

图 12-13　调整图像与模型的位置和大小

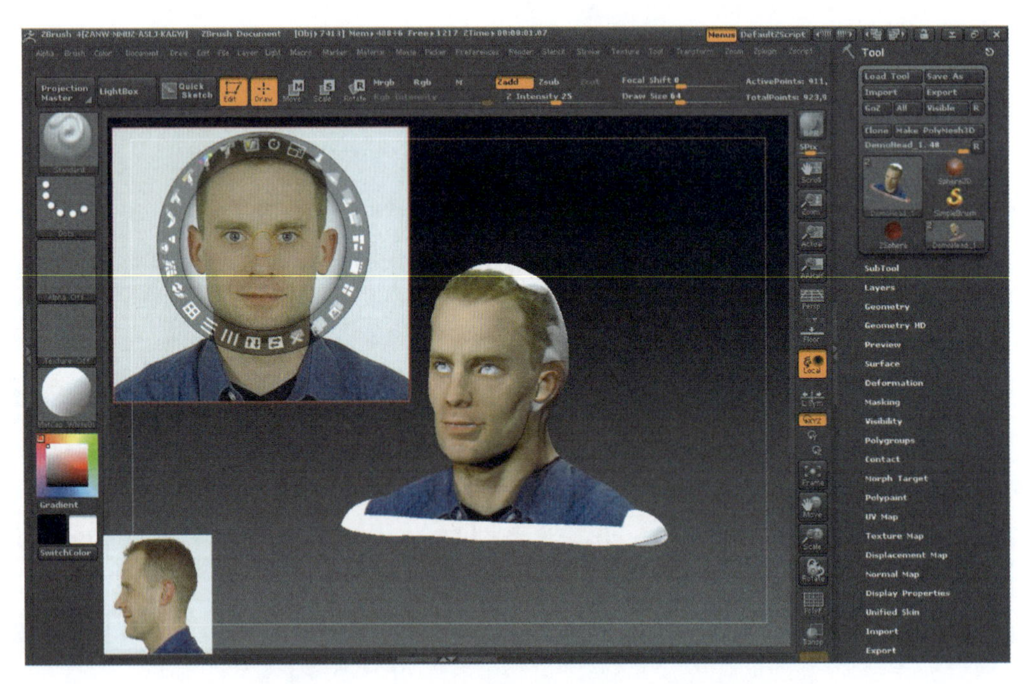

图 12-14　正面头像图像 Spotlight 轮盘绘制效果

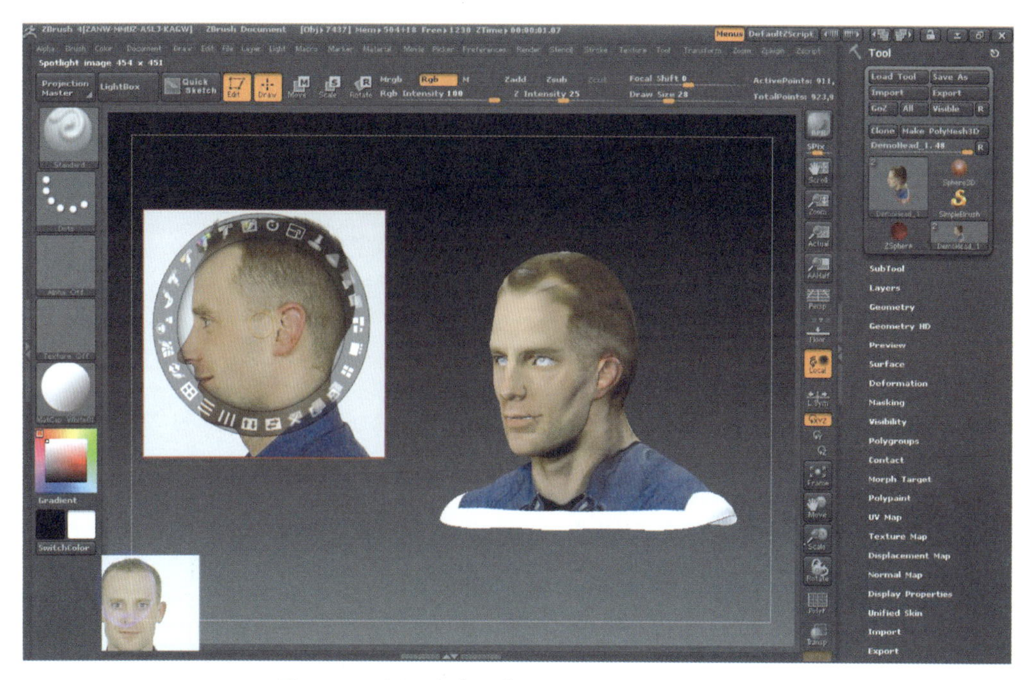

图 12-15　侧面头像图像 Spotlight 轮盘绘制效果

⑧ 按此方法再对上面、后面头部图像进行映射绘制，完成全部 Spotlight 轮盘绘制工作，如图 12-16 所示。

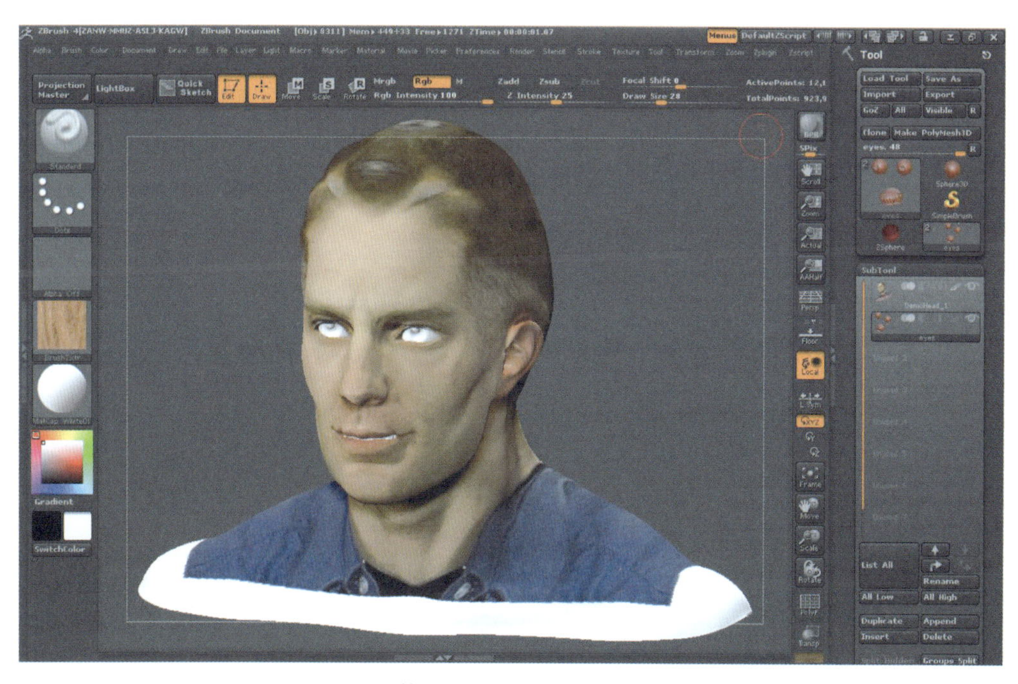

图 12-16　人体头像图像 Spotlight 轮盘绘制效果

参 考 文 献

[1] 蓝冰工作室. ZBrush 4.0 高手成长之路[M]. 北京：清华大学出版社，2011.

[2] 王东华. ZBrush 4.0 从入门到精通[M]. 北京：铁道出版社，2011.

[3] 王恺. ZBrush 雕刻大师火星课堂[M]. 北京：人民邮电出版社，2011.

[4] 戚震雨. ZBrush 4.0 次世代高精度角色模型制作大揭秘[M]. 北京：清华大学出版社，2012.

[5] 朱峰社区网站. http://www.zf3d.com/.

[6] ZBrush 官方网站. http://www.zbrushchina.com/.

[7] 勤学网. http://www.qinxue.com/42.html.

[8] 火星视频教育. http://v.hxsd.com/list/163.